民宿设计实战指南

唐剑　编著

江苏凤凰科学技术出版社

前 言

中国改革开放 30 多年的成果，大家有目共睹，从国家方面来看，我们从一个 GDP 世界排名曾倒数第二位的国家发展成为 GDP 世界排名第二的大国，进步是巨大的。水涨船高，这 30 多年来民众的财富也在快速地增长，我们发现，周围的人越来越有钱了，现在中国人不去哪个国家旅游哪个国家就急。中国人变得越来越富有是个大趋势。消费能力在不断攀升，去年“双十一”一天，仅天猫交易额就达到了惊人的 912 亿元。在 2015 年底，阿里研究院发布了一份报告，报告显示城镇人口的 17%已经达到了中产水平。这个中产水平的标准是家庭年可支配收入超过 15 万元，这意味着每月可支配的收入有 1 万元。

这么多的家庭步入中产，也导致了中国的消费结构在发生变化。2015 年 3 月有一个著名的事件，就是中国人打“飞的”去日本疯狂抢购马桶盖，为什么呢？因为日本的马桶盖做得精致，现在的中国人也越来越追求这种精致的生活了。

每个人都向往美好的生活，想要过有品质的生活，这时人们往往会去看两个群体的行为：一个是经济精英，另一个是文化精英。看他们的消费趋势，看他们买什么东西，看他们是怎么消费的。比如买 iPhone、去澳大利亚看大堡礁、去牛津大学参加夏令营，这些在经济上都是很贵的东西。中产阶级的人也会想在经济可以承受的情况下买个 iPhone、出国旅游。以前国人的旅游消费是跟团游、走马观花的景点游，这两年发生了根本转变。由原先的景点游逐步过渡为自驾游、背包游、自由行等出行方式，而这些出行方式的群体往往会选择家庭式旅馆、民宿、古堡旅馆等一些特别的住宿方式，这些都是人们对高品质生活的一种向往。这是民宿热的根源。其实这是人们在物质生活需求基本满足后开始追求一些个性的精神层面的东西，或是一种物质与精神都能够兼有的东西。民宿就是能满足人们这方面的需求的载体之一。其实目前民宿的核心问题不是有没有需求，而是有没有能力把它做好。

放眼中国大陆目前的民宿行业，不同于中国台湾民宿和日本民宿那样的概念。很多是城市人想逃离都市，带着回归乡土的情怀，到乡间寻找当地的民居进行改建，然后再雇佣当地人或者自己的亲人组成团队进行经营，这样的精品民宿模式更像是为城里人度身定制的一种小型酒店度假住宿产品。而入住的群体一般也多为易换生活场景为其核心度假模式的人群。

当那些被遗弃而破败的老屋、老物件等被作为民宿的核心要素，民宿的故事性情怀被反复吟唱当作吸引力的核心要素的时候，当这些东西被过度放大的时候，就轻视了其中重要的设计思维。实际上无论是精品民宿还是小型酒店，所谓麻雀虽小，五脏俱全，同样都应具有完整的住宿功能并能满足度假行为的特殊需求。拼物质、经济上的升级是下策，只有通过设计、经营上的差异才能形成自己的特色。当你传递出自己的价值时，消费者的价格敏感度就会降低，这就是设计的意义。从设计角度而言，选址、场地布局、空间形态、建筑体量、景观环境设计和调整、客房细节等等，不但直接关乎客人使用时的方便性与舒适度，更与运营层面的效率及效益息息相关。如果有清晰的设计理念与方法的话，不但可以让情怀实实在在地落地，而且还能把控生活美学格调、安全因素、投资成本等诸多方面。

本人率领苏州五维源景观设计有限公司的同仁发起了此次2016“五维源”中国苏州·美丽乡村与半岛民宿设计大赛活动，就是希望在准备做民宿的有情怀的人们和民宿的设计师之间搭起一座沟通的桥梁。

大赛邀请了时匡、胡洁、朱育帆、伊恩·泰博纳、吴永发、王良桂、陆庆、时惠来等知名设计大师和一些设计公司老总来担当评委。

本书的整理一方面是将整个活动过程向读者做一个展示，将竞赛作品公布以飨民宿爱好者，另一方面将我们设计公司做的光福浮庙墩美丽乡村和民宿设计方案奉献给大家，让有志于民宿事业的人们做一个参考，少走一些不必要的弯路。

一个民宿项目，几十个方案的专集，这在民宿设计方面应该是第一次。希望大家通过本书不仅看到很多有价值的方案，还可以多角度地去了解民宿应遵循的一些设计原则、理念。

本书涉及大量的设计、整理、编辑、排版、校对等工作。在参与书籍编撰的团队中，每一个成员都认真、积极、细心地完成着各自的任务。以下是本书主要的参与者：

总图设计配图：张跃锋、鲁慧。

建筑改造设计配图：赵朝良、鲁慧。

景观环境设计配图：张跃锋、邢晓青、张友吉、邹玥。

室内设计配图：俞雪峰。

五维源设计理论配图：邢晓青、刘美蓉、马小杰、唐茜。

文字校打：赵萍、周雪芬。

排版：邹玥。

在此，对所有参与本书工作的人表示衷心的感谢。书中瑕疵和不足之处还请大家多多指正！

唐剑

2016年8月30日

目　录

上篇
民宿设计理论与方法

1.1 论民宿发展之正当其时

为什么说民宿发展正当其时呢？笔者想从“势”“道”“术”三个方面来解释一下。

势——形势，大势所趋、众力所向，谓之“势”。势者，合力也。

可以从三个层面做进一步的解释：

第一，从国家层面来看，“中国民宿”发展的时机已经到来。

大家知道习近平总书记提出城镇建设要“让居民望得见山、看得见水、记得住乡愁”。李克强总理也多次提出要推动“大众创业、万众创新”，每个县要“一县一特”，每个村要“一村一品”，这样来进行开发建设。这两年来，政府提出支持农村发展，缩小城乡差别、缩小贫富差别，营造青山绿水、营造人与人之间的和谐关系，所以从国家层面来看，大趋势已经形成，就是要去发展农村，把农村建设得更生态、更美好。

美丽乡村

第二，从快节奏的城市生活的需求层面来看，如今有了“民宿需求”。

如今我国的各个城市，现代城市病在某种程度上已经发作了。

举几个例子：

一是城市里的交通拥挤。苏州也是这个情况，比较有名的是关于北京的一个笑话，“北京一天只堵一次车，一堵堵一天”，可见北京的交通拥堵情况有多严重。

二是城市里雾霾严重。工业用煤、汽车尾气，构成了雾霾的两大主因。

三是饮食安全问题严峻。在城市里，现在吃的多是垃圾食品，如农药超标的蔬菜瓜果。水质、土壤污染严重。

四是都市人精神压力大，亚健康状况令人担忧。城市里面很多是农村的子弟，十年寒窗苦读，跳出农村来到城市里，结果压力非常大，因为要做“房奴”，买套房子很辛苦。因此我们大量的城市工作者都处于亚健康状态，精神处于压抑状态，所以造成很多人有了“归田园居”的想法。

大家渴望自然，渴望吃到绿色安全的食品，渴望享有好的生活空间，不再只为了生存奔波而感到疲惫。所以针对都市人的精神慰藉需求，发展民宿也是大势所趋。

第三，从历史发展的层面来看，民宿兴起是一种“社会前进轨迹”的必然。

大家都知道，其他国家也走过这样的发展道路。一般来说当一个国家的人均 GDP 达到 6000 美元的时候就会走上这么一条路——从满足物质要求开始转向物质与精神需求的回归。中国已经经历了 30 多年的快速发展，原来大家一直就想着努力工作多赚钱，以为这样在城市里就可以生活得很好，就是幸福。后来大家发现其实并没有感到幸福，反而失去了很多东西，包括文化层面的、精神层面的东西。从 2014 年开始大家逐渐转向了什么呢？大家慢慢开始回归精神层面的东西了，比如社会道德、个人信用等。在我们的生活与休闲中已经不仅仅局限于去吃饭了，会有一种物质与精神都能够兼有的需求。民宿是能满足人们这方面需求的形态之一。

所以，可以说当下民宿在中国是“正当其时，合乎其势”。

道——道理、原则、理念、战略，是大道

这里从两个方面进行解释说明：

第一，乡村景观建设未来或许是景观设计行业的一条大道。

在过去 20 年，大家知道，很多景观设计公司是随着房地产行业的发展而发展起来的。1994 年至 2014 年间是中国景观设计的黄金 20 年，到今天基本已经结束了。作为房地产的相关行业，景观设计受到了非常严重的冲击。20 年后的今天，中国景观设计师必须要到农村去，到乡镇去，去保护今天的古镇水乡，去建设美丽乡村，开发旅游休闲产品。这个既是当前我国政策最为鼓励的事情，也是景观设计界新的突破点。所以建设美丽乡村也好、发展民宿也好，应该是中国景观设计行业未来的一条康庄大道。

第二，旅游景观设计的需要。

2015 年各大媒体、各个行业都在做总结，大家最大的感受是各行各业产能过剩，而后习近平总书记提出供给侧结构性改革。但是有一个行业在 2015 年却非常活跃，那就是旅游业。旅游业逆势而出，方兴未艾。旅游业的兴起为景观设计指明了一个方向，即“旅游 + 景观 = 旅游主题景观”。无论是“旅游主题景观”，还是“主题旅游景观”，未来都将是设计界的一条康庄大道。

从这两个方面来讲，笔者觉得所有创意设计公司（不仅仅是景观、建筑、室内等设计公司）都应该去做这个事情。

术——方式和形式（手法、战术）

想得再多再美好的东西最后都要落地，这就必须通过“术”来实现。这里提几个观点：

第一，少动、多留。少动村庄里的东西，多将其保留传承。我们不能用拆完旧房建新房的方式来开发美丽乡村，这是城市的发展方式，农村不应该这样。另外也不能全部把农民搬迁之后然后再来开发乡村，这不是在帮助乡村，这是在掠夺乡村。因而我们提出要少动，多保留。

第二，废弃物要再利用，旧物件要再利用。习近平总书记说要“记得住乡愁”，乡愁在何处表达？最基本的就是乡村的风貌、乡村特有的特色物件。如果把城市里面那些高级的家具、装饰随便往乡村里面照搬的话，那么乡村特色就没有了，乡愁也就没有了。所以那些我们平时看起来废弃不用的东西，比如磨盘、旧块石、旧砖、椽子、坊木等，这些都要进行加工再利用，希望能够做到“废物不废、弃物不弃”，这样才能做出特色来，做出农村的味道来。

第三，方法上要综合性地考虑。要从策划、建筑、室内、室外的景观、经营创新、文化创新等多个层面综合考虑。因为美丽乡村建设也不是第一年才开始的，全国已经如火如荼地进行多年了。但你会发现很多地方的农村改造往往只停留在对农村房子“穿衣戴帽、涂脂抹粉”上，仅仅做些诸如刷刷墙面这类的表面文章，其实农村的美丽乡村建设最重要的是“产业植入”——这是解决农村的症结所在（这里就不做展开阐述了）。

所以，我们应该顺应、推动民宿的发展并从这三个方面实施：知势、存道、练术。

1.2 精品民宿设计之探讨

—— 融入与创新式生长

以前中国的旅游消费是跟团游、走马观花的景点游，这两年则发生了根本转变。这是由于中国 GDP 达到一定程度之后，大家对旅游的需求发生了改变，由原先的景点游逐步转变为自驾游、背包游、自由行等出行方式，而这些出行方式的群体往往会选择家庭式旅馆、民宿、青年旅社等一些特别的住宿方式，这是民宿兴起的根源。

什么才是精品好民宿？个人认为，做一个精品民宿，关键考量以下三点：

第一，选址要有特点。

不是说农村所有的房子都可以做民宿，民宿的选址应该要有一定的独特性，风景一定要好一点，同时距离周边景点和公共设施要近一点。这样，一方面满足了人们融入乡野、放松心情的需要，另一方面也能满足多条旅游线路的游玩需要。

第二，设计要有亮点。

设计师相当于整容师，要把原先不太美的普通民房改造成人见人爱的高颜值民宿，这需要在设计上面花大力气。民宿的建筑、室内的陈设都要有创意。要注意细节并深挖差异性和创意性，这样才难以被别人轻易地模仿。

第三，经营要有痛点。

通过微信、网站等平台的传播进行自己富有特色的文化包装，打造消费者关注的痛点，最终形成自己的文化氛围。

就像人一样，我们不仅要高颜值，还要提升修养，不光长得漂亮，还要有内涵。

民宿也是如此，抓住上面“三点”，我们的民宿才是一个既有风光，又可以让身心停留的场所（才能住下来）。

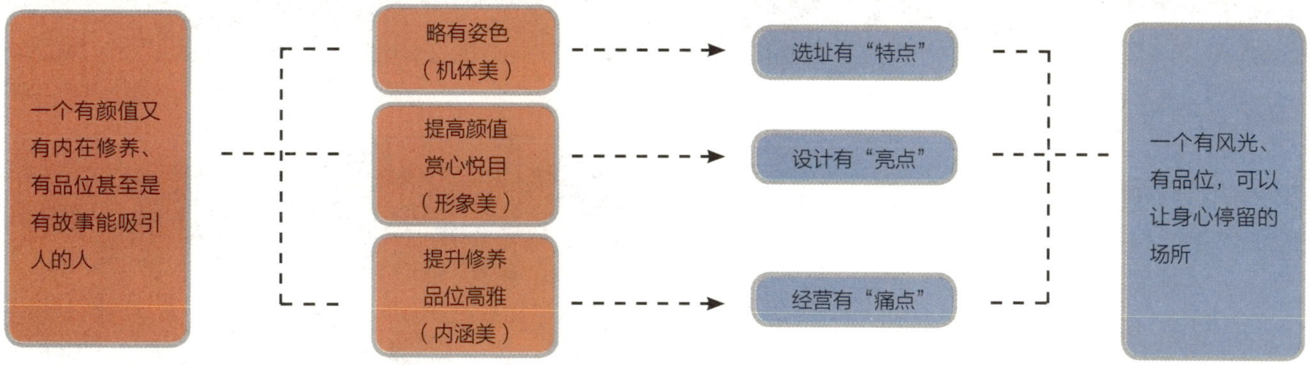

关于“设计要有亮点”，具体来讲笔者认为“特色精品民宿”的设计有三大原则：

第一，融入性，即适应原环境。

民宿扎根于农村原有的村落之中，其根是“乡土的”。精品民宿不能一味地求怪而与原村落的乡村风光格格不入，不能用城市的设计方法去做，即不能把场地环境当一张白纸，完全推倒重来，这种方式在城市里可行，但在农村却是不可行的，民宿要融入当地的建筑风貌，也要融入周边的环境景观之中。

第二，差异性。

以二八定律来进行说明（二八定律也叫巴莱多定律，就是在事物进行过程中最重要的、起决定作用的实际上是 20%，80% 尽管是多数的，但是起的是次要作用），上面第一点的融入性可以说是 80% 的部分，是一个基底，但仅有这个基底是不够的，必须还要有 20% 的部分。那么这 20% 的部分便指的是“差异性”。

以原场地的民房建筑设计为例，80% 要尽可能地恢复和保留，20% 要进行创造性的设计，要提炼出富有特色的表达手法和表达元素。室外景观设计同样如此，有一定的优势需尽可能地保留（80%），但是还要进行 20% 的调整。设计师要针对村庄里环境逊色的部分进行调整创造。

但在精品民宿的室内设计过程中，却需要反过来运用二八定律。室内是客人居住的地方，居住舒适度的营造非常重要，并非是简单地让游客住回到原始简陋的生活环境中去，确保舒适性是维系游客持续热度的重要因素。因而在进行室内设计的时候，80% 的部分可能要改变，留下的一些老的物件和符号占 20%。

举个例子，莫干山西坡山乡，远看这些房子就是普通的民房，好像没有什么特点。

“西坡山乡”远观

当我们再走近一些看，就会发现跟平常看到的江浙民宿有点不一样了。房子不是简单地刷白，二层做了一些改变，平台不是简单地弄一些旧木头修缮一下，门窗也不是简单地重新弄一弄，这里面有了变化。再走近一点，民宿的感觉就出来了，里面的文化味道和有品位的东西就扑面而来了，所以这个例子很能说明 80% 和 20% 的关系。

“西坡山乡”中距观看

“西坡山乡”近距离观看

第三，创意式生长。

这要怎么来理解呢？还是给大家举一个例子，牛背山志愿者之家是前几年做得比较有名的，改造前是一个普通村庄里的一栋很普通的房子，然而改造完之后你会发现虽然第一眼看上去好像很怪异，但是所有的怪异都是有根的。

比如说瓦屋顶是从正常的瓦屋顶扭曲变形延伸过来的，木结构是从原来的木结构变化而来的，这在设计上面有一个专门的说法叫“解构与衍变”，但是这个解构与衍变是从原来的房子延伸的，但又不仅仅是简单的差异化，而是有所创新的，这个理念也是非常有特色的，会吸引无数的游客。牛背山本身没有太多的特点，但是因为这栋房子后来吸引了很多的人来牛背山，可以说这是一个非常成功的作品。

牛背山“志愿者之家”改造前

牛背山“志愿者之家”改造后

在苏州做精品民宿与在浙江做精品民宿有很大区别。浙江的山地特征很明显，相比于浙江青山绿水的环境资源，苏州无论是东山、金庭抑或是光福都弱了一点。若同另外一个民宿发展走在前头的大理、丽江相比较的话，大理、丽江的精品民宿胜在它们具备少数民族的特性。

那么在苏州，特色精品民宿如何做创意式生长？下面以光福镇浮庙墩精品民宿设计为例介绍一下。

浮庙墩卫星图

第一方面，在选址上。

浮庙墩位于光福镇这个著名的花木之乡、中国工艺雕刻之乡，地处苏州市西郊、太湖之滨的西崦湖之中。现面积约23 000 m²，与陆地相连形成湖中半岛。面水靠山，岛的南面直接临湖，可一览对面连绵的群山，观景视野尤佳，是苏州唯一的“丘陵盆湖型景点”。距离周边太湖国家湿地公园、香雪海较近，亦可作景区配套。岛上现存植物茂密、自然环境优美。半岛南面存在大量空置房，周边环境很有特色，满足了前面所说的“选址要有特点”的要求。

浮庙墩的民宿定位为苏州特色精品民宿。首先，苏州的精品民宿很重要的一点是庭院表达。庭院和园林是苏州这座城市的民宅区别于其他城市民宅最大的特色。在浮庙墩半岛民宿的庭院表达上，如院落空间分析图所示，通过后面的有盖走廊进入，建筑的北部会有一个小庭院以围合空间、保持私密性，南部临湖设较通透式的庭院以保持良好的观景视线，其南北部庭院的处理方式不同，围和度也不同。如视线分析图所示，南面通过水池、景墙的组合搭配营造较通透式的庭院，这样就有了区别于大山深处民宿直接朝向自然风光的做法。而这正是苏州庭院特色的体现，体现了苏州民宿区别于其他地域民宿的特征。但需要注意的是绝不能将苏州原有的3 m高的围墙直接照搬过来，更不能把苏州园林里的亭、台、楼、阁等简单地移进这里的民宿中去，我们需要对其进行全新的设计和理解。

浮庙墩周边环境

浮庙墩拟开发民宿的建筑老屋

院落空间分析图

视线分析图

第二方面，在建筑的呈现上（建筑表现）。

不是采用简单地恢复黑瓦白墙的做法，而是要进行一定的创新。浮庙墩的整个建筑基本上按照二八定律进行设计，在维持原有肌理的基础上进行部分改变，形成不同的空间。

在建筑空间平面布局的调整上，例如在中间位置安排公共建筑（包括大厅以及临湖的咖啡馆、茶座、书吧），西侧会偏中档一点，东侧则偏高档些，附带前后院子，边上还有员工宿舍。这样左右的流线就可以分得很清楚了。虽说浮庙墩的建筑不像具有鲜明苏州特色的房子那样能够做到很多“进”，但是设计过程中多多少少要做出一点苏州的味道。同时有一条水路，以船行的方式进入村庄，发挥了水的特性。

第三方面，也是最核心的部分，则体现在文化的表达上（文化内涵）。

苏州是历史文化名城，且苏州的雅文化比较有特点（全国城市中能称得上有深厚雅文化的不多）。如果我们要做民宿且是坐落在乡村环境下的特色民宿，除了有优美的风景、可口新鲜的农家菜以外，和一般民宿最大的区别应该在文化和品质上。民宿要建立一种“优势文化”。

文震亨 ·《长物志》

文人居室之雅首先指向山林乡野。文震亨《长物志》言：“居山水间者为上，村居次之，郊居又次之。”在文人雅士的观念中，山林乡野具有多层面的雅的气韵。

文徵明 ·《林榭煎茶图》

苏州有园林的雅文化，有市井深巷的雅文化，但是却没有乡村雅文化。乡村如果按文化来分可分为“乡绅”和“农民”阶层。何为乡绅？一部分是退休官员退下来在乡者，还有一部分是农村里面读书但是未曾出仕的读书人。在古代，乡绅有着高于村庄中普通民众的文化知识和精神素养，承担着传承文化、教化民众的责任，是乡村教育和管理的引领者，代表着一方的风气和文化，是乡村文化的灵魂。但在 20 世纪的各种运动中，乡绅阶层被消灭掉了，他们的消失使得乡村失去了文化领袖与灵魂，导致了农村的空心化。我们一直在说空心化，表面上看是房屋的空置，但实际上是一种文化的空心化。以前做官的还有最后一条退路是回到农村乡下，现在很少有人往乡下走了，只有乡村人往城里走，这就是乡村空心的原因之一。乡绅文化从古至今是优势文化。农民只是淳朴，淳朴不是文化，而是一种基底。而浮庙墩是有乡绅文化的，明朝时期礼部尚书兼翰林学士董份很有文化底蕴，他买下了西崦湖，修环湖大堤，筑湖中小岛，在此颐养天年。可以说浮庙墩这个地方是有独特的乡绅文化历史根基的。

经过深度挖掘浮庙墩自身的特点之后发现乡绅文化的开发潜力最高，最终将浮庙墩精品民宿的文化定位为浮庙墩“沐心居”精品民宿，它融合了浮庙墩优美的自然风光、乡绅文化、苏式雅文化，可以说是内涵、外在兼备。

自然风光 + 乡绅文化 + 苏式雅文化 = 浮庙墩“雅居”精品民宿

乡绅文化设计，主要可以从三个方面进行“落地”。

第一，在室内陈设上。包括家具、字画、把玩物件等的布设要表达出乡绅们超越普通人的欣赏水平、鉴赏能力以及财力支撑。是要表达乡村的“精”，而非使用破败的木头、农具等表达“拙”。可与光福镇工艺之乡所特有的“红木雕”“核雕”“玉雕”“苏绣”等结合起来。例如室内陈设红木家具，而非现代欧式床 + 艾玛诗床垫，墙上挂苏绣画作而非油画等。

卧室意向图

餐厅意向图

书房意向图

客厅意向图

第二，在室外环境上。要走简洁、清爽的设计路线，即“少即是多”“唯简洁彰显品位、雅致”，要用简洁、大气的设计来强调“乡绅”的生活状态，在细节上加入光福镇当地有特色的砖雕景墙、铺地等。

第三，经营者（简称店主）。这也是最重要的一方面，必须要遴选出有文化、有品位、人生阅历丰富而又开朗的健谈者。他们是再现“乡绅”这个群体现实存在感的代表，他们的个人魅力、谈吐、品位、知识文化内涵是乡绅文化最生动的展现。

通过以上三个实实在在的层面可以将古代雅文化的代表之一——乡绅文化的地方特色展示给大家。

最终主题为八个字——“崦光岚影，浮庙胜境”，突出强调了浮庙墩的山水资源和地域特色，“崦光岚影”以自然山水为特色卖点，而“胜境”则强调了浮庙墩对苏式乡村雅文化的生活氛围的诠释。

最后对各地的民宿设计提三点建议：

第一，精品民宿不要快速规模化和复制化，因为精品民宿不是连锁酒店，不是工业产品，它需要慢慢地做，不能同质化复制。

第二，民宿设计不能仓促上马，一定要做精美的，要有自己的品位和自身的特点。应该让小而专的设计团队进行私人定制化的打造，只有这样做出来的民宿才能确保不会在几年之内就落败了。裸心谷就是一个有名的例子。大家都知道裸心谷的投资者是一个南非人，他的妻子毕业于哈佛大学设计类专业。尽管如此，他还是邀请了 10 个专业设计团队分别从建筑、景观、环境保护等方面，投入了 3000 万元做研究。因而裸心谷推出以后的几年里还没有出现能够取代裸心谷品牌的民宿形象。可以说民宿设计是很需要花时间的，不是靠简单地画几张图纸就能做到的。

第三，民宿设计要带动村庄升级，虽然我们不是返乡的乡绅，但要起一点乡绅士子的引领作用，带动农村的农民向雅的方向发展，这才会使民宿的经营与美丽乡村的发展更和谐。

1.3 景观空间“五维论”

景观空间“五维论”是研究景观的五个空间维度的理论与实践，这也是苏州五维源景观设计有限公司进行景观创作时的理论指导和依据。讲到景观空间的五维性，那么就要谈到景观的三维、四维特性，下面是基于笔者这些年对景观空间研究的一些总结。

一、景观设计的评价标准

首先从平时最基本的景观感受来作为切入点，我们不妨自问三个问题：

第一，评价一个景观设计的优劣，是否有一定的、基本的评判标准？

景观设计宏观上讲是景观规划，也可指国土景观规划、区域敏感性景观规划等（这里暂不做论述），我们平时接触到的大量设计是中微观层面的，那么在评价一个广场、住宅小区、市政滨水景观等这些景观设计或建成的景观作品时，我们是否曾自问：景观有一定的基本评价标准吗？

第二，除去流行的、各领风骚的、眼花缭乱的景观设计手法之外，景观设计当中有没有一些相对不变的东西存在？

比如说服装设计，在一定时间内流行一定的手法、符号。再比如说建筑，在最近的一段时间，扎哈的风格比较流行，大家都去学做一些稀奇古怪的曲面形空间的建筑。而在 100 年前国际主义风流行时，大家都会去做方盒子式的设计，因此设计是有一些潮流趋势的，景观也如此。那么除了一时的、非常流行的设计手法之外，景观作为一门工程科学，它有没有相对不变的东西存在？即随着时间的推移，有些东西是一直存在的，而不是一时的，这是笔者平时思考的第二个问题。

第三，为什么经典的景观设计实地参观时比照片中的好，而不少景观设计项目实景参观时却没有照片中的好？

比如说去实地参观一些已建成的景观获奖作品时，发现没有评选时的照片好，照片拍得很好，但实际看时，反而觉得这个景观一般。这是由于摄影这门技术是平面二维特性决定的，大家都知道，摄影的意义就在于通过对客观事物对象的取舍而获得美。而优秀的景观作品实地参观时比照片上还要好，这仅仅是因为摄影师的特意“彰美隐丑”的缘故吗？

在对这三个问题进行反复思考研究之后，笔者的回答是这样的：

对于第一个问题，笔者觉得景观设计是存在一定的基本评价标准的，它不应是纯艺术性的，因为艺术好坏的标准很难界定，每个人、每个时期、每个时代的审美都会发生变化。所以景观设计如果存在一些基本评价标准的话，笔者认为应该是“功能”和“空间”。

对于第二个问题，笔者认为景观设计中那些相对不变的东西还是“功能”和“空间”。

对于第三个问题，笔者的体会是：大家都知道照片是二维的、平面的，而实景参观时，人在这个长、宽、高构成的立体空间里面行走时，实际是四维的状态，有个时间的矢量。你所看到、感觉到的信息，远远多于二维的照片所提供给你的。非专业的人，可能他只会说感觉好不好，而不能说出好与不好的原因。但是作为专业景观设计师来说，必须去探求这个原因——为什么实地参观时，有些作品比照片中更好，而有些作品却比照片中差？所以说景观空间是否使你具有愉悦感，影响着你对景观的评价。那么空间的四维特性实际上就是评价景观作品是否成功的最本质的基底之一。

上述三个问题，归结为一句话，就是整个景观设计相对不变的是“功能”和“空间”，功能是最原初的基本面，空间则是最内在的核心问题。

可以这么说：功能是“表”，空间是“里”。

二、景观空间“三维论”

如何来理解景观空间，我们知道空间首先从零维开始。

零维空间：就是一个点，它是没有矢量方向的，叫作零维。

一维空间：只有一条线，只有一个矢量方向，它是由无数个点排列组合而成的。

二维空间：就是一个面，由 *L* 轴、*W* 轴两个方向的矢量来进行度量，构成平面坐标系，它是由无数条线构成的。

三维空间：就是 *L* 轴、*W* 轴、*H* 轴三个方向的矢量构成的一个立体空间，常用立体方块进行演示，是由 6 个基本面构成的。

那么大家都知道，有一个基本概念叫高维度能容纳低维度。

大家在学习园林设计时，都听说过这样一句口诀，“设计要点、线、面相结合”。而我认为这是平面设计的一句口诀，借用到景观园林设计中是不太恰当的。因为平面设计是二维的，属于低维度。而景观设计的复杂程度要远超出二维层面，景观设计应该是三维的、四维的，甚至是五维的高维度的设计，低维度的设计原则不能恰当地指导高维度的景观设计，所以应该重新研究审视景观设计的空间维度问题。

下面用图来说明会更清楚些，因为图解语言形式是一种表达抽象的景观理论和具象的景观形态的最好的方式。

下图 a 是常用的三维空间说明图，这张图实际上是学建筑设计的人用的，建筑是研究这个盒子的体块的。

下图 b 是盒子与盒子之间的空间，是景观研究的空间，所以景观设计也可以理解为是室外整体环境设计。

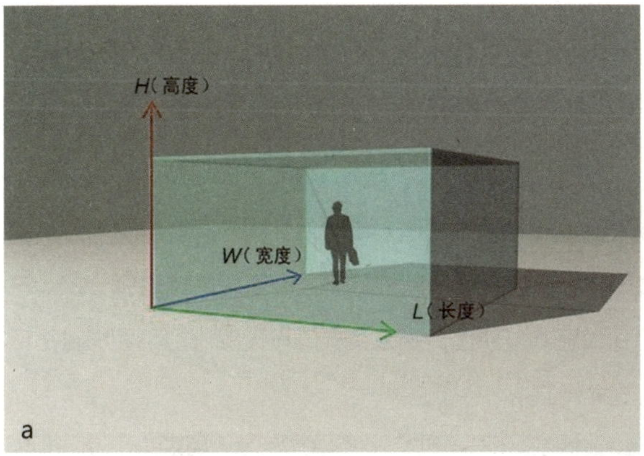

三维空间说明图

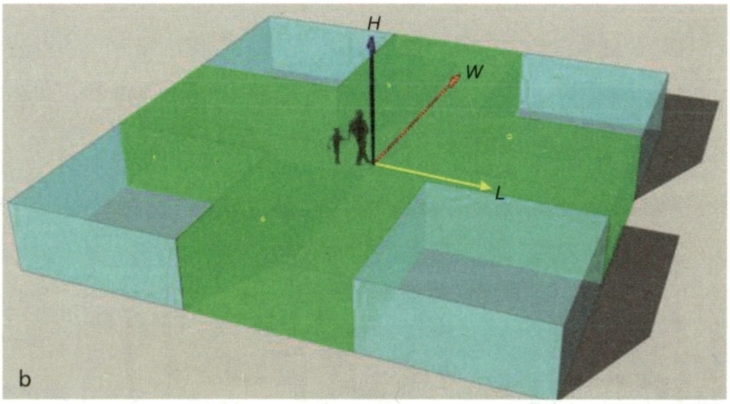

景观研究的三维空间说明图

在进一步理解之前，我们可以简单地看图 c。

你看到的是两个人面对面、鼻子对鼻子，还是一个黑色的高脚杯的剪影？这是个古老的概念叫图底转换，刚才讲到的图 a、图 b 中的三维空间也是如此，也是一种图底转换概念，是观察研究的角度和关注点不同的缘故。

让我们来看应用于设计中的案例如图 d，这是一幅很常见的商业街的效果图，看到建筑效果图时，一般人都会盯在建筑上，看体量合不合适、立面如何等。但是景观设计师看这张图，看到的是图 e，就是把建筑全部虚化掉，看到的应该是空的部分而非实体，这就是景观设计师与建筑师看问题的角度和关注点的不同。空间一直在那里，不曾瞬变，而人不同，物相就不同。

景观设计师眼中的图底转换——是杯子还是两个人面对面

商业街效果图

景观设计师眼中的商业街空间

那么，图底转换的训练到底有什么实际运用的意义呢？是为了更好地推敲景观的三维空间。也就是说景观设计师要经常进行这样的实体三维观的“反训练”，这样才能在设计过程中、在推敲过程中，处理好那些空的部分即“空间”，这才是最终建成后，人们对看到的正常实体景观感到舒服、愉悦的要诀所在。

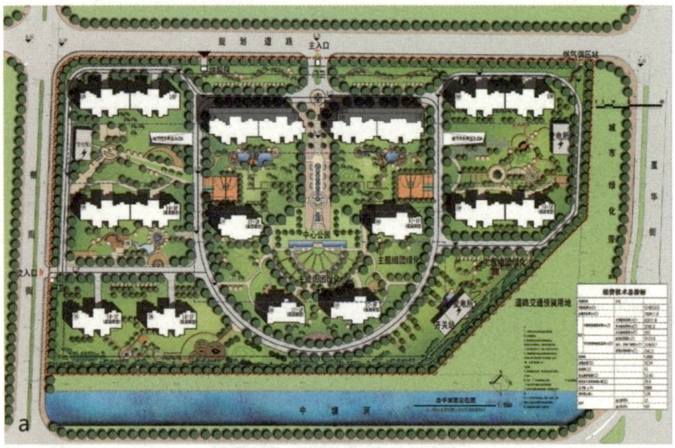

苏州某白领公寓平面布置图

苏州某白领公寓建筑效果图

具体到实际的设计工作，我们举个例子来说明，下图是我们做的一个由政府投资建设的苏州工业园区的某白领公寓，左图的图 a 和图 b 所示的分别是某建筑设计院做的平面布置图和建筑的效果图。

苏州某白领公寓

初看这是一个常规的高层住宅小区的设计，建筑布置、道路安排、景观空地预留也没什么问题，一切都很正常。下面让我们来分析一下该总图的内在构成：可以看出总图中建筑的基本布局是三横，总的来说还是行列式排列。可以把它抽象为下图 c 这一模型，并且简化到下图 d 九宫格模型的程度，结果是：中间拔掉一栋建筑，就有了一块小区中央绿地，但中央绿地只是惠及紧邻的几栋建筑，其余建筑的景观环境就比较差了（仅有宅间绿地）。

小区建筑组合原型还是军营式

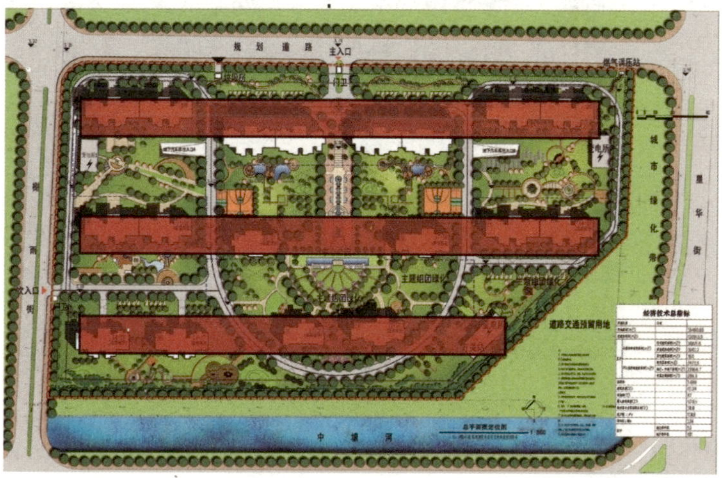

c　　小区行列式平面布局图

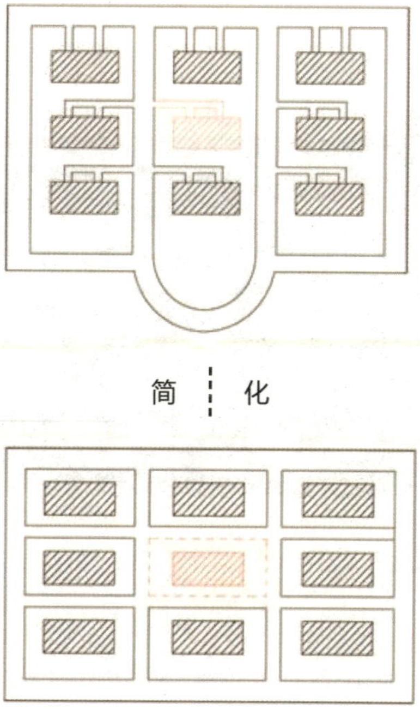

d　　简化模型图

接下来再分析一下建筑总图中的小区交通：初看没有任何问题，交通也很正常，整个小区被道路分成了 A、B、C 三个区域，我们发现中央绿地 B 区这一块最大，A、C 区域三块宅间绿地也相对比较大，剩下的边边角角的宅间绿地就比较小了。

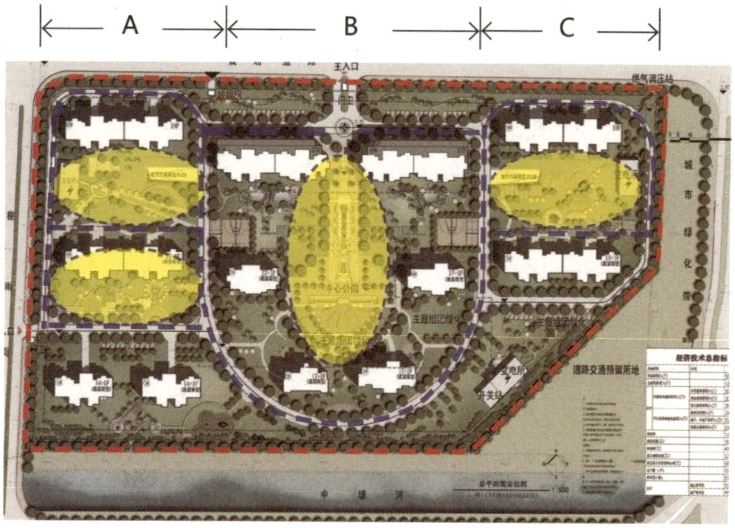

小区交通及景观空间分析图

下面是三个景观方案设计。

方案一采用的是建筑设计院的景观总图，是在小品细部、绿化上下功夫进行深化的方案；方案二还是中轴对称，但在景观构图上做了一些改变，采用双轴线加端景的肌理构成手法；方案三是拿掉了中心轴线进行非对称构图，是整体曲线化的景观设计方案。

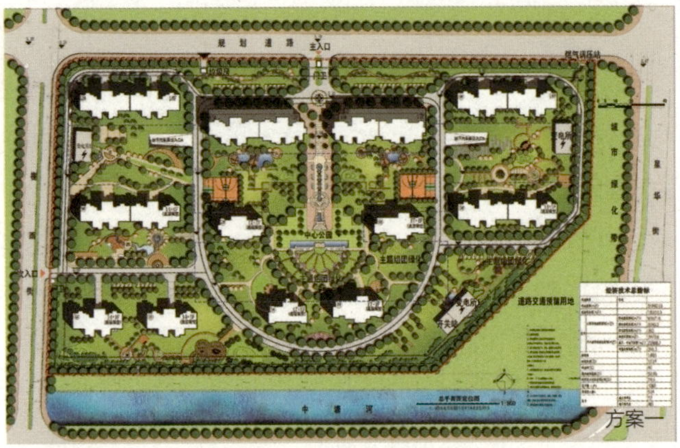
方案一

方案二

方案三

那么这三个设计方案，如何判断它们的优劣呢？如何评价哪个景观方案是最好的，或是都不好？这就涉及景观的评价体系，也就是本节开头我们自问的第一个问题：景观优劣如何来评价？

如果没有一定的标准那就可能会出现这样的情况：比如甲方说我喜欢曲线的，所以我选了 C 方案；另一位说我刚刚去过欧洲，看过凡尔赛宫，我觉着中心轴对称很漂亮，所以我倾向于 B 方案。如此一来变成以个人喜好来进行评价，把景观评价倾向于美学与个人经验了。这不应该是景观的真正评价标准，因为任何评价都要有说得通的普遍性道理，而非依赖个体好恶。

景观的五维空间论中的“第三维”研究的目的就是景观设计师要对空间进行优化。

这里先讲一下“三元分配理论”。

右页图 a（改造前的“三元”图）中，基本上是由三个部分组成——建筑（一元）、道路（一元）、景观（一元），三者加起来就是我们这块用地面积的全部。做住宅景观的都知道，建筑占地基本不可能改变，这块地拿下后，开发商想造多少面积的住宅才划算，以及套数、售价、成本和盈利多少早已经算清楚了。而开发商和建筑师经过几轮的探讨后，最后定下来建筑的套数和整个住宅小区的总建筑面积，不能说为了环境好就去掉其中一栋，这样的话开发商基本不会答应。所以景观设计师接手时建筑面积基本上不可改变了。景观设计师能改变的是什么：尽可能减少道路面积。我一直认为景观设计师对总图的理解能力要远远深刻于建筑师对总图的理解能力，术业有专攻，建筑师比较擅长建筑中的空间布局、建筑中的流线、单元体比例、尺度关系，以及整个建筑立面的造型。这是建筑师的强项。建筑师设计道路时往往只考虑：能达到消防、消防登高面的要求，能够使每一栋建筑之间通畅、顺达。而总图在景观设计师手上，至少要考虑在顺达的基础上如何美化以及使空间更有效。所以，他们两者站的角度不同，对整个总图的理解也就不同，景观设计师拿到总图在建筑占地面积不可改变的前提下，会重新审视建筑师所画的总图里面的交通，会尽可能减少道路的面积，来增加景观的面积。

图 b（运用“三元分配理论”改造后的“三元”图）所示，在满足楼宇进出通行需要的基础上，减少了不必要的道路后产生了一块中央绿地。不仅绿地总面积增加了“量”，最主要的是发生了“质”的改变。

①中间的两条南北向道路被取消了，车行道也被去掉，为什么要这样呢？因为车子过来时可以走两边的道路，不一定非要从两条蓝色交通线这边走，对车子来说这是非常简单的事。但是人行道和非机动车道需要保留，因为人不像车子那样愿意拐弯走，人有抄近路的习惯（如果人行道路被取消之后，草地上也会被踩出一条道路的），所以人行线仍然保留，这样调整后就会发现整个空间就由图 c 转变成了图 d，于是形成了连续的景观空间，使得建筑物之间有了紧密的、可以步行相连通的空间。部分道路被取消产生了什么样的结果呢？分割成三块的独立空间连成了一体，中央景观区域变大了，两块宅间绿地升级成了中央绿地。小区公园大了，居民在里面活动时感觉更安全、舒适了。

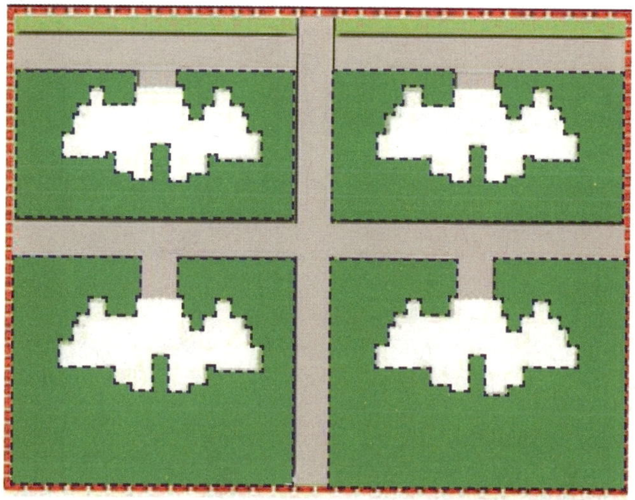

a

改造前的“三元”图

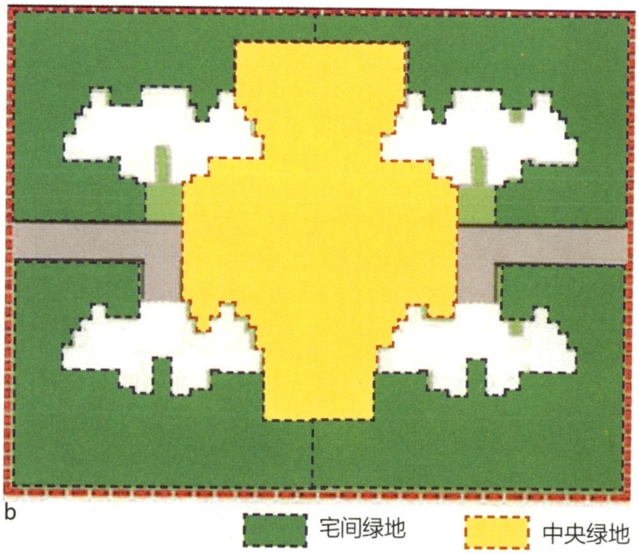

b

运用“三元分配理论”改造后的“三元”图

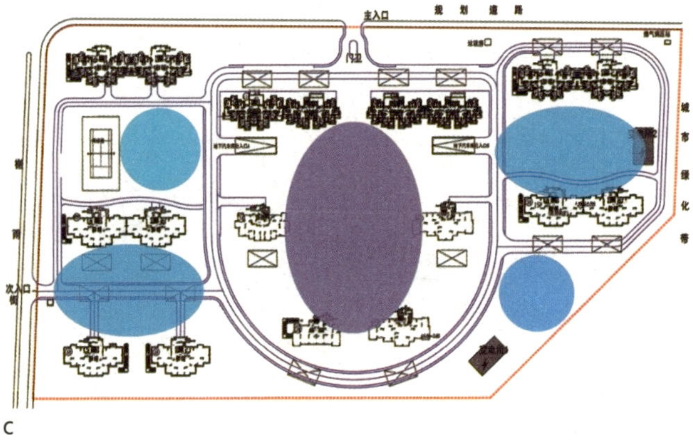

c

最初的景观空间图

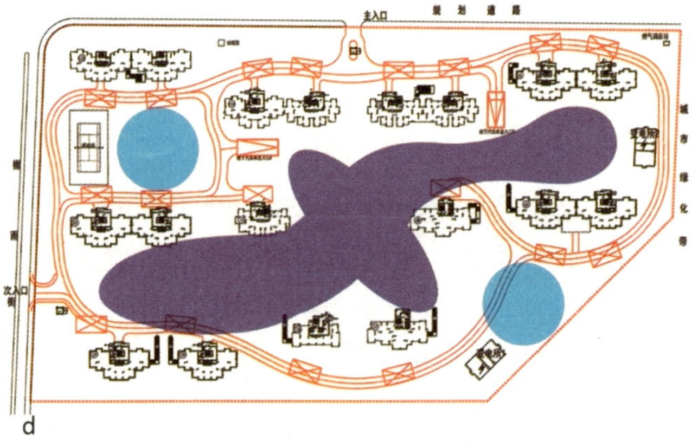

d

调整交通后的景观空间图

同样面积的公共绿地的效用，要大于同样面积的宅间绿地的效用，景观效应是不一样的，实际上景观面积不仅增加的是“量”，“质”也得到了提升。

②原来的地下车库是布置在下图 e 中央靠北两栋房子的南面，我们知道南面基本上是安排卧室的，从卧室推开窗看到的是地下车库顶棚的话，很煞风景。如果推开门窗看到的是优美的绿化景观，心情会更好。所以把原先的地下车库入口改为如下图 f 所示，整个地下室本身是不需要改变的，只是坡道加长了一些，改变后的建筑中央景区的景观质量实际上得到了提升。

③不仅可以缩减机动车道的长度，同时道路的宽度也可以进行改变、推敲、修正。

因为建筑师在做设计时，往往所有的道路是一样的宽度——都是 6 m，这样景观可以继续深化，主车道可以是 6 m，因为主车道要保证双向通行，部分车道没必要全部设为 6 m 宽，一些末端车道可以做成 5 m 或者 4 m 宽，其实这又增加了景观面积。原来的道路主要以直线为主，做一些曲线化的处理，可以让车辆在小区里行驶时车速降低，使小区内的环境和车行交通变得更融洽，这样周围的景观区域不会形成很呆板的长方形的边界线，利于下一步景观的具体设计与衔接。

对道路面积推敲后的好处可以用一组统计数字来说明：原道路长度是 2334 m，现道路长度 2127 m，缩短了 200 多米；原来的道路宽度全部是 6 m，现在道路宽度有 6 m、5 m、4 m（这都是车行道）；原来整个小区沥青道路面积 6474 m^2，现沥青道路面积 5515 m^2，缩小了将近 1000 m^2；同时增加了景观绿化面积 1000 m^2，“量”增加了，同时在“质”上也有了变化，把原来的宅间绿地提升为中央绿地。

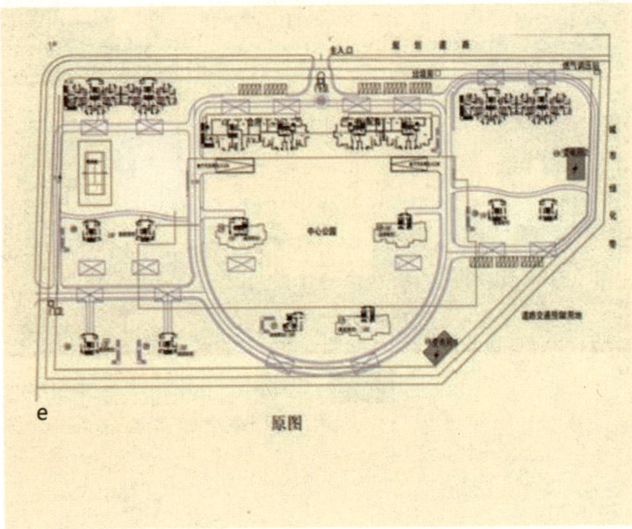

原道路和地下车库出入口图

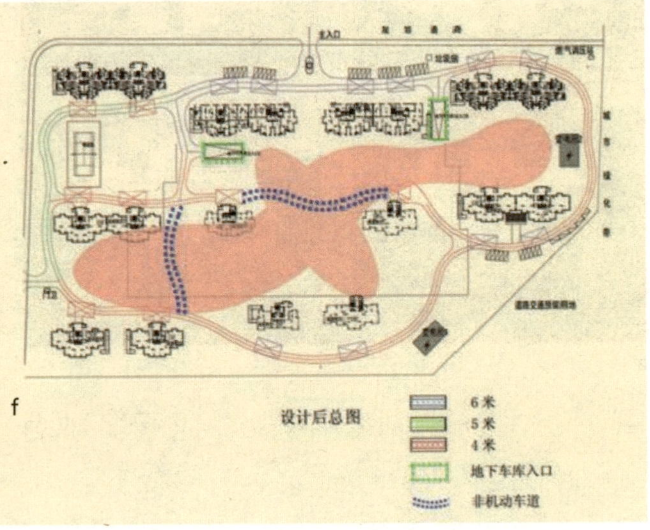

改动后的道路和地下车库出入口图

这样，下一步景观设计中的小区锻炼健康步道才有可能形成，如果采取原来孤岛式的景观区域布局，在锻炼时健康步道通过机动车道就非常危险，容易发生交通事故，跑起来也不顺畅。现在则不受任何车行干扰，中央景观区对居民来说非常适宜。

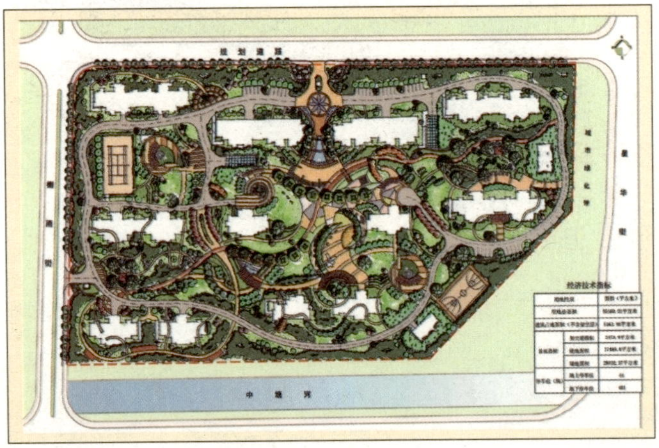

总平面图

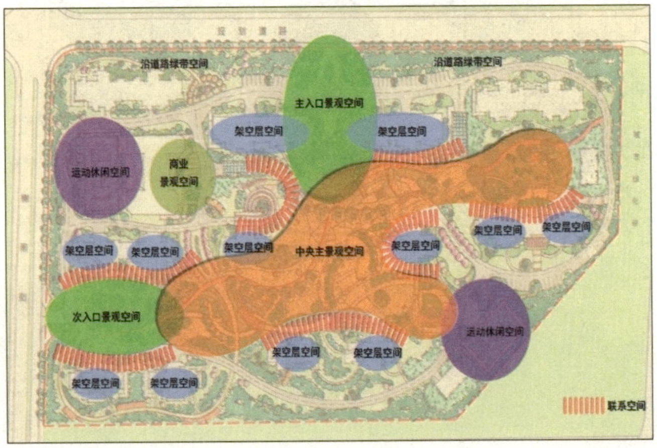

空间分析图

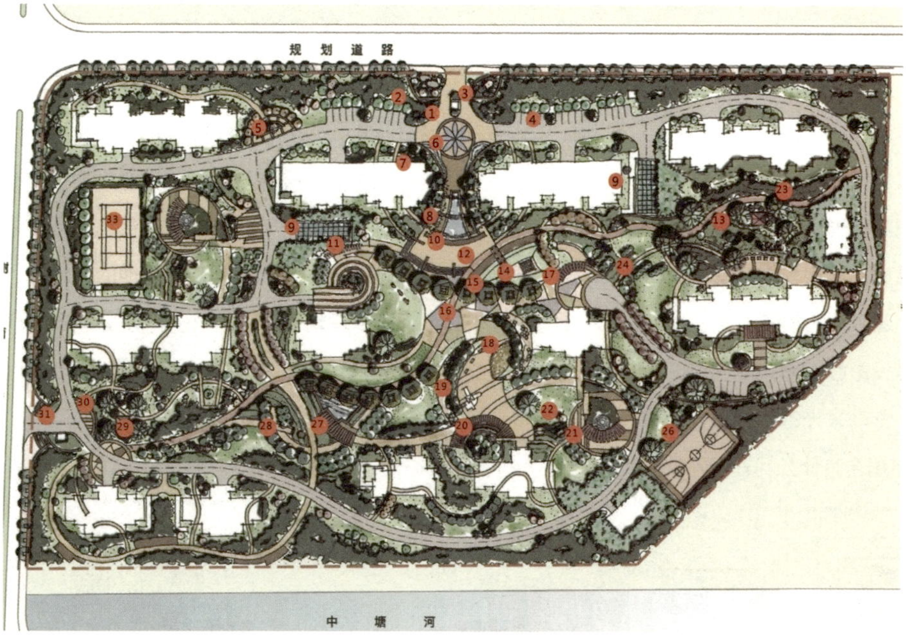

1. 主入口
2. 入口大景石
3. 入口特色景墙
4. 停车位
5. 花镜小广场
6. 入口广场
7. 特色水景
8. 跌水广场
9. 特色地下车库入口
10. 罗马廊柱广场
11. 花架
12. 景观桥
13. 景观亭
14. 几何景观廊架
15. 几何形草坡
16. 特色硬质铺装广场
17. 环形廊架
18. 月牙坡
19. 儿童游戏场地
20. 入口特色景墙
21. 停车位
22. 花镜小广场
23. 入口广场
24. 特色水景
25. 跌水广场
26. 特色地下车库入口
27. 罗马廊柱广场
28. 花架
29. 景观桥
30. 景观亭
31. 几何景观廊架
32. 几何形草坡
33. 特色硬质铺装广场

平面索引图

方案一

方案二

方案三

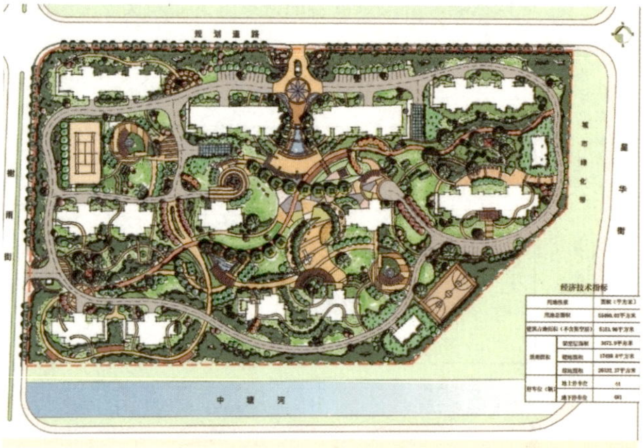

方案四

把四张总平面图放在一起，可以看出：方案四与前三个方案相比较不仅仅是总平面图图面构图的变化，实际上是整个景观空间的“质量”发生了根本性的改变。这才是关键。

下面再讲一下“景观空间分值模型”。

在刚才优化的基础上景观空间还能不能再次优化呢？答案是可以的，从下图中的理论模型图可以看出，一般江南地区住宅小区基本布局都是采取行列式的布局或其变形方式，所有的设计院一般都会将南面的房子尽可能贴着南面的用地线，北面的房子尽可能贴着北面的用地线，且北面建筑尽可能高，根据日照间距投影原理，临用地北侧的建筑其投影面积落在北面的道路或者红线外的用地中，这样一来在不影响采光的前提下，开发商可以实现多建房子的目标。这样的布局会有什么问题呢？因为景观设计师不是分析下图中的4栋房子，而是分析它们之间的室外空间。假设把景观好的房子设定为100分，景观差的房子设定为50分，那么发现紧邻基地北面红线的两栋房子的景观相对比较好，因为南面有很大的空间，所以这两栋房子假设是100分。而紧邻基地南侧红线的两栋房子因为用地的问题要尽量贴在南面（这样可以多排建筑），空间很小，假设为50分，那么整块用地的景观分值得出来是两个100分、两个50分，总共是300分。

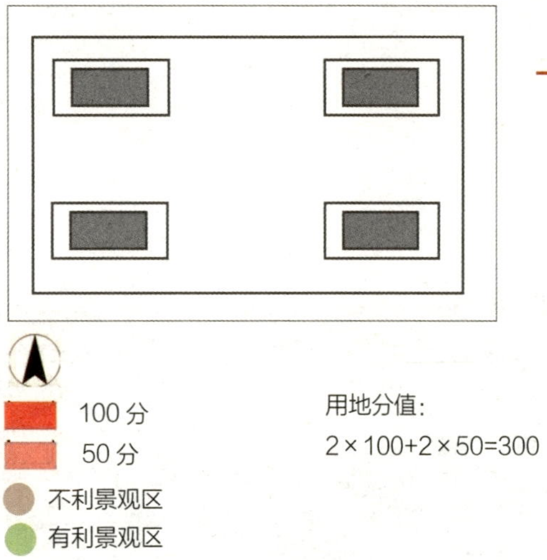

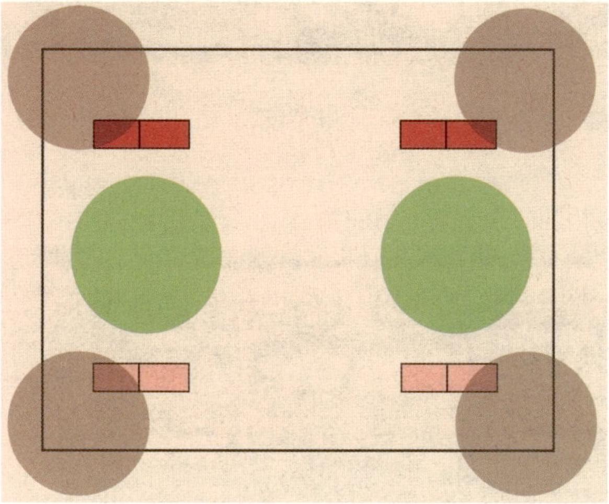

行列布局后的影响空间分值的模型图

同样这块地如果用错位布局法，房子不减少，还是4栋，看看分值会不会有所改变。从下图可以看出，错位后有三栋建筑前的景观空间比较好，都达到了100分，只有最南面一栋建筑是50分，这样这块地总的景观分值就变成了350分，比前面的300分提高了整整50分。

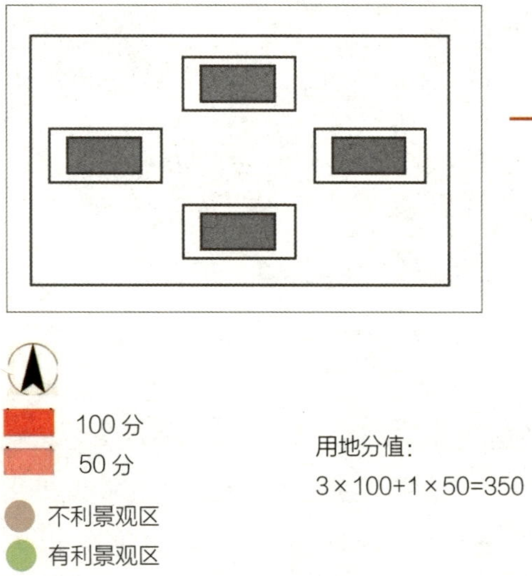

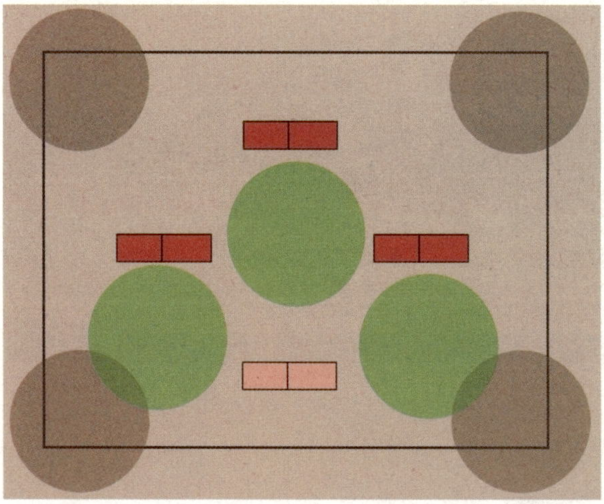

错位布局后的影响空间分值的模型图

从两次的对比模型图中可以看到，建筑没有减少，用地没有增加，略微调整一下建筑的布局后，就会使得景观空间一下子优化了许多。

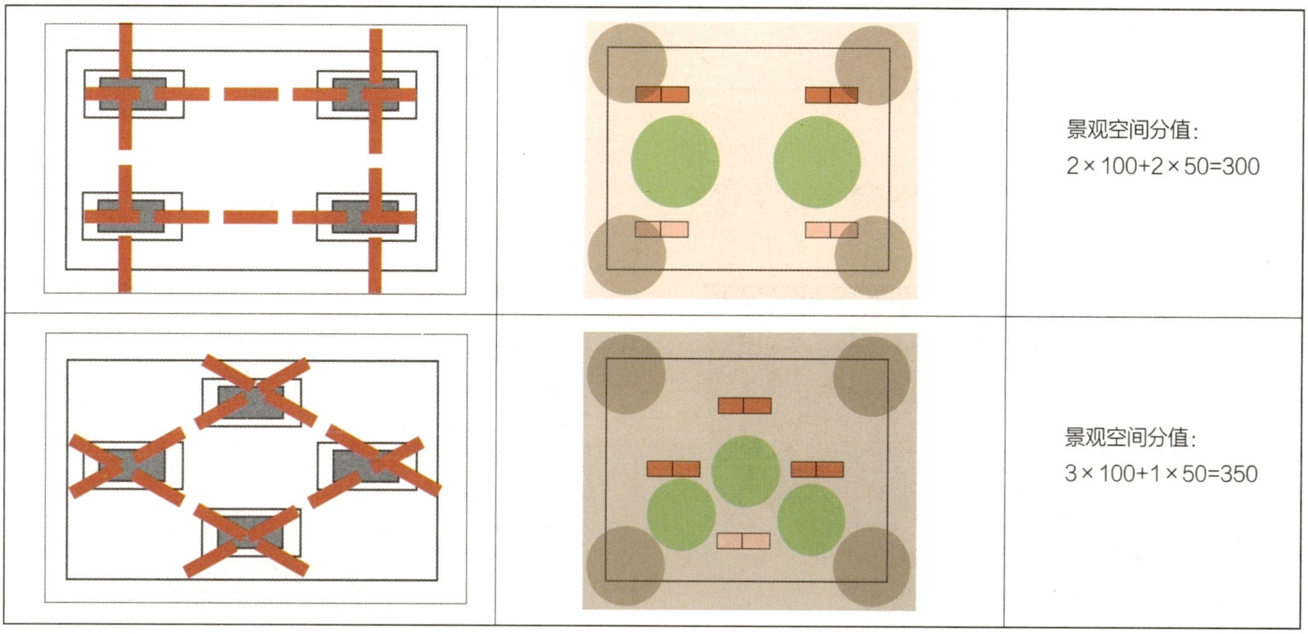

让我们回到园区白领公寓项目来看，它的建筑更多。刚才是4栋建筑组成的小区，如果是9幢建筑组成的话，我们发现如果只是像下图a中以行列式排布，当中抽掉5号建筑的话，中间这一块景观空间肯定是好的，2号建筑是真正的景观楼盘，为100分，1号、3号、4号、6号也还可以，约75分，这样整个景观分值是550分。

如果按照图b做错位布局后，会发现2号、4号、6号楼盘为100分，景观空间是好的，1号、3号也改善了，分值约85分，最终景观分值是620分。

这就是第二次景观优化——第一次优化是把三元理论中的“交通”这个“元”调整了，第二次是把“建筑”这个“元”做了一点微调。即在不减少建筑面积的前提下进行微调，这一点点的调整会使整个景观空间达到最好的状态，“景观”这个第三元的质量也得以进一步提高，但是建筑修改时要满足几个前提，不是随便修改就行的。

第一，建筑面积不能减少，就是开发商一共要建造多少户型，A、B、C、D、E、F 户型面积各是多少，小区总建筑面积多少万平方米，这些都是不能减少的。如果把建筑面积减少了，那么再好的景观提升方案也不会获得甲方同意。

第二，修改建筑时，必须满足日照间距，这是强制性法规。

第三，车行道路、停车位、地下车库出入口、消防道路、消防登高面等都要符合国家强制性法规的规定。

下图 a 是原建筑总平面图的布置及各栋楼房的分布图，如果把每一栋拆解开来重新组合一下就变成图 b。开发面积没有减少，只是进行了重新组合与位置挪动，很明显，室外景观空间变得更合理、更舒适了。

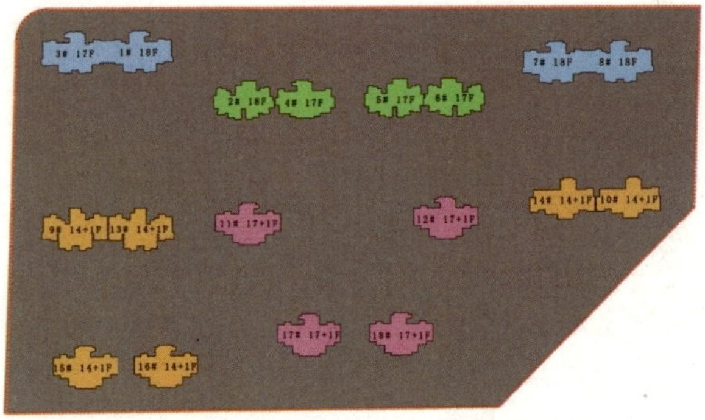

a

原建筑总平面图及各栋楼房分布图

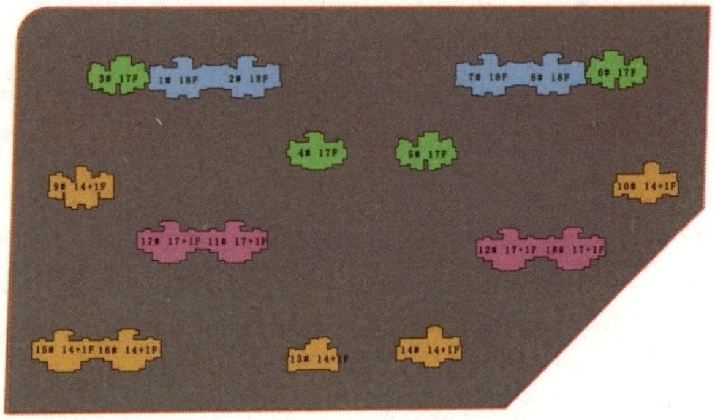

b

调整后建筑总平面图及各栋楼房分布图

	总平面图	日照分析图	景观分值图
原设计	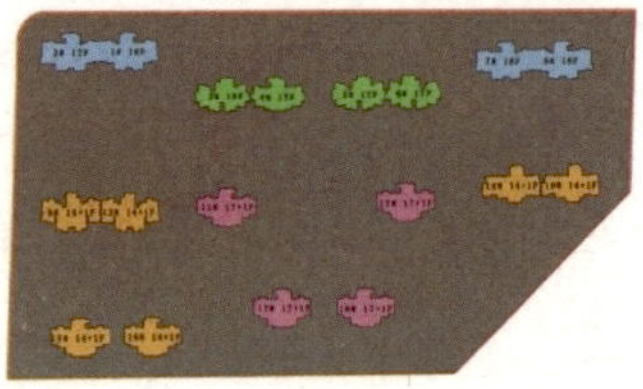		景观空间分值： 100+4×75+3×50=550
调整后设计	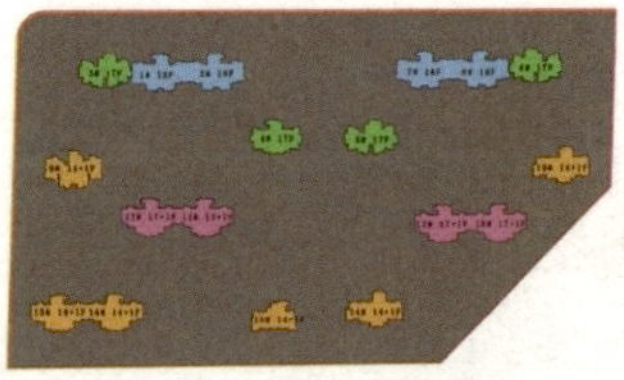		景观空间分值： 3×100+2×85+3×50=620

结果：第一次交通调整之后，中央绿地空间是西南—东北向的扩大而连成片的，西北—东南向还是宅间绿地的空间形态，经过第二次建筑排列组合微调后，呈现出右图所示的十字形的中央绿地空间，当然所有的道路、消防、消防登高面全部符合规定。

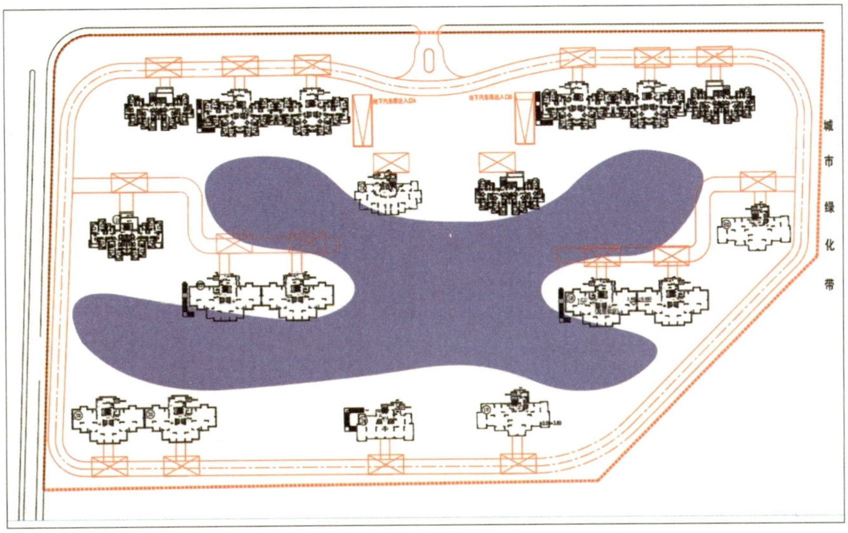

再次调整后的景观空间图

蓝色区域比之前的面积更大了，整体性得以加强，在这里没有任何车行系统，都是休闲、散步、娱乐的空间，这样大部分的宅间绿地空间被提升为集中绿地空间，整个小区的景观格局实现了“质”的飞越。这就是三维空间中的三元理论，是通过对建筑和道路的再次优化使得景观空间得到了最大优化。

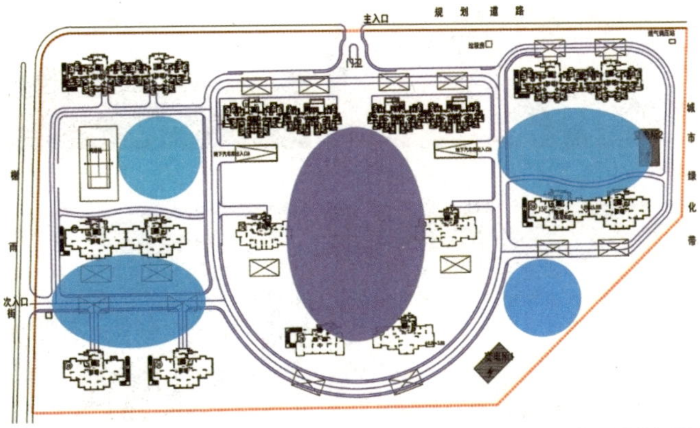

a

最初的景观空间图

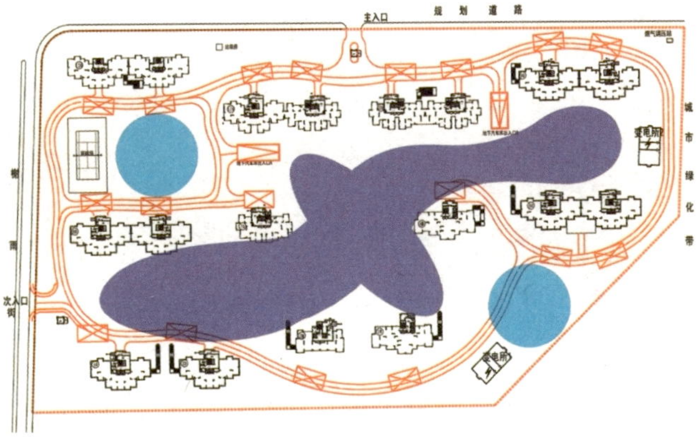

b

交通调整后的景观空间图

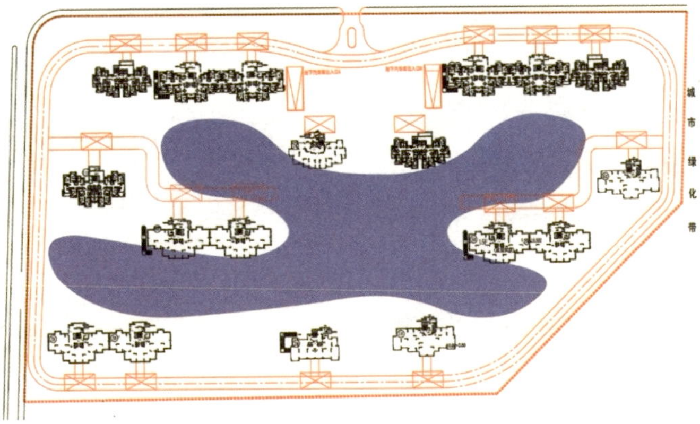

c

建筑调整后的景观空间图

景观三维空间小结

①作为设计师我们要建立正确的景观三维空间认识，建筑与建筑之间的空间，才是景观的三维，它看似没有边际，实际上恰恰是需要我们深刻审视的所在。

②在正确的景观三维空间观的基础上，我们要建立正确的景观三维空间设计观念，运用三元理论对景观空间进行积极的调整、组合与再创造。

③通过一遍遍对空间的推敲、完善后，我们将得到一个积极优化后的景观空间载体，为下一步的景观实体设计如亭台楼阁、绿化、景观构筑物等提供良好的设计基底，这样我们就能游刃有余地进行景观创作工作了。

④空间不仅可以被设计出来，而且是能够被不断优化与反复推敲的，这就是景观设计师的常规工作和基础工作，这样才能不断地提高我们的设计能力。

三、四维论

景观设计除了上面讲的空间三维（*L*、*W*、*H* 轴）推敲之外，实际上景观还有四维空间。四维空间就是指三维物体在时间轴上的动态。一般来说，我们可以简单地将景观分为软质景观和硬质景观两大类。软质景观可以以植物为例，例如设计时要考虑三层绿化、五层绿化、七层绿化等配置。种了一种植物，它就会有春花、夏叶、秋色、冬凋零一年四季的变化，所以植物它不是一成不变的，在一年当中有多种变化，在 10 年乃至 20 年内还有一个长大的变化过程，形态、姿态都会发生很大的改变。所以这就是景观的实体物在时间轴上发生的变化，这就是景观的四维。

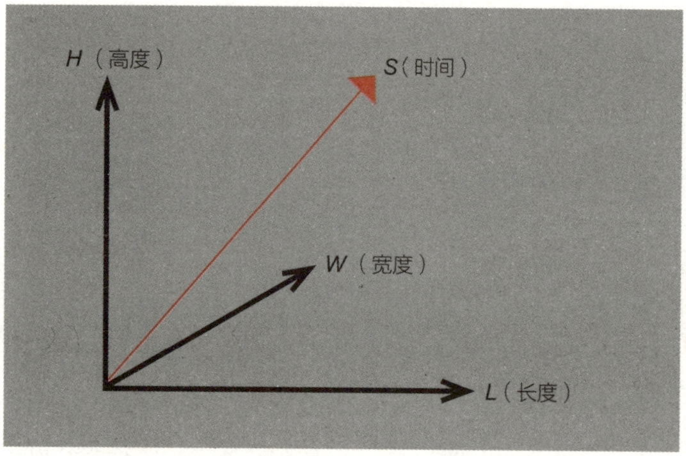

春花

夏叶

秋色

冬凋零

培养四维理念在实际的景观设计工作中有什么益处呢？如何在设计中落实呢？首先，我们开始绿化设计时，不要拿到项目总图就开始种树画圈圈定品种，而是先要在理解项目背景与总体设计理念的基础上做各种绿化分析图，进行三维空间的设计即疏密设计。疏密布设完后还不能马上做绿化，要在四维中做季相图、色相图。季相图就是做春夏秋冬的季相图；色相图是要分析色彩的变化（这里指的色彩不仅仅是叶色，还包括杆色、花色、果色等综合色相）。这两项做完后，还要做植被和地形多个立面轮廓图的推敲，即林冠线图和地形起伏线图的推敲。把这些都做好后才是具体品种的设计。所以整个绿化设计在具体设计之前我们要做很多的事情。

绿化设计步骤图

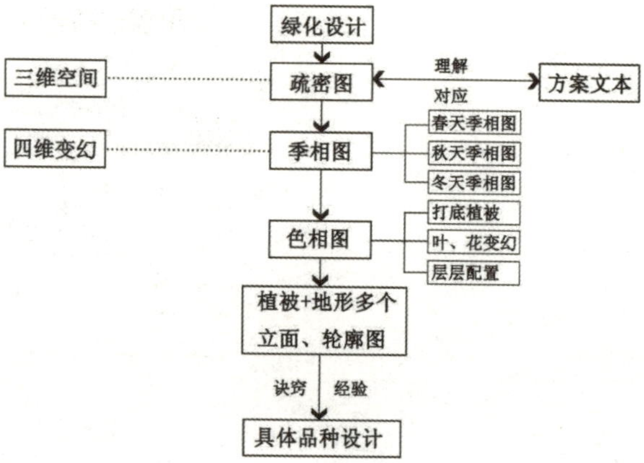

以下图为例做三维的疏密图，哪边做疏，哪边做密？为什么是这样的疏密布局？它能表达出怎样的景观形态和空间？与总图的功能、流线、视线有什么关联？

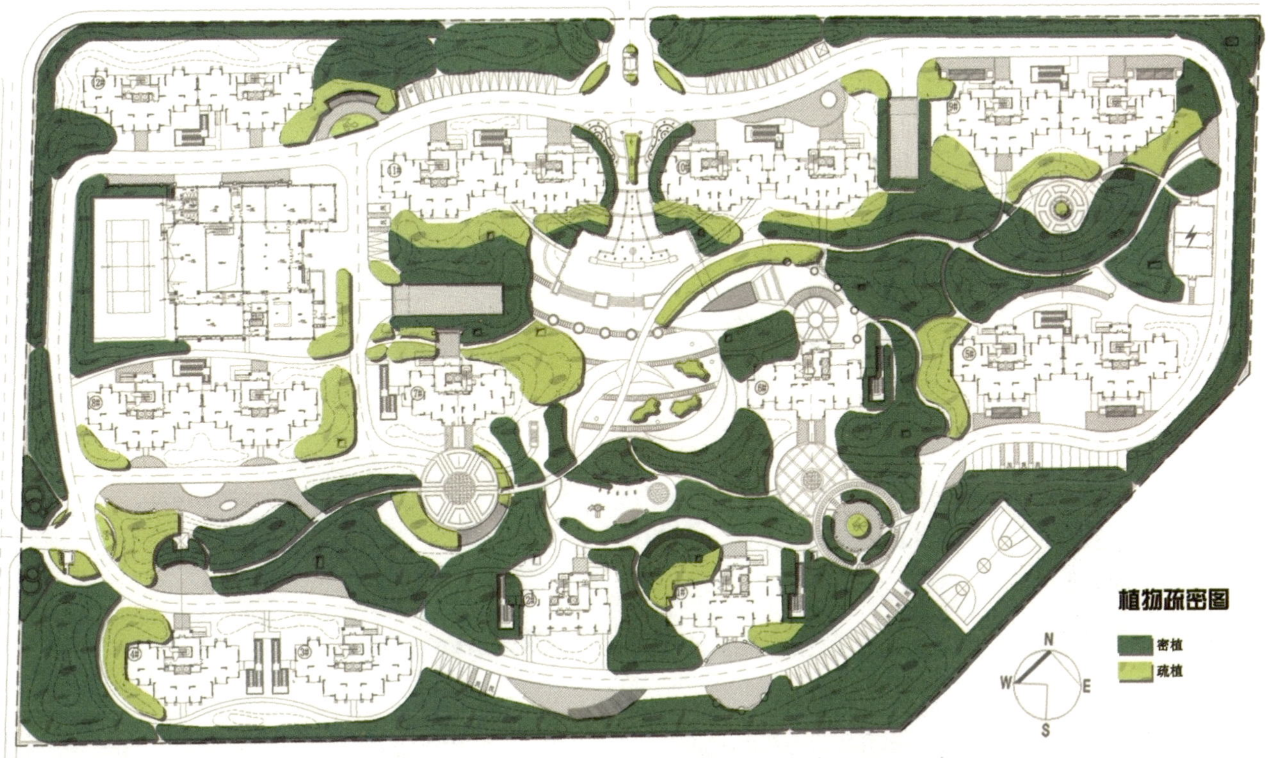

在季相图中我们要考虑：不同的季节分别看什么？怎样做到冬季不产生枯败萧瑟感？花、果、叶的三相如何达到最好的呈现？

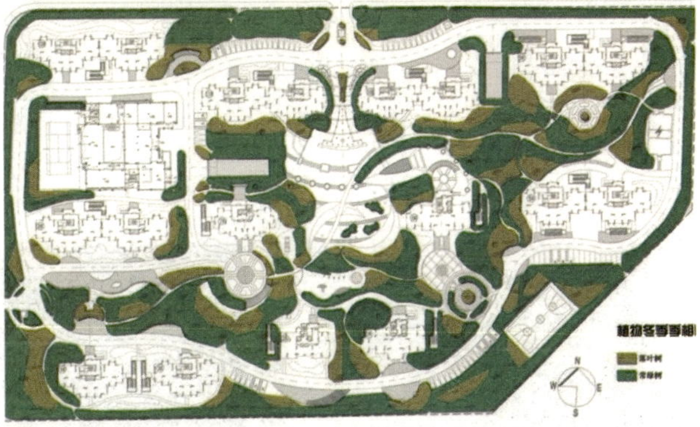

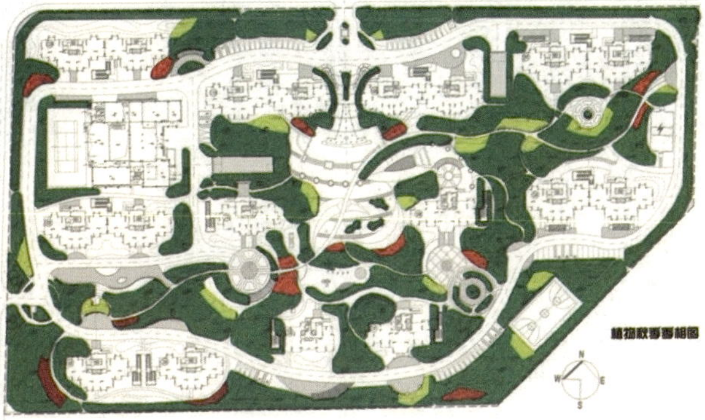

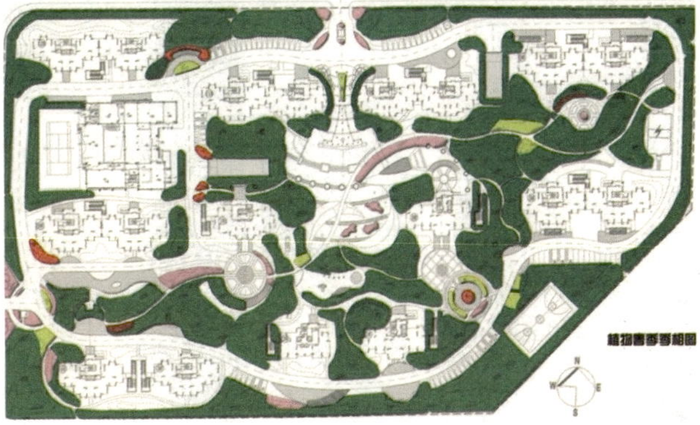

做完季相图后，还要做色相图分析，各种颜色如何搭配？前后、左右、分层高低的色相如何搭配？哪边种植大型的常绿乔木？哪边多种植一些开花乔木？哪边做草坪？哪边多种植一些绿植灌木？哪边多种植一些开花灌木？这些要反复推敲后，才能做具体植物的品种设计，只有经过这样的推演绿化设计才有“深度”，因为充分考虑了绿化在时间中的变化（四维中的变化）。最终归纳出本项目绿化设计的特色与手法，这是一种从高维度到低维度的设计程序——在四维中设计，在三维中推敲，在二维图纸中表达出来。

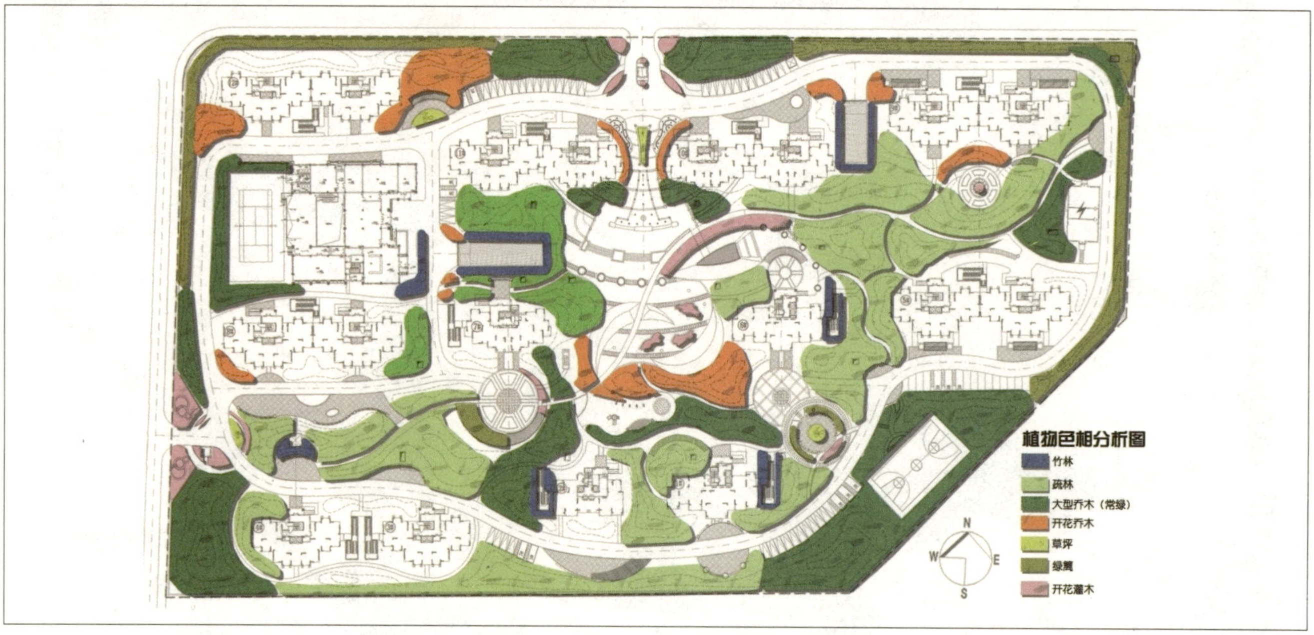

上述软质景观大家都非常好理解，因为有春花、夏叶、秋色、冬凋零的一年四季的变化，我们初步理解了它的四维特征。景观中还有一类硬质景观，大家可能觉得硬质景观应该不是四维的，好像只有三维。但实际上硬质景观也是拥有四维属性的，只是大家平时没有特别留意罢了。硬质景观在四维空间上的表现，就是让这些无生命的景观物件在时间轴上留下痕迹，使之“动”起来。一个最简单的例子就是旱喷。我们知道旱喷所在之处平时看起来就是平地，当喷水时，随着音乐或人声音的频率会有高高低低的水柱（见下图），非常吸引人（因为动的东西远比静的东西吸引参观者、游览者，不仅仅是吸引孩子们）。

旱喷景观

硬质景观如何“动起来”，初步归纳为下列三种形式：

1. 人不动，景动——它是靠太阳光照射后引起的光影变化来展现硬质景观的动感的

在这一点上，建筑大师贝聿铭运用得最为出神入化，他设计的美国国家美术馆东馆、苏州博物馆新馆，都是靠光影透过建筑的窗户或屋顶的采光顶棚，照到墙面或地面上，或光线照在悬空的室内雕塑上再投影到墙面和地面上，然后一天中不同的光影变化形成了图案的变化、深浅的变化，使得人在其中有种时光流动感。这也是我在 2006 年配合贝聿铭先生做苏州博物馆新馆景观设计时，获得的比较深刻的体会。

下图的美国国家美术馆东馆的室内，阳光照进来，情景雕塑在转动，太阳的高度角也在不断发生变化，投射到地面的阴影图案也在不停地改变，角度、大小都在改变。

下图的苏州博物馆，走廊顶上用的是玻璃，加金属格栅，光线照下来，在两边的白墙上面留下了这种变化。当一天中太阳的高度角由东到西发生变化时，照在墙面上的格栅大小、疏密、深浅也在发生着变化。于是，不仅早上和晚上走在这个建筑的空间中感受不一样，当天空中的一片云从博物馆上空飘过时，短短三两分钟内，墙面上也会发生丰富的变化。空间在动、在变化，但实际上它是一个固体的建筑物或墙面或屋顶，它本身是不能动的，而通过光影的变化，让你感觉好像可以动起来。

美国国家美术馆东馆

苏州博物馆

2. 景不动，人动——“步移景异”来获得动态感受

这是古典园林中用得最多的手法，古典园林设计中讲究一个原则叫“步移景异”。就是说造的景不动，但是人在里面走几步再看这景时，景好像发生了变化。实际上景观自从建造完成后就不会动了，是你在不停地走动，你的眼睛（一种取景框）因移动而形成了景致改变，这就是步移景异。它是靠空间序列的开、闭、展、串、合、切、叠、比等手法巧妙地组合而形成的，这是一个古典园林的例子。我们再看一个现代景观的例子——苏州工业园区“圆融时代广场”，在巨大的天幕下方有很多的商业建筑，这些商业建筑都覆有一张外皮，是用金属的竖条格栅构成的，格栅板西侧用的是冷色调绿色，而格栅板东侧用的是暖色调红色，人从西往东走时，会发现这个建筑立面逐渐由绿色变成了红色，就跟章鱼一样，会变色，感觉这个建筑好像在动。但实际上建筑一动不动，它靠颜色的渐变直至转变，从冷色调到暖色调时间位上的叠加，通过眼睛采集信息在脑海汇总形成一种“视错觉”，让你感觉建筑好像在活动、在改变，这也是一种很巧妙的“步移景异”的设计手法。这就是硬质景观的四维空间属性的一个例子。因为在看三维模型空间或照片时，看到的是静态的，是看不出变化的，只有在动态时才能看到、感觉到。只有在呈动态并深入其中时，你才会发现设计师原来思考的问题、表达的信息是那么丰富，并且只有在四维空间中才能被展现出来。这就回答了本节一开始提出的第三个问题——为什么有些景观当我们身临其境时，却发现比原来的照片上、书籍上的更好，就是这个道理——多维度空间中蕴含的信息量、语汇、表情、形态和美感远大于低维度空间里的同类内容。因为它表现出的是一种“能动感”，当景观让你感觉它在变化、在动，而不是冷冰冰的静止的东西时，你一定对它更喜欢。

苏州园林（一）

苏州园林（二）

圆融时代广场建筑立面格栅图片（一）

圆融时代广场建筑立面格栅图片（二）

3. 人不动、景不动——心动（即心游）

最好理解的例子就是日本的枯山水了。日本最著名的龙安寺枯山水，笔者曾经在 2006 年去日本时参观过。初看时，觉得也没什么特别的，白沙池中放了几块石头、做了一点苔藓。但是日本的枯山水，对其的欣赏过程是不一样的，不像我们的园林，是人走在其中一条园路上，然后步移景异地去欣赏园子。日本的枯山水是静坐在建筑物的外缘（日本称为“庇”的一个地方，类似于我们建筑物外的“檐下”），一动不动，坐在那一段时间后让心静下来才去感悟的，所以欣赏方式跟我们的不同。这种欣赏方式，一开始笔者也没能理解，觉得坐在边上，只是很有特点，跟我们的园林不一样而已，不能让我们特别感动。包括在庭院边建筑室内还有个模型，看一看也不过如此。但是后来当笔者准备离开，在低头穿鞋系带的一刹那回眸，突然领悟到，如果你想象自己坐在那儿，心跟着你的思维离开你的肉体，贴着这个边缘做低姿态的匍匐前进、游走时，你就会发现它设计的精妙所在了。我们学习枯山水时都知道，日本人把沙比作大海，把石头比作海中的孤岛，把苔藓比作小陆地，当你俯瞰时，是没有这种感受的，或者说感受是不强烈的。当你将视线放在边缘贴地观看时，你就理解了日本枯山水所表达的这种天地开阔的宇宙观。所以这就是欣赏日本枯山水的法门所在（即缩天地为尺、缩人为寸），降低视点以卑微之心去观察宇宙。日本讲究人不动，景不动，用心来体会。这也是一种硬质景观能动起来的方式，只是这种方式比较高级。

日本枯山水的“心游”叫作“侘寂之思”，在中国园林也有相应的“心游”，叫作“诗情画意”，即借用“楹联”“匾额”“造园记（勒碑）”等方式使得某种境界也好，时光流转的场景也好，在“阅诵者”的心中得以复现。这是一种使“阅诵者”获得超越视线所及的物象之美层面，达到心灵共鸣，并且在时空中无阻碍畅游地欣赏中国园林的高级模式。

龙安寺石庭（一）

龙安寺石庭沙盘模型

龙安寺石庭（二）

景观四维空间小结

①三维景观实体，应该在时间轴上跟人们有交流、有互动，这样才能富有感染力。而冷冰冰的、静态的景观，人们看过了没印象，跟照片没什么区别。深入场景要比观看照片获得更多的体验。这个时候不管是软质景观，还是硬质景观，都应该让其在空间、时间上能够与人形成互动、交流，如此一来，你会发现景观变得更有感染力。同样道理，两个人待在一起，互相不说话，觉得冷冰冰的，但如果交流起来，发个烟、嗑个瓜子、互相聊一聊，情绪就会被调动起来，会觉得亲切。我们要设计的景观，就是要把它理解成一个“人”，这样去设计才会富有感染力。

②景观四维性的设计应该是我们作为景观设计师深度推敲的内容之一。景观设计师不是画完图就结束了，要不停地推敲，除了对三维空间的推敲，还有对四维空间的推敲，要画很多张“幕后图”进行反复推敲，这就是我们日常的工作内容。

③在四维景观中去感悟，在三维空间中去演化，在二维图纸上去表达。

一直建议大家去实地参观学习，而不是拿一本书学习，因为二者是完全不一样的。我们要在四维的空间——实景中去参观，去体会优秀的景观设计是怎样的？好在哪里？然后在三维空间中进行推演，最后在二维的图纸上表达出来。

这就是从高维度到低维度的学习方法，先在高维度中学习和设计，然后在低维度的图纸（二维）中进行表达，这样的设计才有可能在建成之后，成为跟人能互动交流的、能动的景观，才有可能富有感染力（只是在二维中进行思考、表达的话，显然缺乏突破）。

四、五维论

前面讲到了三维、四维的空间理论以及它们相对应的对景观设计的作用，实际上笔者认为还有第五维空间。物质世界不止于四维，还有虽不可见但确实存在的第五维度。四维我们比较好理解，因为人就是四维的，从出生、长大、结婚、衰老、死亡，就是一个四维的演变过程。

五维可能就稍微难理解一些，因为它是不可见的，是在四维——时间轴的基础上，增加了一个能量维度。

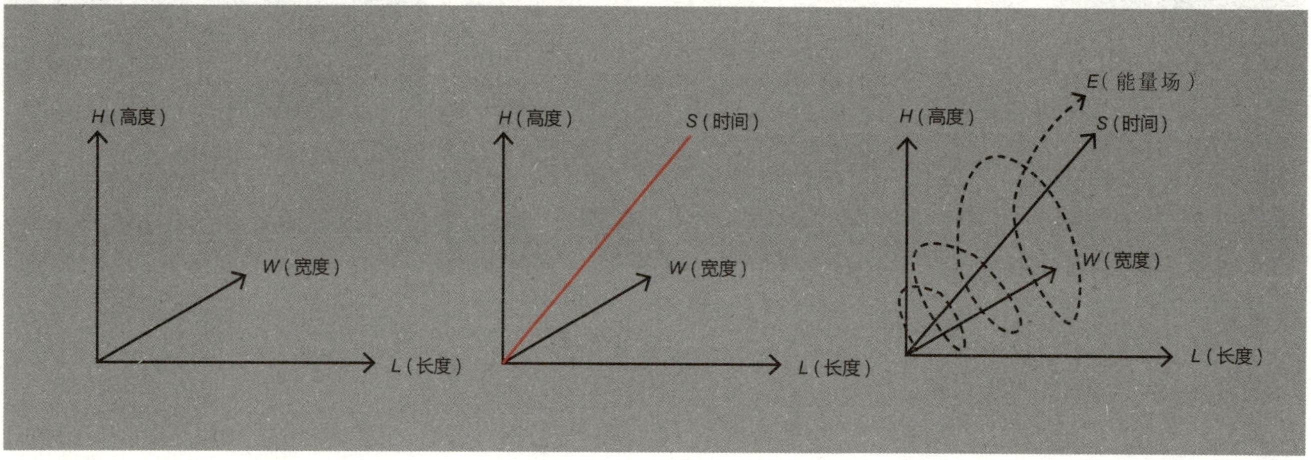

在理解“五维”之前我们先来温习一个典故。

《庄子·养生主》中讲了一个小故事“庖丁解牛”。“臣（即庖丁）之所好者道也，进乎技矣。始臣之解牛之时，所见无非牛者（我们平时看到的是图 a 中所示的这头牛）。三年之后，未尝见全牛也（但在庖丁的眼里看到的是图 b 中的这头牛）。方今之时，臣以神遇而不以目视 ...... 以无厚入有间，恢恢乎其于游刃必有余地矣，是以十九年而刀刃若新发于硎（所以他动刀子才会那么准，十九年了刀都不用去磨）。”

景观设计师也是这样，如果只是跟一般的观者一样，眼睛里只能看见表面东西的话，那笔者认为其理解得就比较肤浅，应该要探求景观表象之下的、内在的、看不见的东西，对于牛看不见的东西则是它的内脏、骨头、筋和肌腱。

a

普通人眼中的“牛”

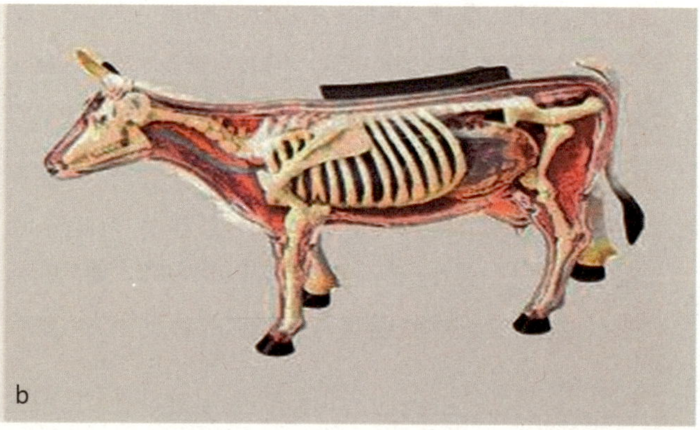

b

庖丁眼中的“牛”

景观设计师亦应如庖丁一样，景观空间的“第五维”就是研究这些看不见的、存在于内里的东西。

笔者认为景观设计的对象最终都会是一种客观存在的东西（那些客观不存在的不是我们研究的范围），高等物理学明确指出，实体和场态都是客观的存在，是同一事物的两个方面，两者不可分割，在一定的条件下又可以相互转化。

任何事物都有正与反、奇与偶，现代物理学已经研究到创世纪时我们的宇宙是十维的，有虫洞、时空弯曲等，当然这属于高等物理学的研究范畴，景观不需要研究到这个深度。

怎么理解场和实体是一种客观的存在呢？举个例子，比如大家常用的手机，打电话时，人跟人不是面对面，为什么声音就像在耳边一样呢？靠的是什么？是靠场（一种电磁波）来完成的。收音机也是，播音员不在你对面，他离你很远却能和你进行交流，就是因为电磁场的存在。你和他之间没有实体电线的联系，但他的声音却可以听见。再举个例子，想象当中一定要用火（可见的）加热食物才能熟，食物放在微波炉里面什么都没看到结果食物被加热直至熟了。这靠的是微波（一种电磁波），是一种能量（学名：微波能），它看不见，但确实存在。如果放在桌子上，食物永远不会变热、变熟。这些磁场作用都是存在的，只是不被肉眼所见，眼睛所看见的只是手机、收音机、微波炉。

可以这么说，我们除了生活在有形的大地、山川、河流的怀抱当中，同时也生活在各种无处不在的能量场当中（见下图）。

自然山川河流图

自然山川河流能量场图

人也是有气场的。有生活经验的人都知道，有些人在你面前时，你会感到很有压迫感，于是会说这个人气场很强大。实际上现代物理学已经证明，人本身是会散发出这种场能量的，下图是通过特殊的仪器拍摄出来的，只是平时我们肉眼看不见而已。

男女相视图

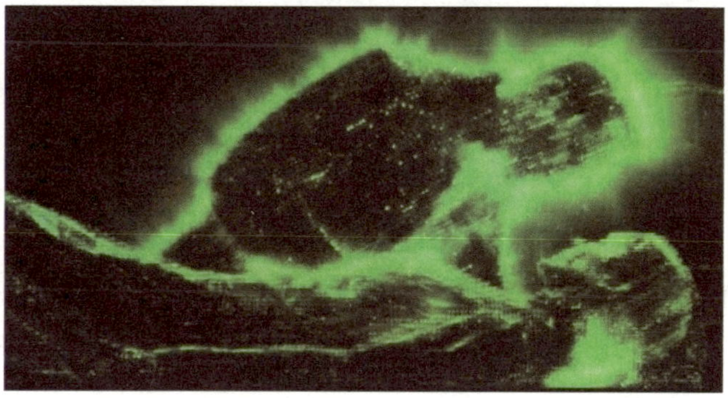

男女相视时能量场图

理解了实物与场的客观存在后，那么景观的五维空间设计原则就能确定了：景观五维空间设计——是以可视的三维体为基本的设计表达载体，安排这些三维实体（树也好，亭、台、楼、阁也好）在第四维（时间轴）上表现出来某种能动性与时空感，并且还要在第五维（能量场）上把它调理妥当，最终让其在可知的四维感官空间中表现出安全与和谐（因为越安全、越和谐的东西，看上去就越舒适、越美）。

简单地讲，景观设计不仅要研究那些可见的、有形的景观因素，还要研究一些不可见的、无形的景观因素。当然，所说的不可见的、无形的景观因素，是要去透过现象看本质。最终这些因素必须要在可感知的四维空间中表现出来，如果不能表现出来，那就不是我们研究的范围了。

“无形未必不是客观的存在”。以前有一句老话，不要全部相信你所见的，因为眼见未必是事实。聪明的人在现实生活中都会懂得，要由表象分析到内里，由事见人，才能够知其真人真相。景观也是一样，不要只设计你可见的那些东西，还要考虑看不见的但是存在的因素，去了解、分析，然后在设计时把它安排妥当。

举了这么多例子，都是要说明无论在物理学、哲学还是生活的诸多层面，都有“形”与“理”之分，“形”是最后表现出来的表象，“理”是内在规律，这样也就可以在哲学的层面来理解景观五维的必然性、客观性——景观的五维空间是客观存在的，也是我们景观设计师必然要去研究的一种空间。

这里举两个例子，来帮助大家理解景观的五维性。

【金鸡湖景观】在苏州工业园区的中央，有一个金鸡湖，水域面积有 7.38 km^2，整体环湖面积有 200 000 km^2，共分为 8 个区。1998 年，美国易道景观设计公司做了环湖的总体规划设计，2001 年湖滨大道建成，2002 年城市广场香樟园建成，10 年之后全湖景观基本建成，下图是建成之后的一些优美的照片。

金鸡湖照片

这个设计也获得了2003年美国景观设计师协会（ASLA）年度奖。

下图是金鸡湖总平面图，金鸡湖景观从视觉上看还是很漂亮的，但是有一个问题，每年夏天不时会有一些局部的旋涡风，曾经卷塌过施工工地彩钢板工棚，卷飞过玻璃幕墙，造成过人员伤亡，当然也拔倒过树，毁坏过一些景观构筑物等。因此每年都要去补、去维修，这样维护成本很大。到底是什么原因导致这个问题的产生，这块地方为什么会多发小型的急性旋涡风，造成如此强的破坏性呢？

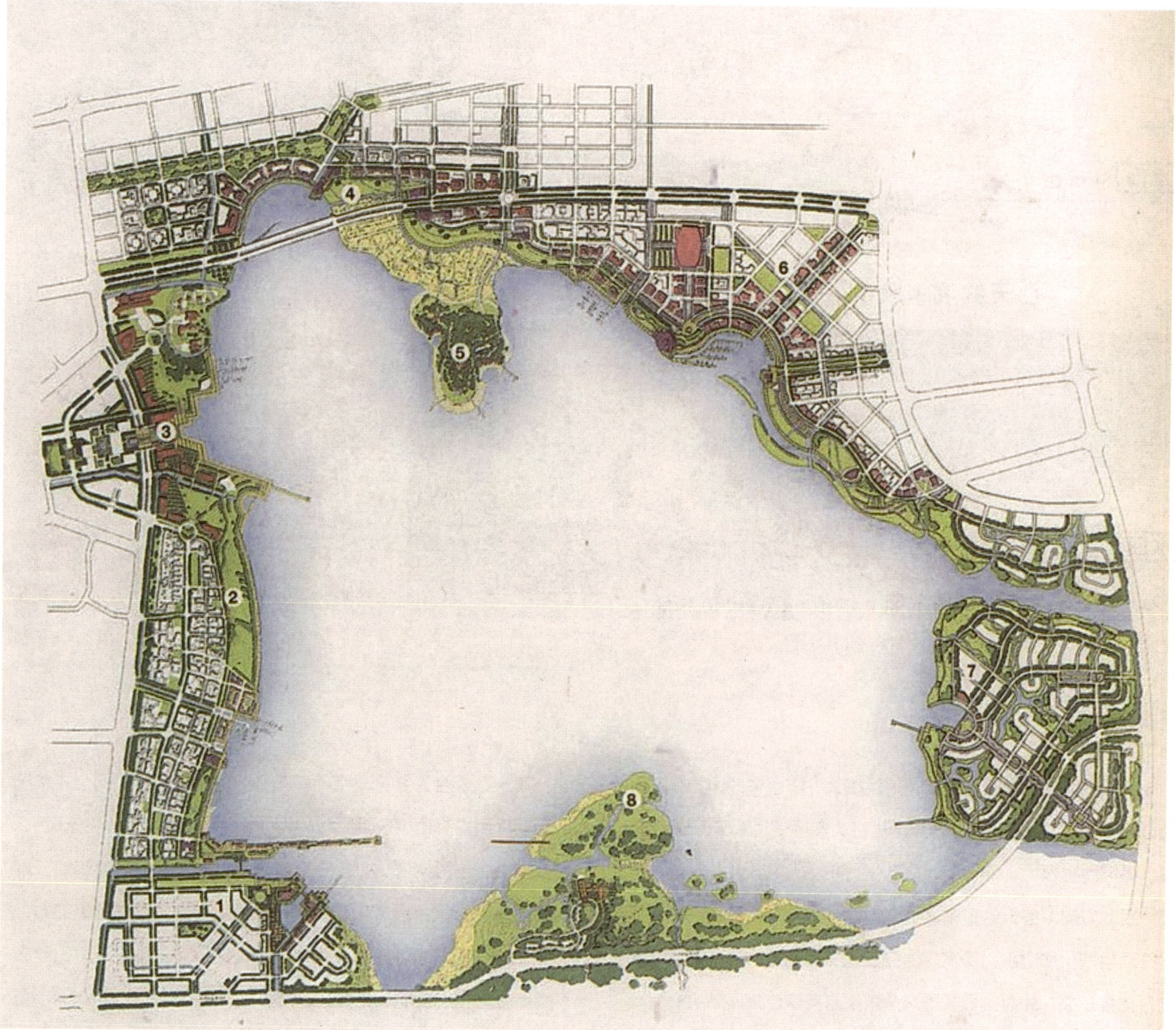

金鸡湖景观规划总平面图（美国易道景观设计公司）

湖边急性旋涡风其实是一种滨水风和季风的共同作用，从下图 a 中我们知道，主要是由于太阳照射在陆地和水面两种不同介质时，引起陆地升温快，陆地上方的空气被加热后就往上升，而水面同样吸收太阳照射后，升温慢，其上方的空气被加热升温缓慢，这样就造成温度高的陆地上方的空气向温度低的水面上方流动，而温度低的水面上的空气向陆地流动，形成环流（这是白天的情形），这也是为什么夏天走到水边会感觉到一股扑面而来的凉风，可能当天本没有什么风，这就是滨水风的缘故。

晚上恰恰相反（见图 b），由于晚上没有太阳照射，陆地和水面开始散热，这时水面降温慢，陆地降温快，形成与白天相反的环流情况，人会感觉到风是从陆地吹往水面。如滨水风说明图所示，白天我们会发现滨水风是从水域的中心处往四周吹；而晚上恰恰相反，是从四周往水域的中心处吹。

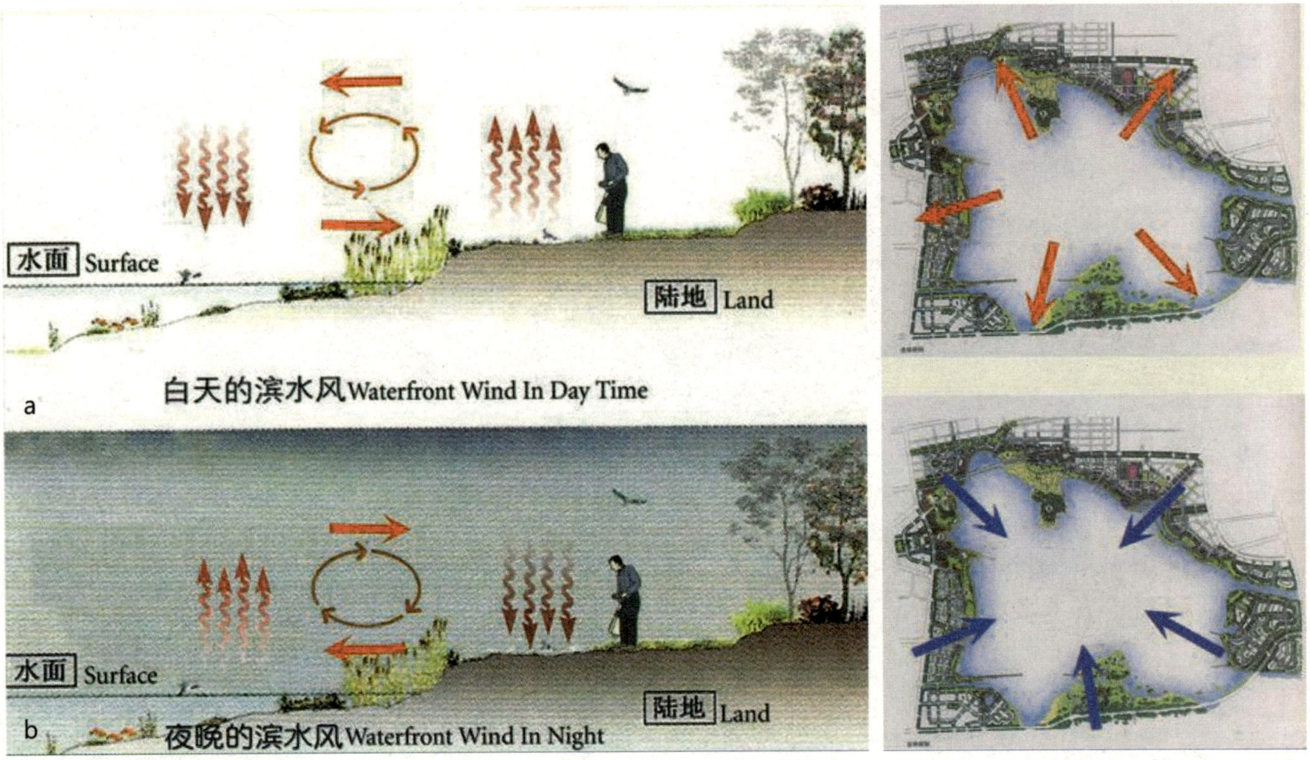

滨水风说明图

水面越大，水陆温度梯度差值就越大，滨水风的风力也就越大。金鸡湖非常大，有 7.38 km^2，略大于西湖面积，所以它的滨水风风力也很大。而在夏季，苏州有东南季风，是从东南方向吹往西北方向（冬天则是由西北方向吹往东南方向）。夏季的太阳日照强烈，加之水面又宽阔，在水陆交界的地方形成的滨水风风力就会较大，此时，夏季季风从东南方向吹过来，就会在金鸡湖的东南角区域形成两股相向而来的风，结果不是我们通常理解的一正一负综合为零（一个简单的实验就可说明：让两个人拿扇子面对面用力互扇，那么在两人中间风会很大而不是消失无风），而是拧成了一股旋涡，并且在北半球是按逆时针方向旋转的。旋涡卷起来的时候会形成中心低气压，然后产生由下往上拔的力，这就是旋涡风在大型的水域边缘区形成的原因，也是夏季为什么在这个区域多发旋涡风的缘由，也就是前面所说的能量场的作用。

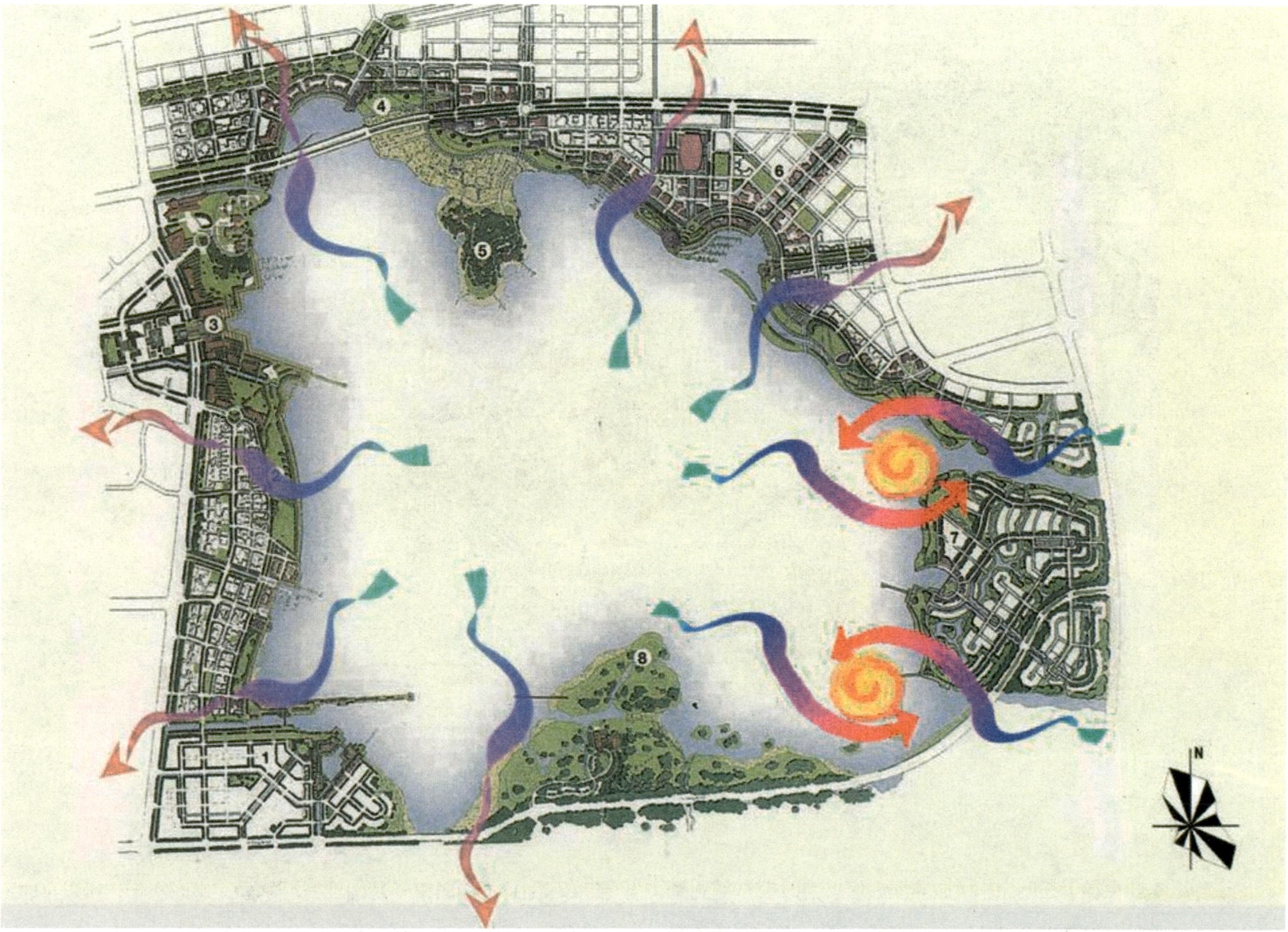

金鸡湖夏季旋涡风形成平面图

大家可能还有疑问，冬季应该在湖的西北方向也有旋涡风啊？事实上，冬季的太阳比较温和，造成水陆两种介质上产生的风力就比较小，仅能卷起广场上的灰尘而已。

知道这个原因之后，就要从设计角度把滨水风削弱，降低其发生的频次。从设计的角度来讲，能消除的矛盾要尽力消除，不能消除的要尽量弱化。在这个问题上只能弱化，因为天地间“风”这种自然力不是我们让它改变就改变、让它消失就消失的。

在弱化的时候，可用以下几种方法：

①在金鸡湖能量场调整图最下方那条机场大道两侧，各设置 50～80 m宽的林带。设置林带的作用是减弱东南方向季风风力，就像在内蒙古、黑龙江设置的三北防护林带一样（把从蒙古高原吹过来的风力减弱，这样带过来的沙尘也会减少）。

②图中设计了一个桃花岛，目的是减小这块水面的面积，我们知道水面越大，滨水风产生的能量级就越大，而水面越小，滨水风产生的能量极也就越小。风力减小之后，两股风扭起来形成的旋涡风的风力总级别也就降低了（旋涡风的大小本质上是能量的大小）。这样它可能会卷起灰尘，但不至于拔树、倒屋。

③另外我们需要一个导风廊道，图中有一条斜塘河，把滨水风尽可能往斜塘河方向导走一部分。

通过上述三种方法——设计景观阻风林带、岛屿和导风廊道，就可以把整个湖东南角的温差梯度力降低，把滨水风能量值降低，把发生急性旋涡风的概率降低，如此一来可能造成的损害就小了。建成之后，普通民众只知道在这里拍照时多了个中景，照片拍出来更有层次感，更美了，却不知景观设计时是有一番内在的考量的，这就是景观设计内在深度考量的能力。当然，这样调理场所，空间再设计后，危害性降低了，美观度也提高了。因为所有解决矛盾的方案本质上一定是美的。

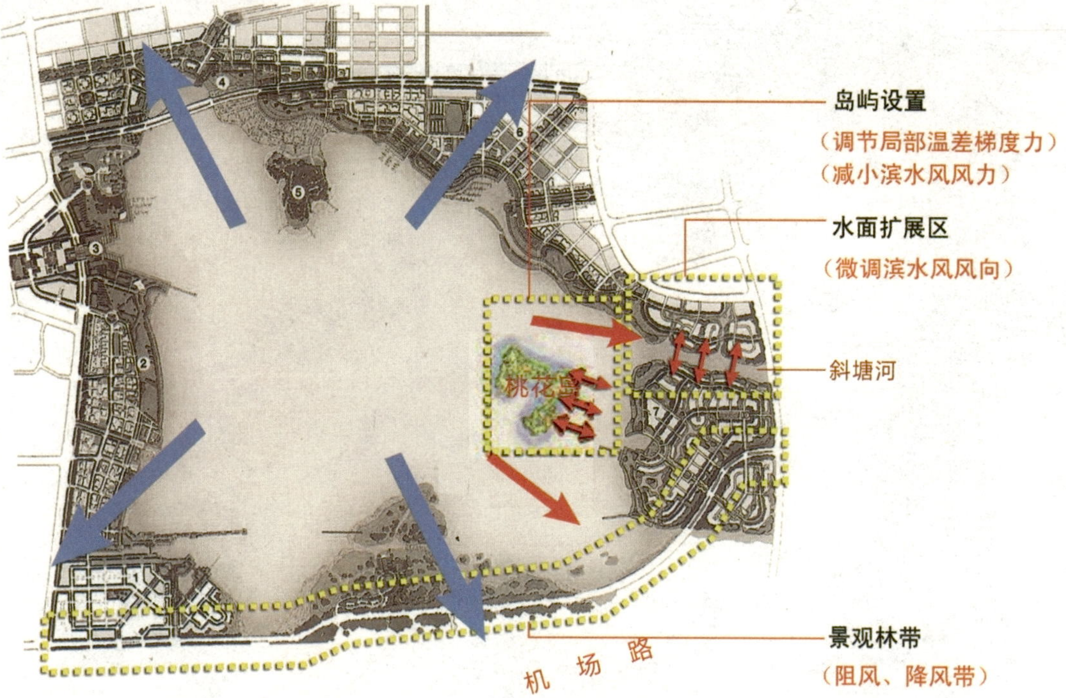

金鸡湖能量场调整图

【苏州木渎中学】在苏州木渎中学新校区，当时校方得到了一块倚山的地，北面是纪念范仲淹的天平山，南面是中国佛教净土宗的三大祖庭之一的灵岩山，西边群山环绕。校区处在一个山弯里面，初看这个地方很好，实际上这里有几个非常不利的因素。经过分析发现：

①间歇性溪——上沙溪，从下图中可以看到，这个间歇性溪流实际上是下雨时这一片山地的汇水面，是泄水带。所以平时不一定有水，到了下雨或苏州梅雨季，这个地方汇水后，中间整片地会被淹掉，这也是为什么以前这一片少自然聚居村落的原因。以前是天平林场的时候问题还不太大，现在成为学校了问题就有些大了。

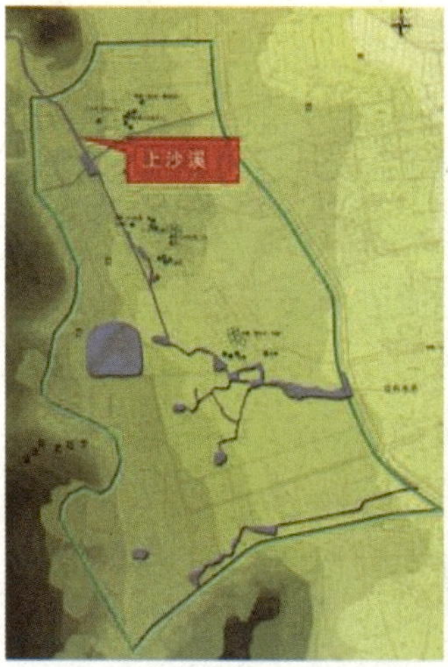

木渎中学选址场地现状图

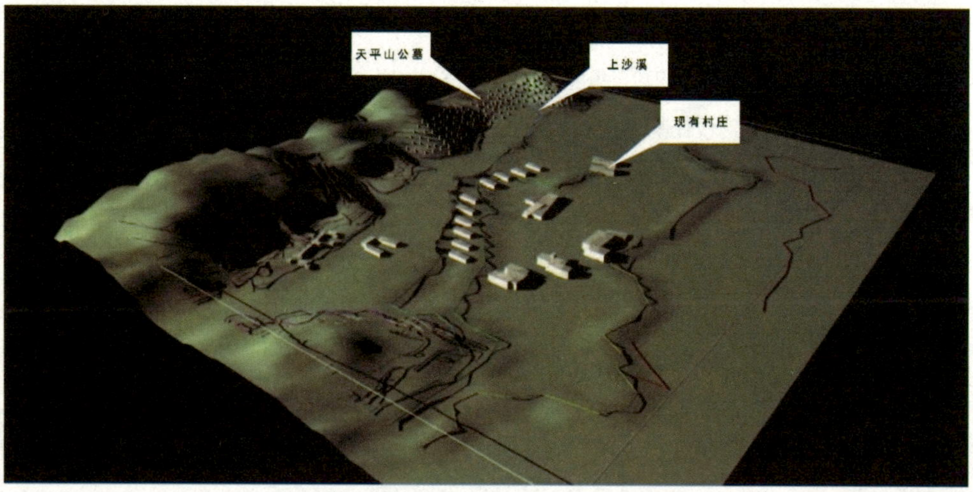

选址场地三维模型图

在查看现场时发现，下图这条就是排洪沟，从图中就能看出它有多深，没有水时是干裂的，而有水时水位能达到沟的顶端，所以说很可怕。这个地方有被淹没的历史记录，所以水的问题是个潜在的隐患。

宕口作为排洪区

排洪区照片（一）

排洪区照片（二）

②墓区和西北风的叠加问题。

场地西北角有很大一片天平山公墓，前面分析金鸡湖时我们知道，苏州地区的季风，夏天是东南风、冬天是西北风。西北风经过墓地吹过来都是阴风，阴风阵阵，而且墓地上遍植黑松，形成黑松林。我们知道黑松有一个特点，夏天在黑松下乘凉，微风吹过，松针互相碰撞发出窸窸窣窣的声音，文学上有一个词叫松涛阵阵，在文字上是优美的，在松树底下听起来也是很舒服的声音。但是冬天北风呼啸时，在黑松林里面听到的却是鬼哭狼嚎的声音，如果你没有这种经验的话，可以去看一下电视连续剧《水浒传》，两个押解林冲的解差要在野猪林杀掉林冲的时候，那个场景就是在冬天的黑松林里拍的，很可怕。

这一片山区北面是天平山，西面是大焦山，南面是灵岩山，在西北角天平山和大焦山之间留了一个豁口，没有连绵成一个屏障，正好西北风吹来，直吹整个校区。

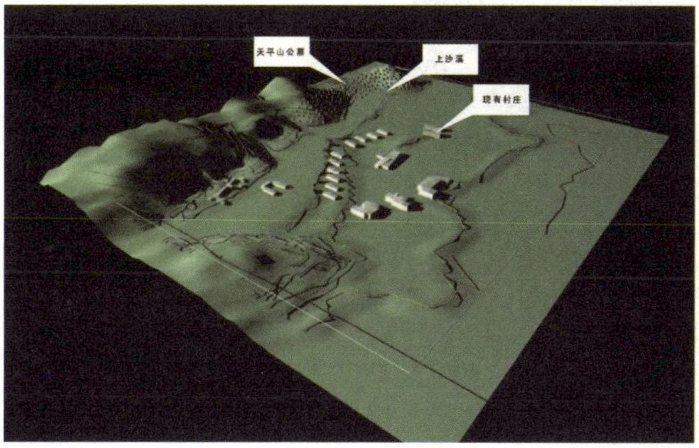

天平公墓位置图

天平公墓照片

那么我们再看下学校校区总平面图，有一家设计单位把学校的总平面布置了，是按照学校设计中常规的叫维多利亚式的平面布局来布置的。中央有一条中轴线，两边分别是行政区、教学区，其他是交流区、操场区、宿舍区（因为这是全国重点高中，是寄宿制的，周一至周五学生是住在学校的）。

初看这个设计，中轴对称，两边依次分区安排，好像是没什么问题，细究一下问题非常大。宿舍区正好对着西北角北风吹过来的方向，西北角就是公墓和黑松林。我国现阶段高级中学主要目标还是高考，学生白天努力学习，晚上一定要休息好。此地一入秋便开始刮风，晚上住在这个地方北风呼啸，鬼哭狼嚎，怎么能休息好，就算用两层的中空玻璃窗也挡不住尖锐的呼啸声。

木渎中学总体规划平面图

木渎中学总体规划鸟瞰效果图

我曾经建议把学生宿舍区和交流学习区进行对调，因为交流区白天有人晚上基本没有人，而学生宿舍区如果布置在校区西南，晚上就算是大风天，一般风经过交流区就会弱了些，那么学生就能在相对安静的环境中入睡，但是很可惜，由于种种原因这个平面已经不可改动了，那么后期介入的景观设计如何来削弱这个不利的因素呢？

我是这么考虑的：整个场地西北角有个豁口和公墓，北风呼啸这个前提不能改变的话，那么就改变气流流向。气流本来要吹到宿舍区，我们在宿舍区北面设计了一个 8 m 高的土坡，目的是让这个人工土丘和北面的山体之间形成一个新的人造山谷，把 40%～50% 的北风从下图箭头方向把它导走。 同时在 8 m 高的土坡上密密麻麻地种上常绿的大香樟树，风要吹到宿舍，必须要越过土坡和树林。水的特点是越过坡后直接就落下来，但风的特点是越过坡顶之后缓慢下降，只要越过宿舍区，风吹到哪儿就都没关系了。从下图右下角中可以看到一部分寒冷气流被导走，一部分要越过宿舍区才能吹下来，这样的话最大限度地减弱了寒冷气流对宿舍区的影响，同时土坡和常绿树就像声障墙一样可以隔声，如此一来对宿舍区的两大不利因素——鬼哭狼嚎的声音和寒冷的气流就被尽可能地削弱了。这就是为什么要在这个地方建坡造林的原因。景观设计不单单只是为了好看，有的时候恰是为了处理那些看不见却实实在在存在的矛盾，通过设计改变特定空间的一些不利的能量场。

木渎中学景观平面图

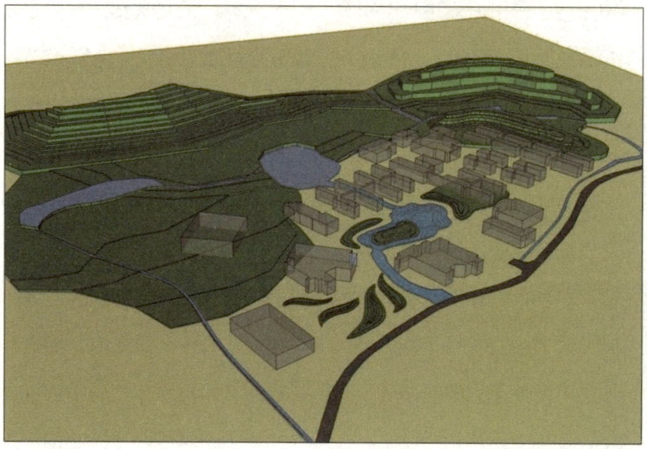

木渎中学景观模型图

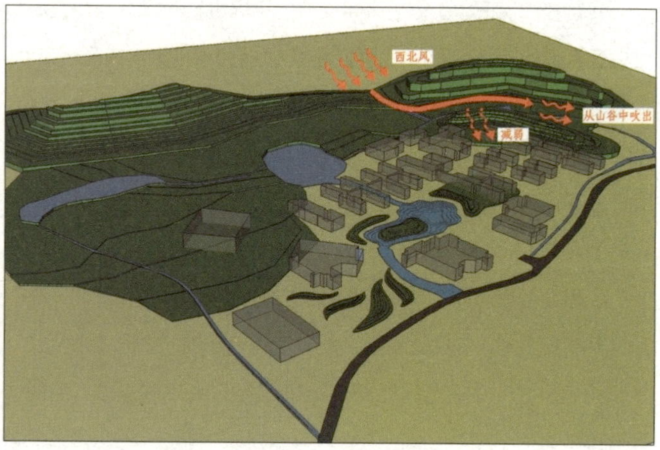

场地气流调整图

场地气流调整设计剖面图

场地气流调整设计立体空间图

再加上其他的一些设计处理间歇性水流的方法（详见拙著《现代滨水景观设计》），最后整个木渎中学的设计理念就是“续山、理水、蔽风、景院”。

木渎中学建成后实景照片

木渎中学建成后实景照片

夏、冬两季对比照片

关于五维的概念我们最后再总结一下：

如果把有山有水的大地看作一个活的物体的话，那么三维就可理解为是她的四肢、骨骼等可见的实体，四维就是她的风华摇曳的姿态、波光流转的表情，而五维能量态就是她的内在气息、是她的气血和经络。五维概念就像古代中医说的人体的经络概念一样，是研究环境的一种内在气息、内在本质。任何事物都有其法则，任何工作都有其规律，寻找源头探寻规律，这就是景观设计的深度和厚度。

最终通过研究、设计、建造后，景观设计师要向公众呈现的不仅是一个积极的三维空间体，还是一个能随时间变化而变化的四维空间体，是能跟人产生互动的，就是前面讲的能动的、富有感染力的、愉悦的体验场所，然后还要把这个场所的能量场调理顺畅、和谐。就如同和谐社会一样，不仅要满足人们吃饱穿暖的物质需求，更要让人与人之间精神愉悦和气息顺畅。

明武宗正德三年，心学集大成者王守仁（王阳明）提出心学的“知行合一”时，他说到“知是行之始，行是知之成”，强调知和行是统一的，知行并进，那么从实际应用的角度来看，强调知行即要求必须坚持理论与实践相结合，坚持“学以致用，用以促学”，景观设计就是这么一门“学以致用，用以促学”的学问。

最后套用《见与不见》的诗词体来做收尾（略做改动）：

你看见或是看不见，
空间就在那里，
不增不减。
你理解或是不理解，
空间就在那里，
不喜不厌。

（以上基于 2011 年 10 月在南京林业大学举办的“中国风景园林学会的年会”上的专题论坛发言整理而成。）

扫描关注五维源景观设计公众号，
回复“五维视频”，
收看五维理论知识视频。

中篇

半岛民宿大赛概况与参赛作品赏析

2.1 大赛概况

大赛概述

建设美丽乡村是中国共产党在新时期提出的要在我国广大农村地区落实生态文明建设方略的重要举措，是实现农村经济可持续发展、实现城乡一体化发展的有效途径。正如习近平总书记在中央城镇化工作会议上指出的，城镇建设要“让居民望得见山、看得见水、记得住乡愁”。

2016“五维源”中国苏州 · 美丽乡村与半岛民宿设计大赛正是在这样的时代背景下，以实际村落为蓝本，以“创意设计”来打造符合区域环境、地域文化的特色村落民宿。此次设计大赛是一项集旅游、村庄规划、建筑、景观、室内设计于一体的综合性设计竞赛。

大赛主旨

为加快推动苏州美丽乡村建设，提升光福镇的旅游优势，彰显“设计”魅力，我们诚邀广大有想法、懂创新的设计师们接受挑战，让设计智慧创造乡村新的经济增长点，让香雪村的美景散发巨大的能量！我们期待每一件创意满满的作品，更期待一场灵感与才华较量的设计盛宴！

参赛对象

①各大高校建筑学、风景园林、城市规划、环境艺术、艺术设计、室内设计、旅游规划等相关专业的大学生及研究生均可参赛。

②相关专业的设计从业者、设计师。

注明：以小组名义报名参赛，每组只能提交一件作品，即参赛者在报名表上只能出现一次，否则将取消参赛资格。参赛小组成员数量不得超过 5 人。

主办单位

中国苏州文化创意设计产业交易博览会组委会

承办单位

苏州吾悦旅游文化发展有限公司

苏州五维源景观设计有限公司

支持单位（排名不分先后）

清华大学

苏州大学

苏州科技大学

南京林业大学

重庆西南大学

四川大学

东南大学

美国波士顿建筑学院

天津大学

武汉大学

媒体（排名不分先后）

苏州广播电视总台

中国苏州文化创意设计产业交易博览会

新浪

搜狐

网易新闻

苏州日报

姑苏晚报

苏州风景园林学会（苏州园林杂志）

设计中国

芦苇植物造景设计研究中心

天下景汇

苏州五维源景观设计微信公众平台

大赛共设置 19 个奖项名额，分别为：

金奖 1 名；

银奖 1 名；

铜奖 3 名；

专项奖 4 名：

旅游策划奖——表彰在发掘光福乡村旅游方面有创新的设计师

生态环境奖——表彰在充分利用现有环境，尽可能降低对环境影响的设计师

室内创意奖——表彰在室内设计方面有创新特色的设计师

建筑设计奖——表彰在地方特色建筑上有突破的设计师

优秀奖 10 名，以及后增的入围奖 19 名。获奖者作品在 2016 年苏州创博会上进行了展出。

创博会微信公众号 ccdcie

五维源景观订阅号 wwyjg01

2.2 大赛评委介绍

时匡

全国勘察设计大师
特许一级注册建筑师
中国建筑学会常务理事
神户艺术工科大学客座研究员
世界华人建筑师学会常务理事

时先生是全国勘察设计大师，苏州科技大学建筑学院教授和空间设计研究所所长。时先生从事建筑和城市设计 40 余年，完成了 300 多个项目。其中 12 项获国家、部、省优秀设计奖。建筑设计题材广泛，作品风格重创新、重传统内涵；规划设计能摄取国外先进理念，并和本国实践相结合；近年从事现代城市设计的研究和实践。

他撰写的论文曾在国内外重要学术刊物上发表。曾多次代表中国建筑师出席国际会议，在会上宣读论文；多次应邀到国外做课题研究和讲学。在国外出版了他个人设计作品专集。

1994 年任中国、新加坡合作开发苏州工业园区的总规划师，参与组织园区的规划和建设，同时创建苏州工业园区设计院。经过多年的实践，苏州工业园区作为一个崭新的园区得到国内外的一致好评。

时先生是国家级有突出贡献的中青年专家、首批全国五一劳动奖章的获得者，并享受首批国务院特殊津贴。1997 年被评为全国优秀留学回国人员，曾任第九、十届全国人大代表。

胡洁

北京清华同衡规划设计研究院有限公司副院长
清华同衡风景园林研究中心主任及首席设计师
清华同衡养老产业专家委员会专家
清华大学建筑学院景观学系高级工程师
美国注册风景园林师
中国风景园林学会理事
中国城市规划学会会员
美国景观设计师协会终身荣誉会员
北京林业大学客座教授
哈尔滨工业大学建筑学院景观系兼职硕士生导师

2003 年回国后，在北京清华同衡规划设计研究院创建风景园林所。自 2005 年至今，共 31 个项目荣获了 33 项国际奖项和 36 项国内奖项，其中有 10 余项国际奖项是风景园林行业在全球范围内的最高奖项。连续 7 年荣获国际风景园林师联合会亚太地区风景园林设计奖；连续 5 年荣获英国景观行业协会国家景观奖；连续 3 年荣获意大利托萨罗伦佐国际风景园林奖；15 个项目荣获了全国及各省市优秀规划设计奖。

由胡洁主持完成的北京奥林匹克森林公园规划设计荣获了欧洲建筑艺术中心绿色优秀设计奖、国际风景园林师联合会亚太地区风景园林设计类主席奖和风景园林规划类主席奖、美国景观设计师协会综合设计类荣誉奖、意大利托萨罗伦佐地域改造景观设计类一等奖等 5 项国际奖项，以及中国风景园林学会优秀规划设计奖一等奖、全国优秀城乡规划设计项目城市规划类一等奖、北京市优秀工程勘察设计奖规划类一等奖等 13 项国内奖项。

朱育帆

清华大学建筑学院景观学系副系主任，教授
清华大学建筑学院景观学设计学方向博士生导师

师从孟兆祯院士，是新中国风景园林规划与设计专业的第一位博士；亦师从吴良镛院士，在人居环境学科的理论框架体系下从事中国园林设计的创新研究工作；后任教于清华大学建筑学院；曾在罗马大学、佛罗伦萨大学、美国麻省理工学院建筑与城市规划学院、哈佛大学设计研究生院和墨西哥国立自治大学建筑学院等多所大学举办过专题讲座。

吴永发

国家一级注册建筑师
香港注册建筑师会员
全国建筑学专业指导委员会委员
中国建筑学会建筑师分会理事
世界华人建筑师协会资深会员
国家历史文化名城委员会传统村落专业委员会副主任
中国绿色建筑委员会绿色校园学组副组长

吴永发先生是苏州大学金螳螂建筑学院院长，特聘教授，博士生导师。兼任中国历史文化名城苏州研究院院长，苏州大学金螳螂建筑学院总建筑师，从事建筑设计、地域建筑的可持续化和遗产建筑保护发展的教学、设计和研究工作。

主持和负责各类设计项目十几项，承担了国家科技支撑计划、国家自然科学基金项目、教育部科技重点研究项目以及国际合作项目专项研究课题十几项，出版和发表核心论著论文多篇。多次获得国家及省优秀设计奖，首届中国青年建筑师奖获得者，全国人居环境综合大奖获得者，2012 年世界华人住宅与住区设计综合大奖第一名。曾被评为全国建设系统先进工作者，“科学中国人”（2012）年度人物，安徽省工程勘察设计大师，江苏省“双创”领军人才。

王良桂

南京林业大学风景园林学院院长
国务院学位委员会第七届学科评议组成员
国家湿地科学技术专家委员会委员
中国风景园林学会理事
中国林学会森林公园分会常务理事
江苏省土木工程学会风景园林专业委员会副主任委员
江苏省林业科学技术委员会委员
江苏省林学会理事、植物造景专业委员会主任

1962 年 10 月生，中共党员，博士，教授，博士生导师。主要研究方向：植物栽培与应用、园林工程管理等。多次主持国家及省部级项目、企业委托项目，近年来先后在 Genes Genomics、《中国园林》《南京林业大学学报》《东北林业大学学报》等刊物中发表论文 40 余篇，参与项目获得国家级教学成果二等奖一项、江苏省特等奖一项，申请专利等 6 项，主编教材一部，参编教材一部，著作一部。

伊恩 · 泰博纳

IAN F · TABERNER AIA

波士顿建筑学院研究生部主任
美国纽约州注册建筑师

毕业于美国普拉特学院、哈佛大学设计研究生院，在哈佛大学设计研究生院期间师从安藤忠雄，早年曾工作于贝聿铭纽约建筑设计事务所。1984 年开始在美国各高等院校执教，曾先后任教于纽约理工学院、美国密歇根大学、纽约州立大学、劳伦斯理工大学等，现为波士顿建筑学院研究生部主任、纽约州注册建筑师，其作品多次获得美国建筑师协会（AIA）奖并入选威尼斯双年展。

唐剑

苏州五维源景观设计有限公司首席设计师
苏州大学风景园林专业硕士生导师
风景园林高级工程师
苏州市风景园林学会理事
中国风景园林学会会员
美国景观设计师协会会员

2003 年在香港西营盘区的美国易道景观设计（香港）公司工作，期间参与多个重大景观项目设计；2007 年 8 月出版《现代滨水景观设计》一书；2008 年起被苏州大学金螳螂建筑学院聘为风景园林专业硕士生导师（合带研究生）；2012 年起被苏州大学聘为风景园林专业硕士生导师（独立带研究生）。

拥有 20 年的从业经验，工作经历涉及景观规划与景观设计、城市规划设计、城市设计、建筑设计等方面。倡导以“工作营模式”进行团队式集体创作，以“自然流”的方法进行设计创新。历年多次获得各种勘察设计奖项（建筑与景观）。在以下四个方面拥有深度研究：

① 基于苏州园林的现代景观设计；

②滨水（城市与郊野生态滨水）景观设计；

③美丽乡镇、美丽乡村景观设计；

④五维景观设计理论体系。

于 2011 年 10 月在中国风景园林学会的年会上首次提出“五维景观空间”设计理论——设计应以“三维空间”为基础，安排其在第四维（时间轴）上进行表现，并在第五维（能量场）上调理合理，最终达到整体和谐的景观效果。通俗地讲，设计不仅要研究可见的、有形的景观因素，还要研究不可见的、无形的景观因素。

陆庆

加拿大麦吉尔大学城市规划硕士
东南大学建筑学士
美国建筑师协会国际会员
美国景观设计师协会会员
中国一级注册建筑师

1991 年毕业于东南大学建筑系，而后留学于加拿大，在景观设计及规划行业拥有超过 20 年的从业经验。陆庆先生曾任职于加拿大福莱克（Forrec）建筑设计事务所，参与过多个北美、中东及亚洲的大型城市规划和建筑景观项目，在重大国际项目合作方面累积了一定的经验。早先曾就职于苏州园林设计院，任主任建筑师，在中式建筑及园林设计方面有着非常丰富的经验。曾主持或参与许多国内外有影响的工程项目，包括安康瀛湖生态旅游区旅游开发、苏州香山工坊基地策划、美国洛杉矶亨庭顿中国花园、迪拜环球影城、苏州东方之门南北天庭园林工程等，其中多个项目获奖。目前任加拿大 AUL Creative 事务所中国区执行总裁。

时惠来

美国宾夕法尼亚大学硕士
美国注册景观建筑师
美国 LEED 认证生态设计师
美国景观设计师协会会员

时女士在美国宾夕法尼亚大学以最优异的成绩获得景观建筑硕士学位，是当代景观建筑设计大师詹姆斯 · 康纳和劳瑞 · 欧林的得意门生。她所获得的奖项包括美国景观设计师协会最高荣誉毕业生奖、乔治博顿奖、欧林奖。在创建 Futurepolis 前，时女士是美国欧林设计事务所（2003—2006）的资深景观建筑师以及美国兰德公司（2006—2010）的设计主管和项目经理。

2.3 大赛流程

大赛官方发布会：2016年1月15日于苏州市文化广电新闻出版局

→ 大赛报名：2016年1月7日—2016年4月5日

→ 大赛作品提交截止时间：2016年4月5日

→ 大赛评委团评审阶段：2016年4月6日—4月13日

→ 评选结果公示：2016年4月14日—4月20日（中国苏州文化创意设计产业交易博览会官网及苏州五维源景观设计有限公司官网）

→ 获奖作品公布：2016年4月21日—4月24日（苏州创博会官网、苏州五维源景观设计有限公司官网及苏州五维源景观设计微信公众平台）

→ 大赛现场颁奖：2016年4月23日于苏州国际博览中心（苏州创博会现场）

→ 书籍出版

评委基地考察

评审现场

发布会现场　　　　**论坛现场**

CCDE

2016苏州创博会
CCDE

2016 "五維源"
时匡
唐剑

2016 "五維源"
中国苏州·美丽乡村与半岛民宿设计大赛

2.4 基地介绍

光福镇旅游资源平面图

浮庙墩概况

浮庙墩位于光福镇西崦湖，岛屿已与陆地连接，成为湖中半岛。面积 8000 多平方米。现今，岛上居民只剩十几户，现状建筑有的已为残墙断瓦，但依旧留存江南粉墙黛瓦的建筑特色。村落南侧沿湖边大乔木长势茂密，房子掩映于树丛中，景色尤佳。

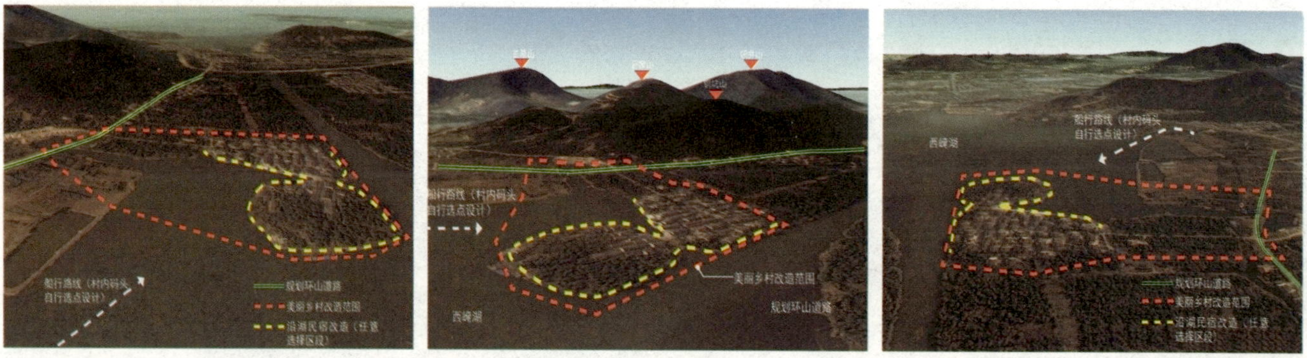

浮庙墩概况图

光福镇概况

光福镇地处苏州市西郊、太湖之滨。全镇陆地面积 60.77 km^2，太湖水域面积约 160 km^2，湖岸线约 32 km，辖 10 个村（社区），常住人口 6.3 万。

光福镇素有“湖光山色、洞天福地”之美誉，乾隆六下江南均巡游至此。镇内坐拥邓尉山、玄墓山、西碛山等 20 多座大小山峦和东崦、西崦等湖泊，拥有香雪海、司徒庙、圣恩寺等众多名胜古迹，其中省级文保单位 2 处、市级文保单位 13 处。境内太湖渔港为国内最大的内陆渔港，是吴文化、太湖渔文化的重要发源地。

光福镇是著名的中国花木之乡、中国工艺雕刻之乡。苗木种植以桂花最为著名，为全国五大桂花产区之一。传统手工艺产业中，核雕、玉雕、红木雕、佛雕等四大工艺雕刻远近闻名，光福核雕被列入国家级非物质文化遗产保护名录。

近年来，光福镇依托良好的人文和生态资源优势，坚持科学发展、和谐发展，以“香雪海”为核心的旅游品牌效应逐步彰显，以中国工艺文化城为重点的文化产业平台运营良好，以太湖科技产业园为龙头的产业集聚区总体规划正在优化调整，一个经济发展、文化繁荣、生态文明、社会和谐的综合强镇正在苏州太湖之滨发展成长。

浮庙墩卫星图

基地现状照片

2.5 作品要求

项目创意阐述，总体空间布局及各项系统分析，平面图、立面图、效果图，重要的、特色的节点展示与创意性表达。

表现形式不限，可根据具体的创意选择 CAD、sketchup、lumion、手绘等均可。

需要提供相关设计说明，其余图纸根据需要补充。

设计原则

需充分考量浮庙墩村所处的自然山水环境，在对村庄做初步梳理的基础上进行浮庙墩所有岸线处的旧民居建筑改造（水岸线上可自行选点做设计），通过有创意的建筑、景观环境设计和旅游策划，打造出“苏州唯一的丘陵盆湖特色的滨水民宿村落”。

同时应统筹考虑其与周边景区、产业的关联，充分挖掘当地乡土文化，提炼触及心灵的主题。

最终实现“乡村生态”与“文化创意经济”的完美重构。

总图设计

应充分发挥场地“半岛”“临湖”“背后藏茂密林，极目赏远山景”的自然条件特色，以船行从水路进出村落为主（需要有小码头设计），以陆路交通为辅（仅为风雨天及配套后勤使用），将“丘陵盆湖”的特色进行最大化的创意设计。

创意策划

选点进行民宿设计之初即应考虑该民宿的营销、经营问题，如何塑造主题，并结合当地的乡土特色做出创意策划。

• 附件（应考虑）：

1. 建筑改造

①民宿房间若干（面积、间数自定）。以现存建筑作为参考自行选点做设计（房间应有不同特色，切勿用旅馆式方法设计成标准式）。

②民宿当中的文化载体（必备）：可以是临湖书吧或茶吧（咖啡吧）或文化展览室，面积、位置自定。

③考虑苏州当地江南湿润气候且近水边，应满足通风、除湿要求。

④可结合现状大树，考虑树屋，作为建筑群中的活跃元（或其他创意形式）。

⑤餐饮设计在下列两者中选其一：

B & B 方式，只考虑供应早餐与简餐，正餐、特色餐需去镇上解决；

提供太湖特色水产及有机绿色瓜果蔬菜的特色餐饮。

⑥在建筑外观设计上要考虑原村庄江南水乡的风格这一基底现状，但应有所创新。

2. 景观环境设计

①可进行非完全隔断的庭院设计以体现苏州特色，应有新意（但不应设计成苏州古典园林形式）。

②景观设计应突出生态化、乡村化。在景观小品、构筑物上应有所创新（例如旧物再利用等）。

③植物方面：场地上的大树要充分利用，其余乔灌木、地被自定。

总之，应充分利用当地建材，充分发挥临水的景观优势，设计出不流于俗套的“乡土特色景观”。

3. 室内设计

根据本身的建筑功能布局，设计出与之相对应并恰到好处的室内环境。最终应充分结合当地乡土文化、村落材质等元素，设计出有特色的民宿格调。“当自己被自己的设计感动了你才能感动别人！”

2.6 评选结果

金奖作品

作品名称：《吴门水村》

参赛选手：李宾、邱柏玮、王冉、王玉鑫、张宁

学　　校：清华大学建筑学院景观学系

银奖作品

作品名称：《半枕西崦雨》

参赛选手：罗雨雁、王思睿、谢玲

学　　校：四川大学建筑与环境学院

铜奖作品

作品名称：《千岛桃源 · 西崦志异——“公会”模式下的浮庙墩村规划设计》

参赛选手：熊定伊、袁喆依、崔文欣

学　　校：四川大学

铜奖作品

作品名称：《浮梦岛居》

参赛选手：刘思、代鑫、石绍聪

学　　校：东南大学建筑学院

铜奖作品

作品名称：《远有“山·花”，近有“江·湖”》

参赛选手：陈昂、相阳、孟瑶、范印、苏艺萌

学　　校：山东管理学院

专项奖获奖名单

• 旅游策划奖：

古云峰、林冰凌 /《享象·山水》/ 四川国恒建筑设计有限公司

• 生态环境奖：

谢亚鹏、许岩生、刘义 /《水岸农家》/ 西安理工大学

• 室内创意奖：

秦楚 /《一隅》/ 上海师范大学

• 建筑设计奖（增设）：

蔚丹、黄根生、薛原、龚晓雪、金三人 /《心水里》/ 合肥工业大学

优秀奖作品信息表

作品名	姓名	学校 / 单位
《五感民宿》	李虎	青岛北洋建筑设计有限公司
《鱼水情，田园梦》	朱桅玮、周卫、周一闻、周叶	苏州工业园区零点营造设计有限公司
《泯素》	王雅玲、唐玉婷	苏州大学金螳螂建筑学院
《瓦园》	覃程昵、李罗超	苏州大学金螳螂建筑学院
《居·趣》	杨一梵、张锦然、杨思智	广州粤商旅游规划管理咨询有限公司
《枕水·绕岸·栖田》	贾果、崔雨心、郑福梁、黄彦如	西安理工大学
《睡眠岛》	杜蕴馨、王茜、赖思琪、王畅、周玥	南京林业大学风景园林学院
《历耘坞》	陈婧、黄晨、徐秀芹、季逸璠、吴天昊	江苏海事职业技术学院
《在水一方》	牛艳玲、王刚、刘敏、周雨秋、荣郑	南京铁道职业技术学院
《西崦湖上鳖驮岛》	孟桂敏、李钰瑶、屠佳伟、蒋烨坤	浙江工业大学之江学院建筑学院

2.7 评委采访

本次民宿设计大赛邀请了 10 位景观、建筑、规划、园林等设计界的专业大家作为评审嘉宾。评审现场各位嘉宾老师都非常认真、用心，积极开展评审工作。

在评审嘉宾看完了作品以后，大赛组委会现场采访了几位评委老师，下面来听一听他们对于此次大赛作品的感受。

时匡，全国勘察设计大师，第九、十届全国人大代表，苏州工业园区原总规划师

“这次大赛的主题相当不错，作为评审嘉宾我感觉挑选出来的一些作品基本上都到位了，所谓的到位指有理念、有实现理念的手段方面的到位。但是非常突出的、出乎意料的以及惊喜的作品却还没有。选手们的作品基本上把握住了民宿该做哪些东西。”

胡洁，北京清华同衡规划设计研究院有限公司副院长、中国风景园林学会理事、美国景观设计师协会终身荣誉会员

胡洁院长跟我们分享了他在看完作品后的心得体会。

“大家做得很认真，下了很大功夫，也比较重视。有的作品能明显看出来其作者是学规划的，其规划的根底、套路、分析的全面性都做得很专业、很到位；有一两个能看得出是建筑师背景，对于建筑的结构、民宿的改造，既能够体现现代民宿的特色风格，又有一定的创意和特点；有些对于室内设计和当地工艺和所用的材料挖掘得很深；有些偏旅游和地方特色的组织；也有些做得比较全面，不论是旅游策划、总体规划、建筑设计、室内设计还是当地的文化、手工艺都在作品中充分体现出来了。

“但在众多的作品中我也发现了‘生态环境保护提升’以及‘水上活动’的设计略有欠缺，这两点选手们做得略有不足。

“在评审过程中，我发现在生态环境方面做得专业的设计作品几乎挑不出来，整体作品欠缺了对于生态环境质量改善、提高的部分，包括动植物水质，生活环境净化、改造、提升的环节。比如污水处理、垃圾处理，几乎没有人谈。大部分设计者关注的是一个产业链、经营还有建筑风格、设计风格等，这当然也是设计上和这次竞赛中要求的必需的特点。但是从一个全面性的角度讲，生态环境部分的设计是欠缺的，不过也可以理解，参加大赛的学生几乎都是设计专业的学生，不像设计院有专门的生态所，所以也就很难做出与专业生态设计师联合完成的综合的、完整的设计。

“另外，设计基地的西崦湖与太湖由一条水道相连通，而且这两个湖都有一定的水上活动，包括钓鱼、划船。个人认为既然叫作民宿设计大赛，那么在旅游内容上、水上活动的设置上是需要下一番功夫的。在基地现场，我们看见有许多废弃的小渔船，就可以做跟鱼相关，跟钓鱼、吃鱼相关的旅游内容，村民可以做几条小船，然后带着游客，比如说划着船在西崦湖和太湖穿来穿去地钓鱼，回来还可以做有特色的鱼餐，像这些东西它就可以形成一个特色旅游项目。

“如果要问我在众多的作品中印象比较深刻的，我觉得有两个，一个是设计师的手法娴熟，另一个是设计师的图纸套路呈现出来较高的设计品位。虽然其作品页数也不是很多，但从整体的包装、图纸、设计深度上能够明显跟其他的设计者拉开差距。尽管是很年轻的设计师，但其素质的根底、成熟度相当高，在众多的设计方案中一下就突显出来。”

最后胡洁教授给予了此次大赛很高的评价，“我感觉整个的比赛从交上来的成果来说，是非常成功的，从出题到组织、到现场调研、到评审与预评审，组织工作做得非常到位。我们很欣慰也很钦佩唐总在这方面的解决能力，总体来说这是次非常好的、非常成功的活动”。

朱育帆，清华大学建筑学院景观学系副系主任，博士生导师

“作品的水平高度是够的，但是让我印象特别深刻的还没碰到。对于民宿，我有一个自己理解的范围，这个比赛项目设计的好坏，其评价标准不同于常规的设计。如果是常规的设计竞赛，我们就看选手作品的创造力，但是民宿设计最大的难度在于把握“力度”，它不是一个凭空创造的东西。这里考察的“创造力”是在一定背景下的创造力，一些选手做得很认真、很规范、很完善，也能体现出自己比较高的设计水准，但如果把握不好这个背景，就很难说它是一个很好的民宿设计。”

吴永发，苏州大学金螳螂建筑学院院长，博士生导师

“没想到会有这么多的学生，甚至很多已经工作的设计师参与到此次大赛中来。以往也有很多设计大赛，但是参与度却不高，主要是大家各忙各的，没那么大的热情去参加一个还这么有难度的比赛。毕竟从设置的奖金数额来看，它算不上特别吸引人。我想这次大赛之所以参与度这么高，原因在于大赛的主题选得好，正顺应当下热潮，设计基址选得也很好，此外大赛的组织工作也做得比较到位。

在看到选手的作品以后，我确实被作品的质量震惊了，比起常规的提交简单几张版的设计比赛，这次收到的设计作品内容丰富，表达方式也多样新颖。从作品中还是能看出来哪些是学生的作品，哪些是设计师的作品，设计师的作品更加成熟一些，而学生做得更具创意性。有的作品是有针对性的，有的则比较具有规范性，有的程序性多一些，各种类型都有。整个看下来，有很大一部分作品考虑到了宏观的面、具体的点，甚至包括后面具体的做法，为后面真正实施这个设计做了很好的铺垫。当然也有一些是有很好的点子但针对性却不强，每个作品的侧重点不同，总体来说作品的质量水平还是不错的。”

伊恩·泰博纳，美国波士顿建筑学院研究生部主任

“整个的设计从尺度上，从建筑与环境的协调性上，包括对民居现状肌理的保护与处理上都是比较得当的。现在很多的建筑要么做成很高的塔楼，要么做成巨大体量的，非常高兴能够看到一些小体量建筑的修复与改造的项目。

“我认为比较好的有两点：第一点是作品中建筑与水的关系的处理，当人站在建筑的前面，能够看到整个水景，若是建高大的楼，就会有一面完全背水，而站在小型的建筑里面能够一览无余地看到整个水景，这一点非常好；另一点是作品中室内设计的完备性，选手对于建筑的理解、室内设计的深入性都做得非常好。

“此外，非常重要的是此次项目中关于民宿的交通方式是由水路进入，这是个非常好的主意。在很多的设计作品里也体现出了小码头的设计。如果由陆路进入，入口的道路便需要拓宽，拓宽势必要对现有的居民造成不利的影响。较好的处理方式便是抵达一个码头，拿着行李坐上船，到咱们的民居里去，然后使用景区里提供的自行车、电动车或是步行，来游览整个的民区。

“我觉得每个选手的作品都非常好，因为每个设计师都是从自己的角度、从不同的方向去考虑整个的设计，不能够简单地说哪个设计最好，这些作品更多的是基于选手自己的喜好、自己的倾向，而我个人比较欣赏设计中体现出私人空间与公共空间组合的这种方案，这样可以满足不同的人群在环境中的不同需求。”

唐剑，苏州五维源景观设计有限公司首席设计师、苏州大学风景园林专业硕士生导师

“我们设置这次设计竞赛的时候，我就觉得难度是比较大的。为什么难度大呢？有几个原因：首先，这个项目比较综合，不是一个设计师想做就能做下去的，必须要三四个人一起做，一个人完成起来难度太大。同时，这三四个人还不能是同专业的，有些设计师往往与同专业的人关系比较好可以拉过来一起做，而这个设计需要多个专业的合作，比如说它需要有一个做建筑的，一个做景观的，一个做室内的，一个做旅游策划的，至少有这么四个人。当然有些人可能一人多能，但是不太可能一人四能，所以往往需要组织一个团队，这是一个难度。其次，在团队的组织过程中，这个团队并非以经济效益维系，以前设计院组织团队做项目，那是因为有合同在那里，是有很强的经济效益驱动的。而这次大赛，就算四个人凑在一起做比赛也不一定得奖，只是一个兴趣，所以说难度大。不过我们恰恰能够由此看出大家对这个民宿非常感兴趣，不是完全奔着奖金来的，这也是让我们感到比较欣慰的。难度大是这次民宿竞赛的特点，通过这次大赛看出大家对民宿非常感兴趣，景观设计界包括旅游界、建筑界实际上都很有兴趣，没有兴趣不会有那么多人来参赛，毕竟奖金并不高。

“在大家努力做的过程中我们看到了几个问题，这几个问题实际上是对105组统一看过之后发现的。第一轮的筛选有两个原则：

“第一个是套用别人图的直接筛掉。有些作品明显是对浮庙墩分析不够，把别的地方的图套过来，这样的设计不是对浮庙墩的设计。比如：有的建筑，平面与浮庙墩现有的平面完全不搭界；有的建筑一看就是北方的建筑形式、北方的建筑立面，与江南建筑风格完全不一致。这类作品在第一轮筛选时就将其去掉。我们知道做一个作品首先要做分析，我们给参赛者提供了很详细的基地资料，要做这个设计，必须要对各个方面的资料进行分析，包括网上查找的地形图等。而有些作品能明显看出其对浮庙墩的分析不够。有些看得出来应是学生做的作品，可能是老师作为课题去安排的，所以直接套图了事。

第二个是花了精力，但理念出现偏差的也直接去掉。比如将城市设计的理念应用于民宿设计中，把整个浮庙墩当成设计师能够大展拳脚随意发挥的地方，将其当成一张白纸来做，房子完全按照自己的喜好来变换位置，想怎么摆就怎么摆，这一类作品我们也是把它去掉，因为这类作品明显还不理解如何进行乡村设计、乡村设计的原则是什么。即使其中再有创意，这个创意也不可能落实，它改变不了乡村的环境。”

陆庆，加拿大AUL Creative事务所执行总裁

“这次民宿大赛产生了很大的影响，我想一方面是由于这次活动组织得非常到位，另一方面也反映出民宿这个主题和现在人们的休闲生活需求产生了共鸣，成了一个关注点。

“我觉得民宿的规划设计项目是不容易做好的，这往往不是一个简单的改造开发问题，从大的方面看，涉及宏观政策和政府的引导机制；从微观层面看，牵涉到农村居民和游（住）客的相互影响。真正意义上的民宿应该是同时具备乡村生活的场景体验、原住村民和游客这些要素，现在很多民宿项目只是把原有的乡村建筑加以改造，当作精品酒店来经营，原住村民被安置到其他地方，我认为这至少是不完善的。好的民宿规划应该充分考虑原住村民这个要素，把新的乡村旅游发展机遇有机地融入原住村民的生活，并使他们受益。这其实要求具体项目的设计师有更多的规划和政治经济学方面的背景知识。此外，良好的沟通协调能力对于做这类项目也是非常重要的。

“从这次大赛提交的作品来看，不同的参赛者从各个视角来理解这个具体的项目，很多作品有不错的创意，也有不少作品展示了良好的设计能力，但从社会人文角度来思考的还不多。总体看，这是一次非常有水准的大赛，希望下一届举办得更好。”

2.8 大赛效果及意义

苏州首家民宿设计研究院——吾悦民宿设计研究院的成立获多家媒体报道。

2016 年 4 月 23 日，在第五届苏州创博会上，由苏州创博会主办、苏州五维源景观设计有限公司承办的 2016“美丽乡村与民宿高峰论坛”如期举行，论坛包括了三大环节，即2016年“五维源”中国苏州 · 美丽乡村与半岛民宿设计大赛颁奖环节、论坛主旨演讲与嘉宾讨论环节以及苏州吾悦民宿设计研究院揭牌成立环节。

可以说此次民宿论坛不仅是一次民宿主题的交流探讨，它也是 2016“五维源”中国苏州 · 美丽乡村与半岛民宿设计大赛的延续，更是苏州吾悦民宿设计研究院的开启。

论坛举办当天，会场座无虚席，不难看出越来越多的群众对乡村发展、农村旅游业、民宿业满怀激情与信心。现场苏州市文化广播新闻出版局副局长谢芳女士的致辞也让我们看到了政府对于乡村旅游和民宿产业的大力支持。这也正是苏州吾悦民宿设计研究院成立的巨大推力，相应地，苏州吾悦民宿设计研究院的成立也将进一步推动乡村旅游的转型升级。

活动举办以来受到多家媒体的关注报道，详情如下：

新华日报 多媒体数字报 XINHUA DAILY

苏州科技城：聚项目聚人气聚财富

专家在苏探讨民宿发展

本报讯　23日，美丽乡村和民宿高峰论坛在苏州举行，多位专家分享了建筑设计、景观设计、室内设计、旅游策划、民宿经营等方面的经验和理念。本次论坛旨在探寻苏式生活理念下的民宿设计与经营方式，推动苏州美丽乡村建设与民宿发展。

当天在论坛现场，苏州首个民宿研究院苏州吾悦民宿设计研究院正式成立。研究院下设民宿诊所、民宿游学部、精品民宿设计专家团三个机构。其中，民宿诊所将为有民宿项目想法、却又欠缺经验的客群提供免费指导；民宿游学部致力于组织专业导师团队实地分析、游学授课；精品民宿设计专家团集结业内专家为民宿项目提供针对性地运营指导与策划。

“民宿扎根于农村原有村落、田舍之中，必须与当地建筑风貌、环境景观、地方文化特色相融，在发展中也应与村庄共生长。”苏州大学硕士生导师、五维源景观设计院院长唐剑认为，民宿要实现“创新性生长”，不光要注重选址和设计，还要讲好属于自己的民宿故事，形成有特色的文化包装。

苏州日报 A03城记·文化 Documentaries

“引力播”“家在苏州”创博会上蛮受欢迎

“苏州影视产业联盟”与“木卫影服”网联手

互联网为影视注入新动力

美丽乡村和民宿高峰论坛举行

让精品民宿“创新性生长”

sina苏州微生活　苏州微生活 > 服务资讯 > 正文

2016苏州创博会美丽乡村和民宿高峰论坛召开

2016年4月23日20:09　新浪苏州　评论

由中国苏州创博会主办，苏州五维源景观设计有限公司承办的“2016 美丽乡村与民宿高峰论坛”在苏州市工业园区博览中心论坛区 1A 馆举行。

本次论坛旨在推动苏州美丽乡村建设，提升乡村旅游优势，希望通过设计师有创意的建筑、景观环境设计和旅游策划理念的讲解，民宿主亲身建设、经营经验的分享等来探寻苏式生活理念下具有苏州特色的民宿设计与经营，进一步推动整个苏州市美丽乡村与民宿建设的发展。

论坛包括 2016 “五维源”中国苏州 · 美丽乡村与半岛民宿设计大赛的颁奖、嘉宾主旨演讲与讨论、苏州吾悦民宿设计研究院揭牌仪式三大内容。

在颁奖环节，苏州市文化广电新闻出版局副局长谢芳、苏州创博会主任王斌、光福镇党委委员吴建卫、苏州大学旅游系主任魏向东以及苏州五维源景观设计有限公司首席设计师唐剑为获得 2016 “五维源”中国苏州 · 美丽乡村与半岛民宿设计大赛的金、银、铜及专项奖的选手颁发了证书与奖牌，并在组委会律师组的见证下进行了设计版权的签约，获奖作品也在论坛现场进行了展示。

论坛主旨演讲邀请了大赛及论坛承办方——苏州五维源景观设计有限公司唐剑，做了“融合与创新性生长”的主旨演讲。杭州白描艺术酒店的创始人（之一）、画乡院精品民宿主人——庞代君，就如何打造一家精品民宿给大家分享最具实战性的干货。嘉宾讨论则邀请到了苏州公共文化艺术中心副主任杨文涛、光福镇党委委员吴建卫、苏大旅游系主任魏向东、天虹装饰设计事务所总裁袁虹以及民宿经营主庞代君，这些来自不同领域的专家，就民宿的运营、民宿产业的政策支持以及未来发展进行交流讨论。

最后，在这场论坛中，苏州吾悦民宿设计研究院由唐剑揭牌成立。苏州吾悦民宿设计研究院集结了来自建筑设计、景观设计、室内设计、旅游策划、民宿经营等诸多领域、从业 20 年以上的资深专家。针对已具备成熟或半成熟民宿项目想法却又欠缺经验的投资者、准民宿主，以专业、综合、精进的设计能力、经营经验为其指导、设计出富有文化内涵、满足游客深度休闲的精品民宿。苏州吾悦民宿设计研究院主要以民宿诊所、民宿游学部、精品民宿设计专家团三大板块内容针对性地为民宿投资者、准民宿主解决民宿设计、建设及运营过程中遇到的专业问题。民宿设计研究院的成立现场受到民宿关注者的一致认可！这也正是顺应民宿市场需求，成为推动民宿发展的一大助力！

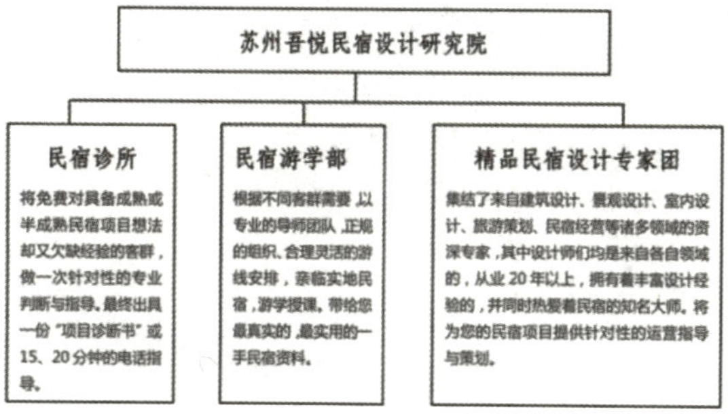

2.9 大赛作品赏析

《吴门水村》

清华大学建筑学院景观学系
小组成员：李宾、邱柏玮、王冉、王玉鑫、张宁

主题＋计划

①吴门文化体验。

a. 以下崦湖、浮庙墩、浮岛为基础。

b. 作为太湖唯一的丘陵盆湖，以“浮庙八景”为核心，重新梳理场地问题，形成新的水村景观。

c. 开发民宿，完善住宿、餐饮等基础设施，作为联系周边景点的基地。

②乡村生态体验。

a. 以滨湖中高档休闲民宿为主。

b. 以渔村自然环境、生态浮岛、滨湖景观、渔业生产内容和乡土文化为基础。

c. 向游客提供回归自然的体验式和参与性旅游。

③精神寄居与物质载体。

a. 以场地滨湖建筑旧址为基础复建原有猛将庙。

b. 以猛将庙为核心，形成集村镇祭祀、集会、公共活动于一体的新的“精神场所”。

c. 把每年一次的抬猛将祭祀活动路线与村镇景观空间游线规划相结合，形成富有特色的村镇文化游览路径。

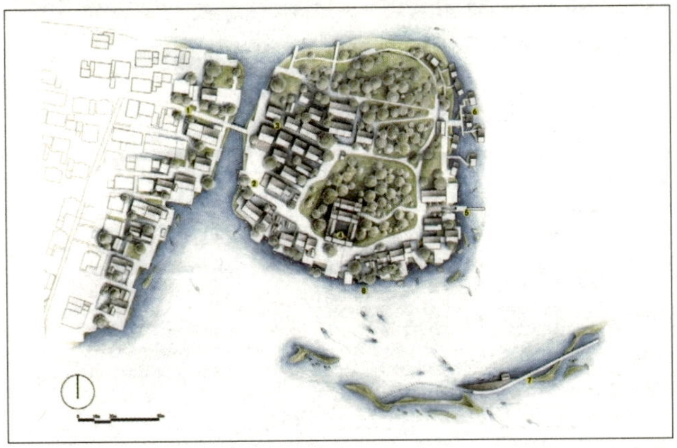

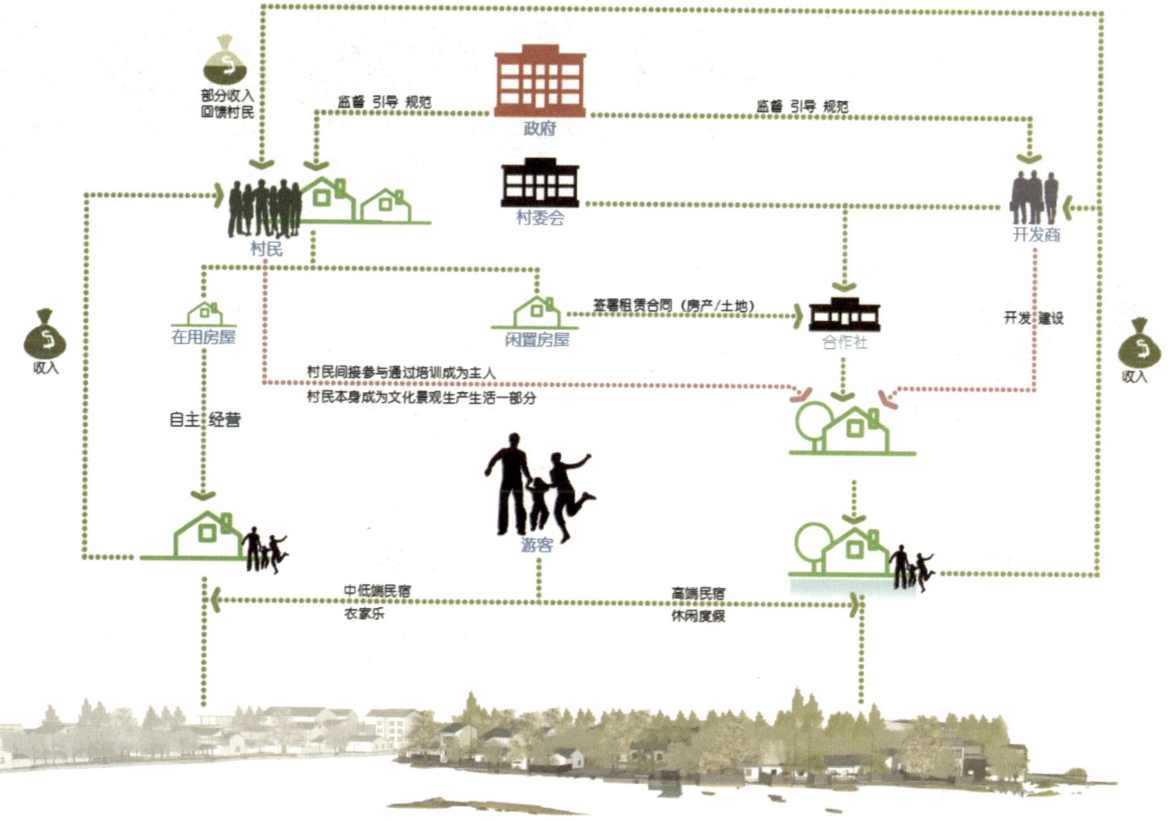
部分收入
回馈村民
监督 引导 规范
政府
监督 引导 规范
村委会
村民
开发商
收入
在用房屋
闲置房屋
签署租赁合同（房产/土地）
合作社
开发 建设
收入
村民间接参与通过培训成为主人
村民本身成为文化景观生产生活一部分
自主 经营
游客
中低端民宿
农家乐
高端民宿
休闲度假

策略 + 运营

在民宿运营方面，以村民为主体，政府进行监管，保留村民的房屋所有权，适当借助开发商的力量打造滨湖中高端民宿，形成品牌效应，而后促进西侧中低端民宿的开发。

生态策略

传统渔业和城镇发展破坏湖岸，鱼类栖息地遭到破坏，洄游鱼类濒临灭绝；养殖渔业及农业造成湖水富营养化。因此，依循下崦湖水流方向，设置浮岛净化湖水；浮岛作为鱼类栖息地，带动渔业发展；疏通淤积的河道，促进湖水流动，改善水质。

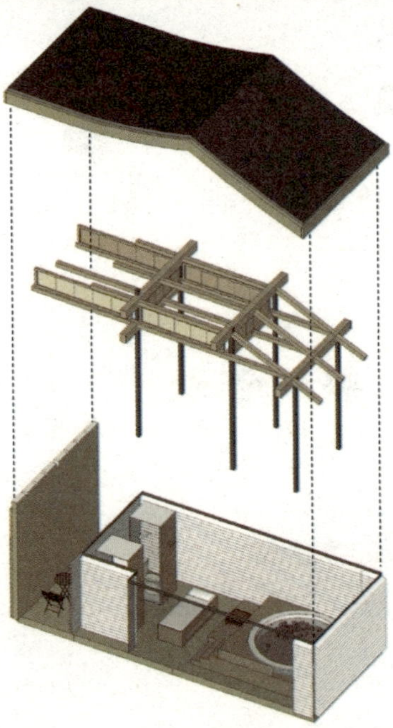

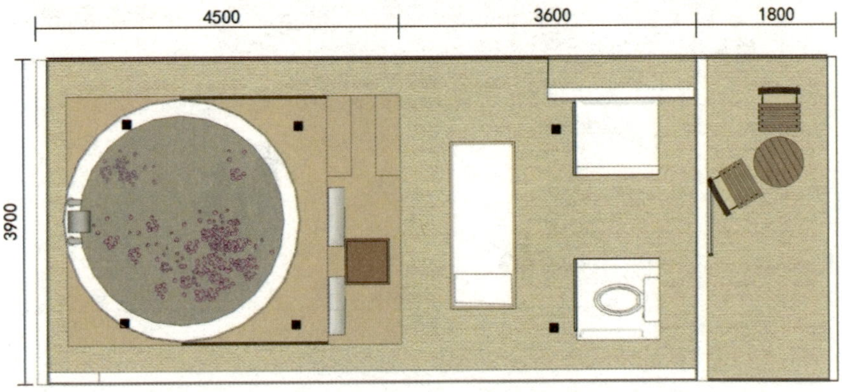

◀ 在浮庙墩东侧设置水疗休闲空间，形似画舫浮于水面之上。

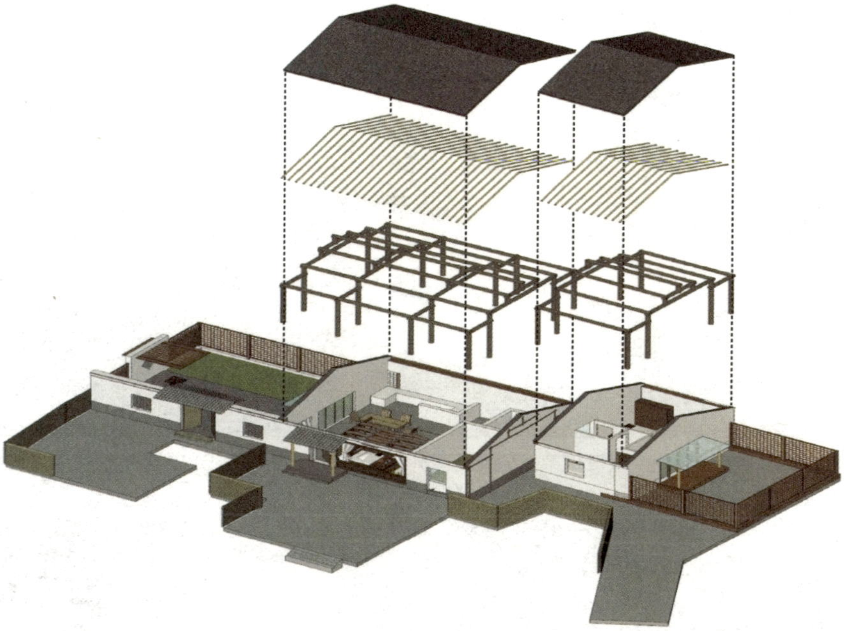

选取典型房屋进行民宿改造，保持现有房屋布局，注重与室外庭院、滨水平台和祭祀环线的联系。

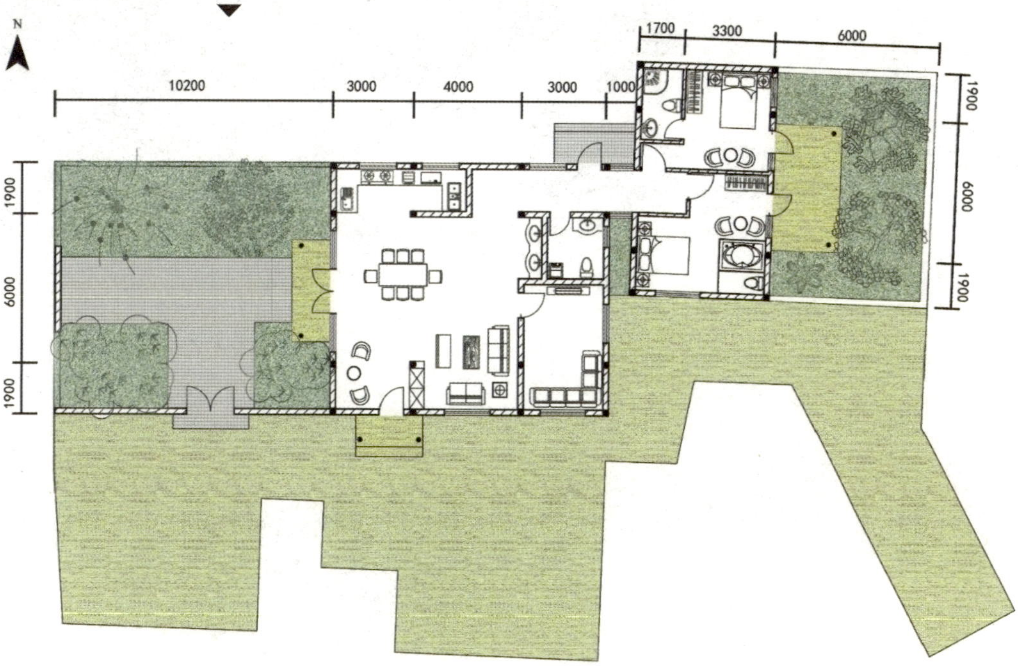

清淨

点评

设计的逻辑、推理演化清晰，在规划、旅游策划、建筑设计、景观设计等方面均有独到的设计。整体性设计较强，但在农村民宿规划方面仍存在过于理想化的设计态势。

第一，钓西洲的设计不符合岛南侧水体尺度（此处无须设计一个中景）。

第二，在带动周边农民参与方面仍缺乏落地研究。

第三，在文化发掘、提升方面：过于放大一年一次的猛将庙习俗活动的作用，与民宿开发的结合性不够强。其实光福镇有很多更适合与民宿结合的民俗文化，例如红木、核雕等，这会给民宿一年四季的营销、文化提升提供更多的结合点。

《半枕西崦雨》

四川大学建筑与环境学院
指导老师：王倩娜
小组成员：罗雨雁、王思睿、谢玲

设计主题

半岛民宿本质——享受静、闲的生活状态，偷得浮生半日闲。

本案提倡的生活方式——一半农人一半仙，务农之后，游船回家，假寐于竹椅，虚靠在榻上，赏湖光山色，品名茶佳肴。

半岛·偷得浮生半日闲

枕眠·春眠枕低被暖安

西宿·留宿西崦农人家

远山·醉翁之意山水间

烟雨·江南烟雨美如画

与在地性相对应的概念是全球化，在地性是在全球背景下，突出当地差异性的概念。与“因地制宜”不同，在地性并不强调和考量“制”的适用性，而是将重点放在“地”的独特性和不可复制上，强调当地不可比拟的地域性特征和地缘优势。

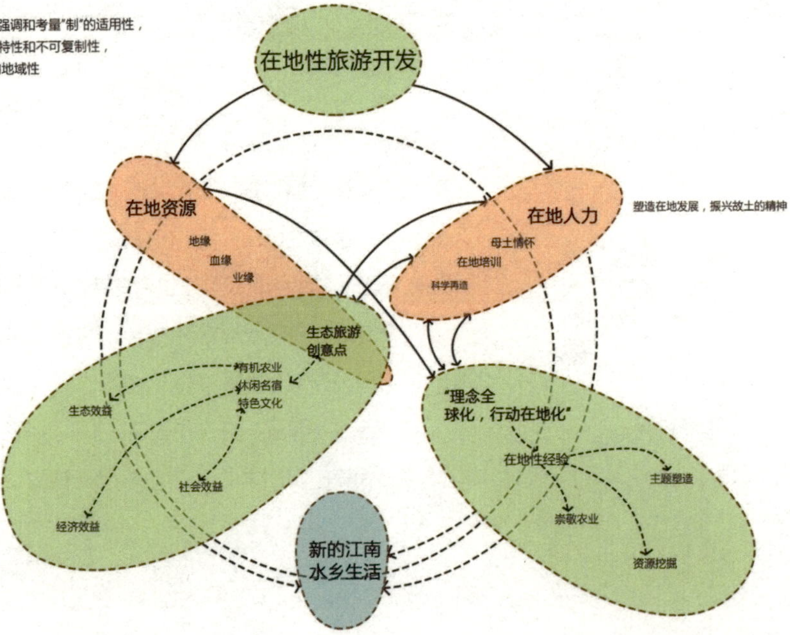

运用AHP法分别从地缘、血缘、业缘三个方面选取丘陵盆湖、吴文化、苗木产业等总计 12 个景源因子针对香雪村的景观资源进行权重分析，权重排名高的因子将来结合民宿、文创产业开展旅游业开发，在不破坏原有场地肌理的情况下，通过低影响开发的设计理念，探索香雪村独有的可持续发展模式。

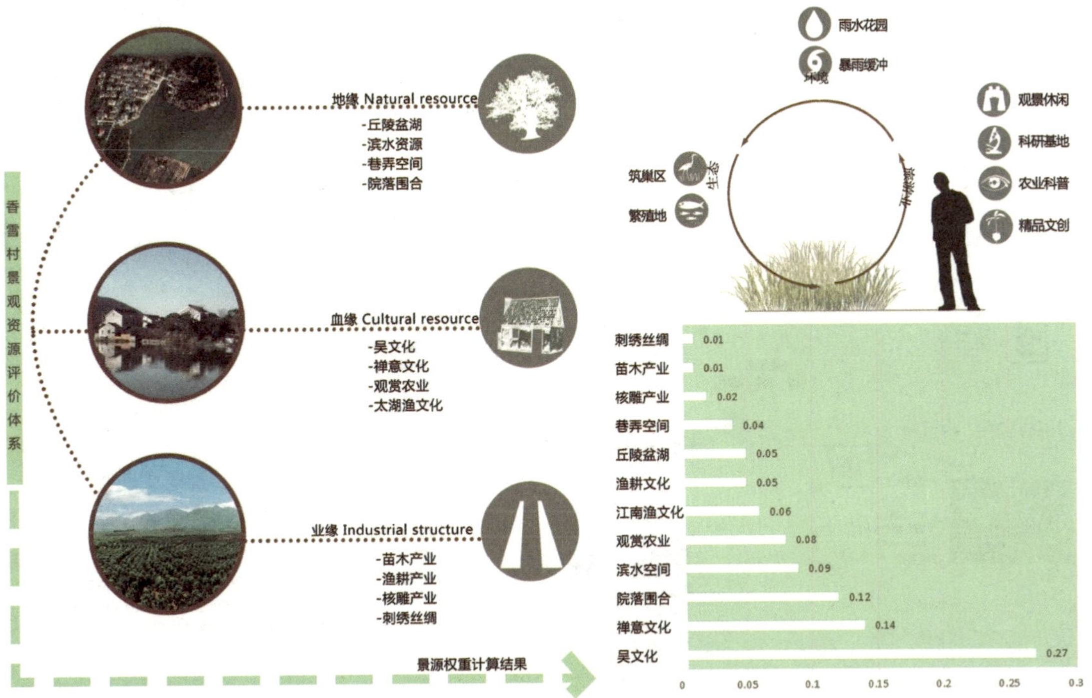

设计理念与在地性的结合

将经过 AHP 法分析出来的 5 个权重和得分最高的因子作为最具有香雪村历史文化与景观资源特性的代表，结合香雪村现有的、未来的产业结构，在找寻两者之间的共性和差异性之后，设计出整体闲适、宁静的民宿。通过对场地情况、设计理念、产业结构的考虑得出设计的具体依据，在不破坏香雪村区域特性的前提下，从场地环境中汲取设计养分。

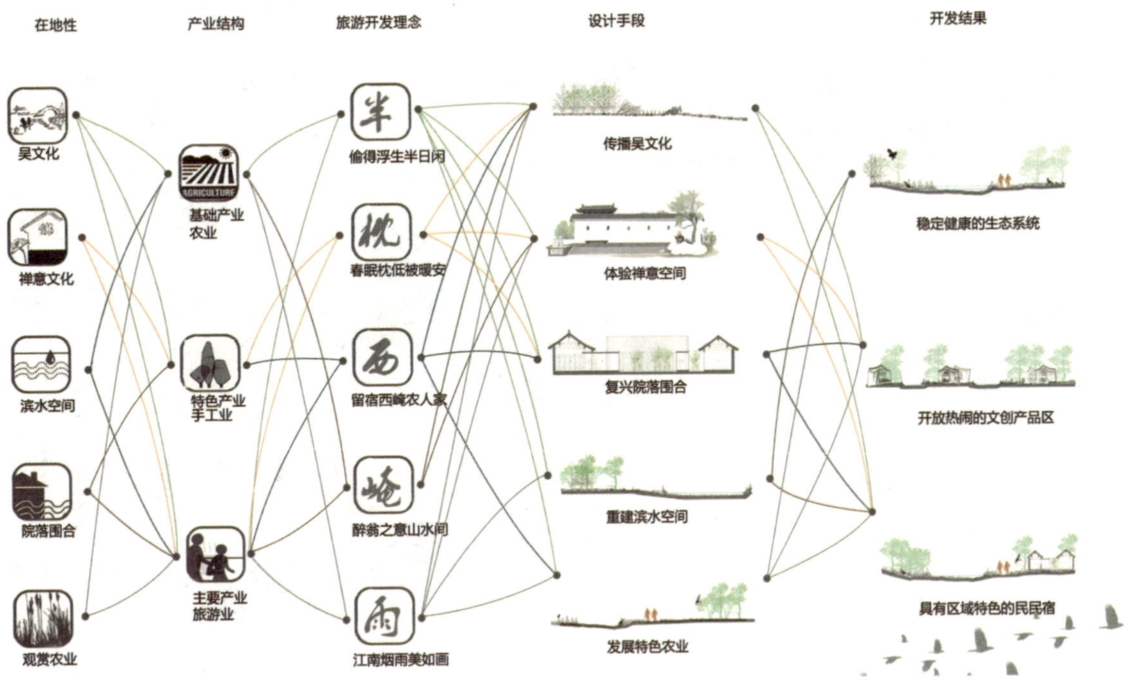

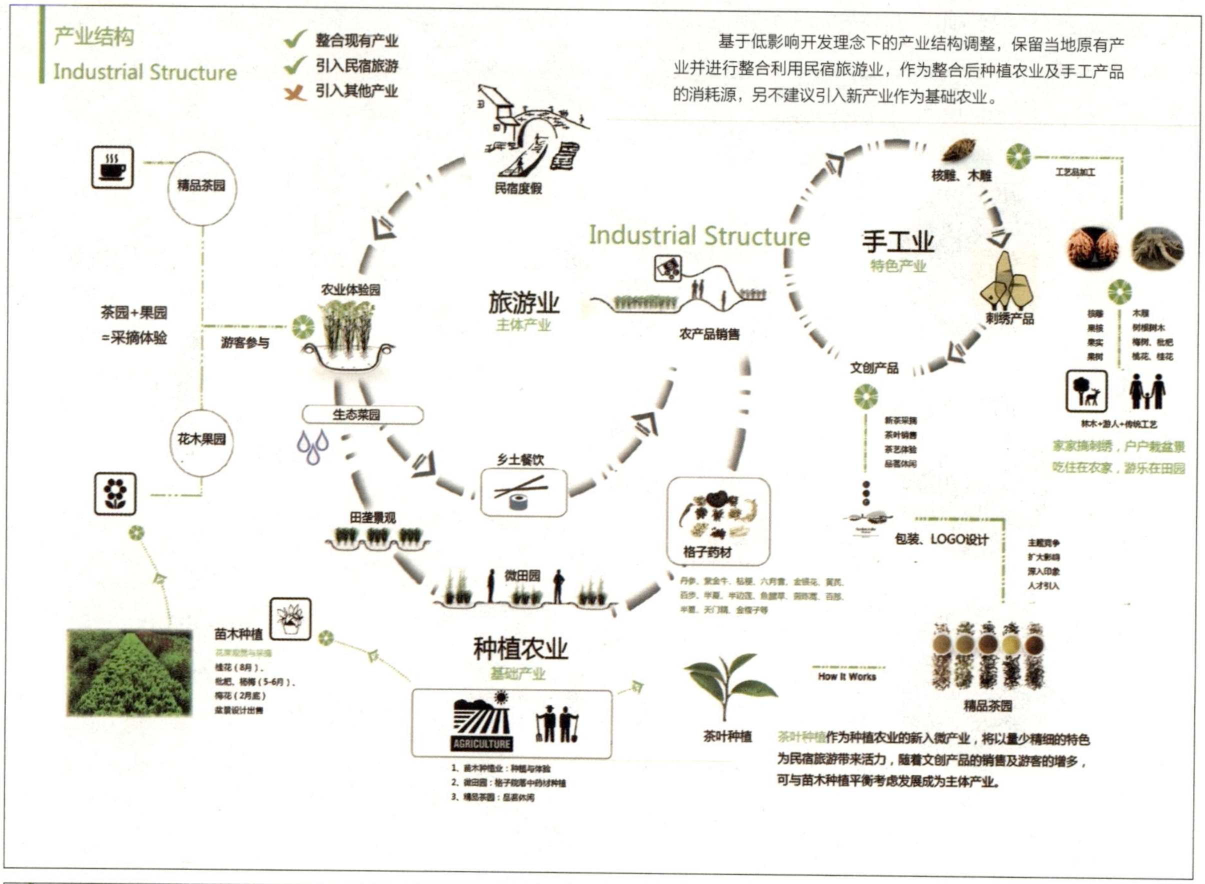

产业结构
Industrial Structure
整合现有产业
引入民宿旅游
引入其他产业
基于低影响开发理念下的产业结构调整，保留当地原有产业并进行整合利用民宿旅游业，作为整合后种植农业及手工产品的消耗源，另不建议引入新产业作为基础农业。
民宿度假
精品茶园
茶园+果园
=采摘体验
游客参与
农业体验园
旅游业
主体产业
Industrial Structure
农产品销售
手工业
特色产业
核雕、木雕
工艺品加工
刺绣产品
文创产品
生态菜园
花木果园
乡土餐饮
田埂景观
微田园
格子药材
包装、LOGO设计
林木+游人+传统工艺
家家搞刺绣，户户栽盆景
吃住在农家，游乐在田园
苗木种植
种植农业
基础产业
AGRICULTURE
How It Works
茶叶种植
精品茶园
茶叶种植作为种植农业的新入微产业，将以量少精细的特色为民宿旅游带来活力，随着文创产品的销售及游客的增多，可与苗木种植平衡考虑发展成为主体产业。

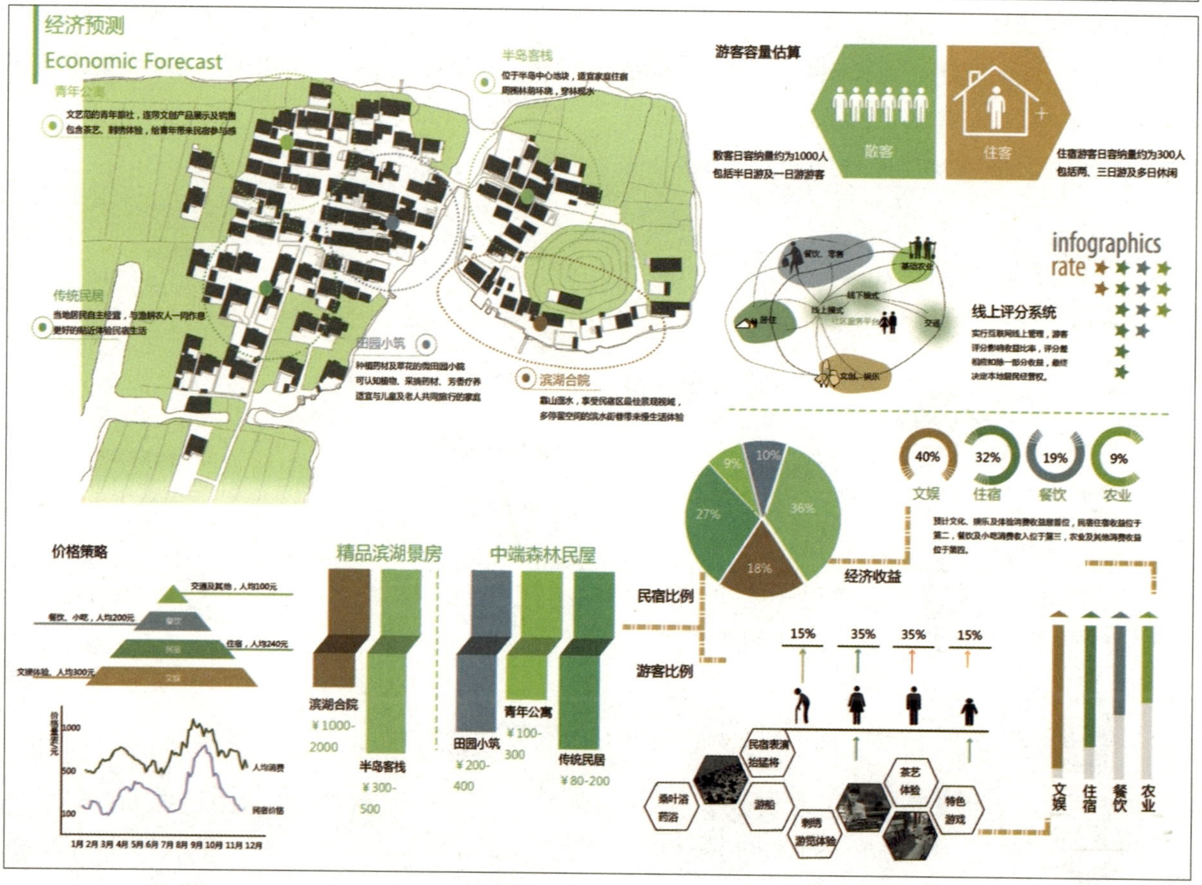

经济预测
Economic Forecast
青年公寓
半岛客栈
传统民居
田园小筑
滨湖合院
游客容量估算
散客日容纳量约为1000人
包括半日游及一日游游客
散客
住客
住宿游客日容纳量约为300人
包括两、三日游及多日休闲
infographics rate
线上评分系统
40% 文娱
32% 住宿
19% 餐饮
9% 农业
10%
9%
36%
27%
18%
经济收益
民宿比例
游客比例
价格策略
精品滨湖景房
中端森林民屋
滨湖合院 ¥1000-2000
半岛客栈 ¥300-500
田园小筑 ¥200-400
青年公寓 ¥100-300
传统民居 ¥80-200
15%
35%
35%
15%
民宿表演
抬轿将
桑叶浴
药浴
游船
刺绣
游览体验
茶艺
体验
特色
游戏
文娱
住宿
餐饮
农业
1月 2月 3月 4月 5月 6月 7月 8月 9月 10月 11月 12月

5 杏花春
Xing Hua Chun
南立面图 1：200
效果图2

5 杏花春
Xing Hua Chun
杏花春平面图 1：200
索引图
效果图1

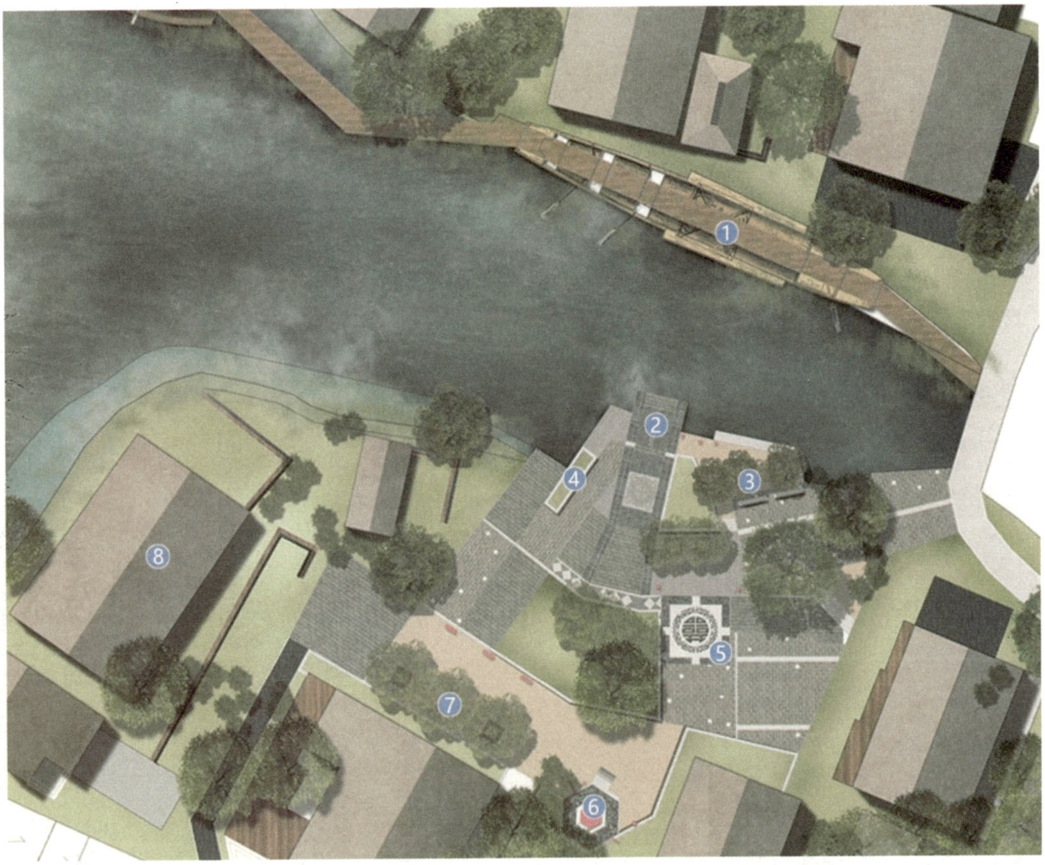

1. 生态步道
2. 挑台
3. 下沉亲水空间
4. 花池
5. 小广场
6. 水井
7. 树池座椅
8. 民宿

点评

这是一个充满诗情画意的设计文本，文案较好，突出在地性（即地方特色）。设计思路值得肯定，旅游策划较有新意，建筑设计有废墟性建筑设计意味（较另类特别）。景观注重水岸线设计，这一点较好。不足之处在于对场地的尺度把握不够，不少创意在此地摆不下（过于理想化），建筑创意有但落地功力不足，室内设计偏弱。

《浮梦岛居》

东南大学建筑学院

指导老师：杨俊宴、谭瑛、马晓东

小组成员：刘思、代鑫、石绍聪

民宿定位分析

定位分析总结

1.民宿的开发要分地段、分档次、有集中、有独立。结合浮庙墩实际情况以及未来市场潜力，应将民宿分为四个地段，三个档次，两片集中、两片独立。

2.轻奢品牌民宿位于区位最好的位置，依山傍水、视野开阔，同时配备各种配套设施，满足高端人群所需。

3.野奢品牌民宿位于山湖中间的林带，主要为林中木屋，独立住宅，清净休闲。野奢民宿和轻奢民宿共享高端配套设施，且不对外开放,保持足够私密性。

4.高档品牌民宿满足大部分人需求，位于村庄一侧，临湖靠水、景观优美。

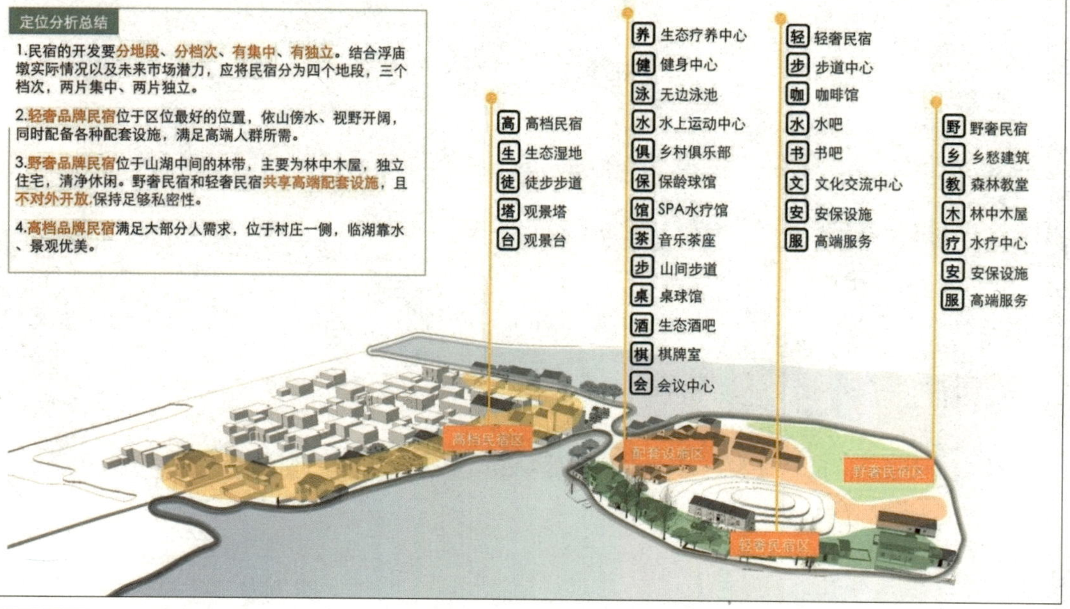

核心创意——RDB 模式

发展定位

■ 主题定位

以民宿作为独立的旅游支点，追求高端化，向高服务、奢华小资式发展的精品民宿。

以乡村文化为内涵，依托地域特色资源而发展，突出乡村性和乡村意象，同时自身也是旅游吸引物，结合周边资源，打造生态出行、禅修养性、商务度假等特色主题，提供农业体验、生态观光等多项服务。

■ 产品研发定位

以基本产品、特色产品、配套产品、免费服务构成产品结构，建设产业链完善、配套服务设施齐全的度假民宿。

民宿经营是生活态度的分享，是人情味及主人魅力的温情产业，是创造幸福与感动的地方。民宿价值在于它的生活气息，它曲径通幽地让你深入体验当地生活。

■ 形象定位

以自然生态、新中式景观及苏式住宅为主，集合互联网、商务、休闲、文艺、怀旧、乡愁等的情怀民宿。

情怀是民宿的灵魂，没有情怀民宿就只是旅社而已。只有情怀的加入，民宿的主人和住客才会沉浸在梦想的绮丽星空中，时间便成为了经典，生活便充满滋味。

■ 旅游市场定位

以服务国内外高端游客为主，服务广域客源地游客为辅，打造主题产品、规范管理、专业运营的品牌民宿。

民宿的未来是产品主体化、品质精品化、业态多元化、经营连锁化、管理规范化、运营专业化，这是必然趋势，也是产业发展需要。

现状问题

树木沿湖边生长，遮挡视线，临湖民宿视野和保留树木之间存在取舍问题；原有居民自发建设，肌理紊乱；场地脏乱差，交通问题尤为突出。

设计策略——对应设计问题

院墙围住保留树木，树木为院落提供场所核心，保证民宿私密性。利用水位高差在院墙外铺设滨水步道，充分利用湖景，使民宿自北朝南形成“山—屋—院—道—水”的私密—半私密—开放格局，形成鲜明的民宿特色。

通过院墙围合、局部加建、原有民居改造的手法修整建筑，塑造出场地内的建筑新秩序。

在建筑改造的基础上进行场地的合理规划，形成东西两个入口广场，临湖广场探入水面，使建筑、场地和水之间形成良好的衔接。

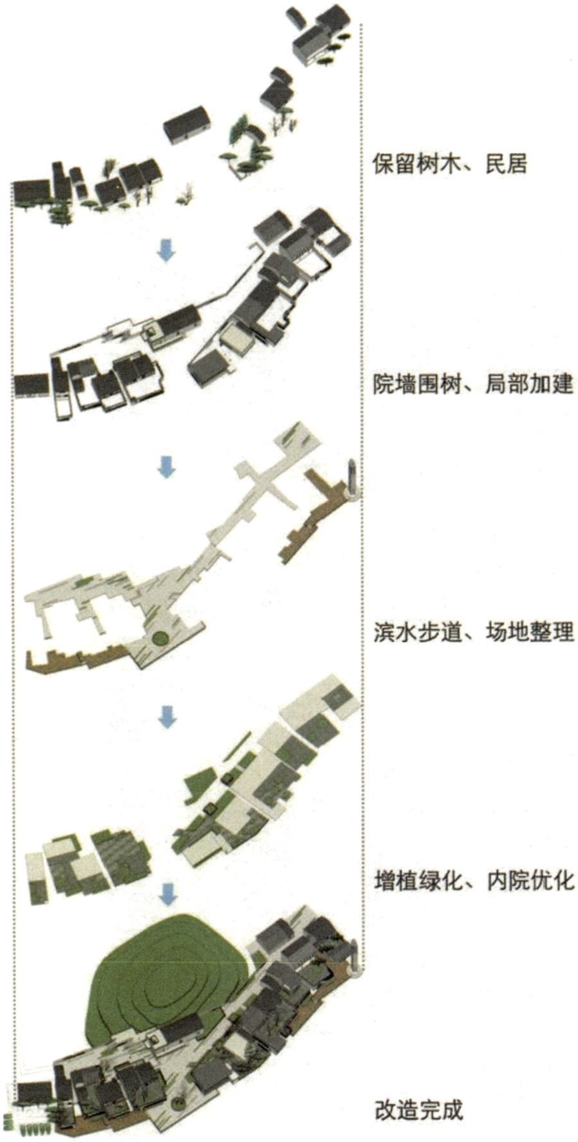

重点地段民宿总平面图

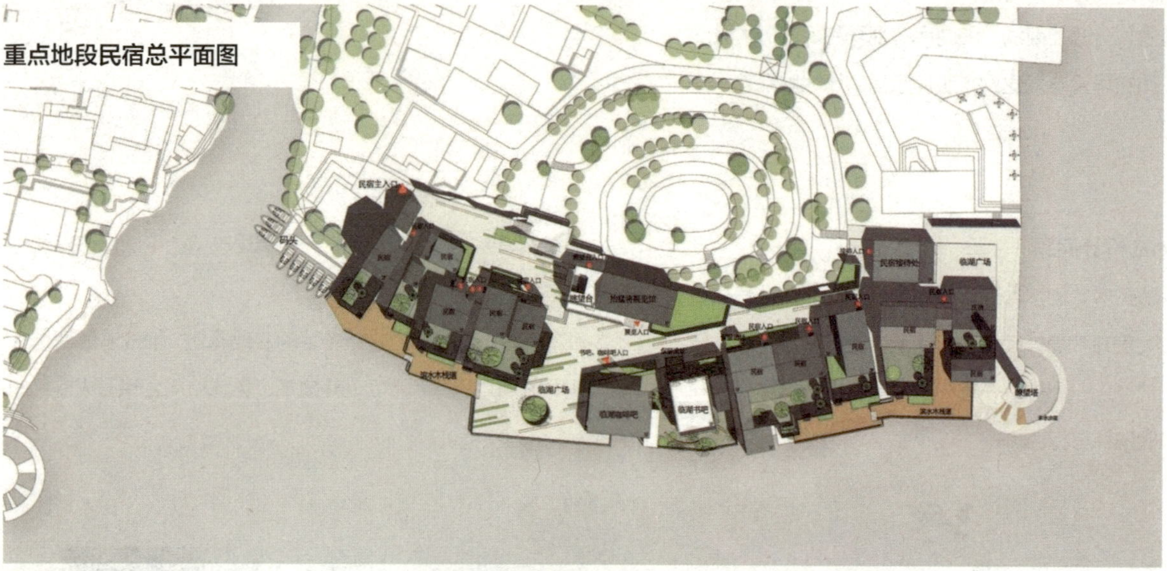

民宿室内轴测图

■ 室内改造策略

- 保留原有民居的历史记忆、置入现代人生活方式的精神空间氛围。
- 改造手段是以最小破坏原有民居建筑的痕迹，将老的墙体加以利用，置入新的民宿功能，在满足功能合理的基础上完成旧的利用与新的生长。让民宿在旧建筑中长出新的独特空间体验，使民宿的室内空间氛围别具一格。

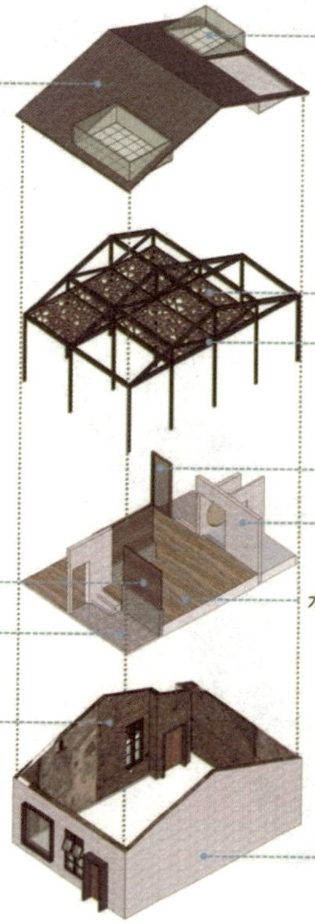

民宿立面图、剖面图

南立面图

北立面图

剖透视图

高档民宿区方案

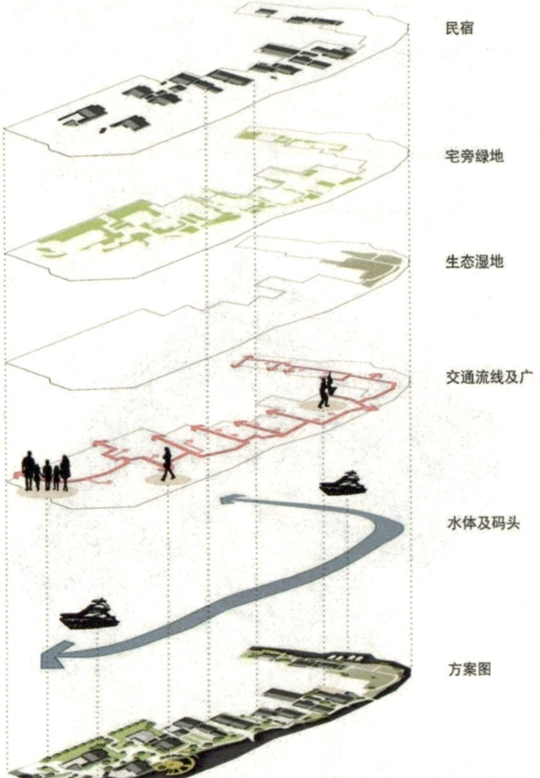

高档民宿区分层叠加综合分析图

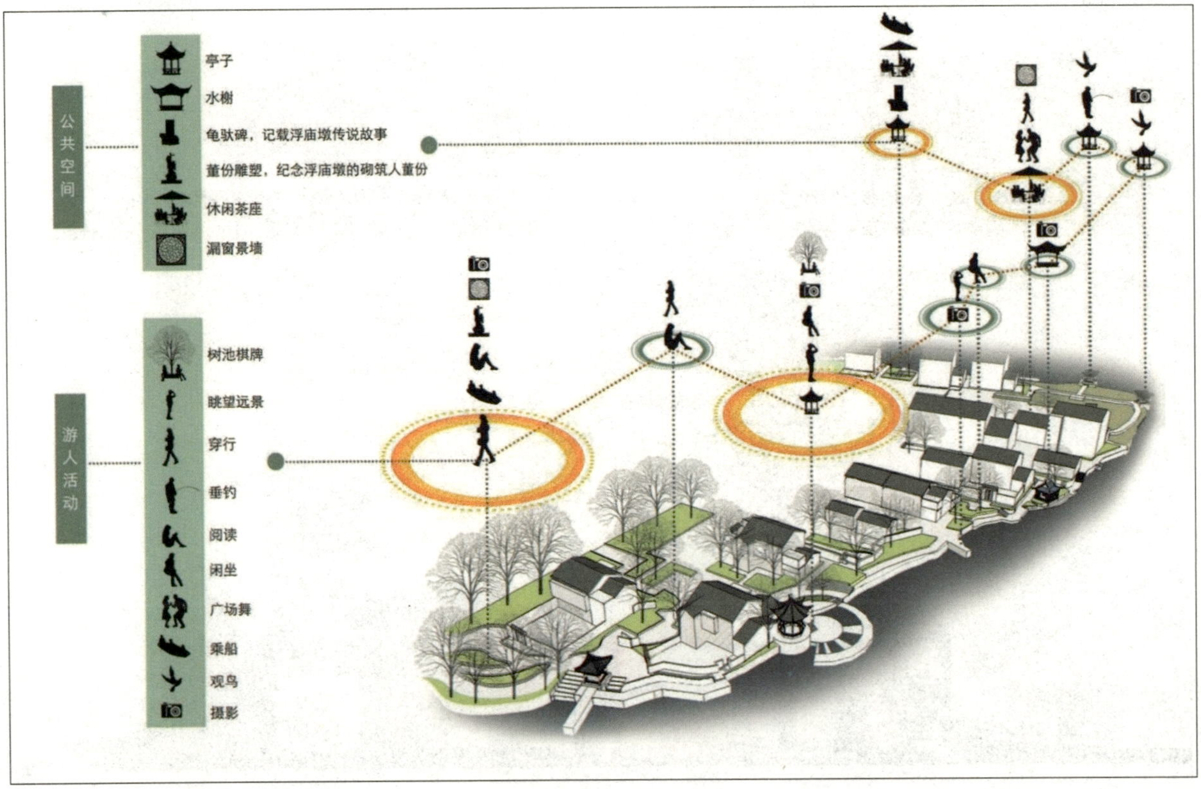

高档民宿区效果图

野奢民宿区效果图

点评

设计框架从总体到重点设计，从战略到战术设计，表达思路清晰。旅游策划、建筑设计、景观设计三方面均衡表达，均有新意。RDB 模式很有创意。但在总体定位与规划上将村落中大多数的房屋都进行了民宿设计（分四类），这是旅游小镇开发规模、模式尺度与此次点状开发民宿的规划（主要是空置屋部分）有所相悖。同时，对环境改造力度过大（用力过猛）。最后在民宿之魂（文化性）上未进行最具苏州味、光福镇地方特色的发掘。

《千寻桃源·西崦志异——“工会”模式下的浮庙墩村规划设计》

四川大学
指导老师：廖晨阳
小组成员：熊定伊、袁喆依、崔文欣

设计理念

问题1.什么是“公会”？

“公会”是我们根据北欧新民主主义经济体系提出的一种适合中国新农村未来发展的新模式，指在民众公平、有偿的共享一切社会资源，彼此以不同的方式付出和受益，共同享受经济红利的一种经济发展模式。

问题2.“公会”的构成

“公会”主要由政府相关部门专家、村民代表和投资方代表构成，意在维护村民的根本利益，使得村民有很大的发言权，村民可以站在几乎平等的立场上与所有者和投资者讨论旅游资源的开发建设，谈判工资和职业培训问题，劳资合作解决得好，村庄建设的更加美好。

问题3.“公会”的作用

“公会”将旅游所得利润用于村庄的基础建设，把发展文化、科学、卫生和教育放在中心地位，与此同时，加强基础建设把人文领域的投资作为中心，作为发展战略的决定性因素。同时维护游客利益，让游客感受到文明舒适的观光体验。自由、竞争平等、公正和福利是社会民主主义模式所要遵循的基本原则。

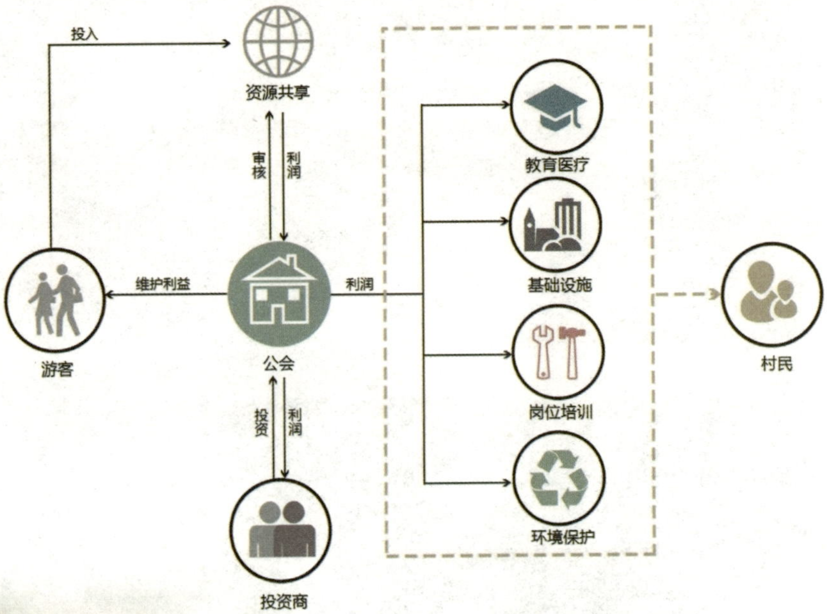

设计概念：故事

千寻桃源

一个叫人反复追寻，处在闹市缺难以寻得的充满人情味的世外桃源。

一个融合乡土味道和多种主题故事的奇趣民宿区

一个适合养生和久居的酒店式民宿区。

设计策略

	发展策略			具体手段	
STEP 1	整合当地资源，完善基础设施	food, culture, festival, history, productor, agriculture, nature, custom	→	整体规划分步实施	entirety, comprehensive, step-by-step, master plan
STEP 2	重构产业体系消除贸易壁垒	industry, trade, deconstruction	→	构建以"木雕玉雕产业"为核心的六次产业	1+2+3, 1×2×3, industry
STEP 3	强化公众参与实现永续发展	improvement, public, society, participation, committee, sustainable	→	创建"公会"组织实现各方共赢	parternership, 村民, win-win, public, private, 公司, 政府, government
STEP 4	发展旅游观光凸显场地优势	local, strength, tourism, opportunity	→	以电影场景衍生景观规划，强调参与性多样性	diversity, involvement

设计概念：分享

追忆，是赋予地区感染力，利用最重要的人情味给人留下深刻印象
往复，是抓住受众心理，多方机构合作寻求稳定客源；或是通过相应的民宿合作组织，把各方利益链接，创造双赢

设计平面图

规划模式

商业-文化休闲型

（木雕，玉雕，手工艺品，DIY体验，插花）

旅游

（垂钓，民俗体验，划船，观花，野外探险）

居住

（现状区，商住，民宿，SOHO）

开敞空间

（社区广场，水街集市，码头，涂鸦墙，桃花源）

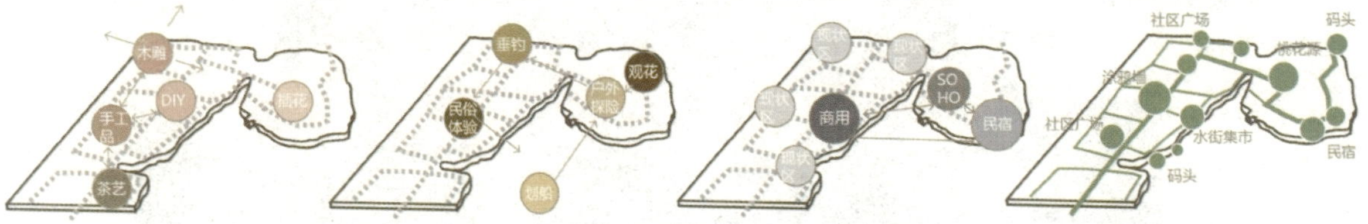

混合模式

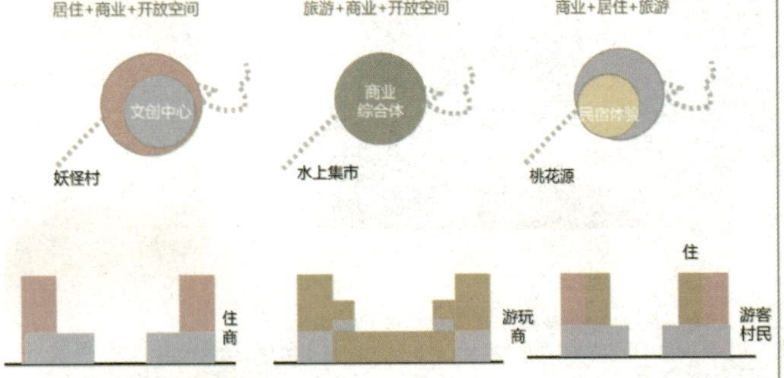

功能混合布局图

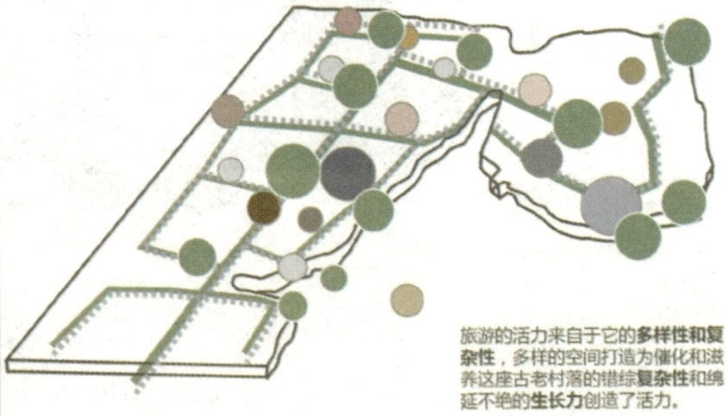

旅游的活力来自于它的**多样性和复杂性**，多样的空间打造为催化和滋养这座古老村落的错综**复杂性**和绵延不绝的**生长力**创造了活力。

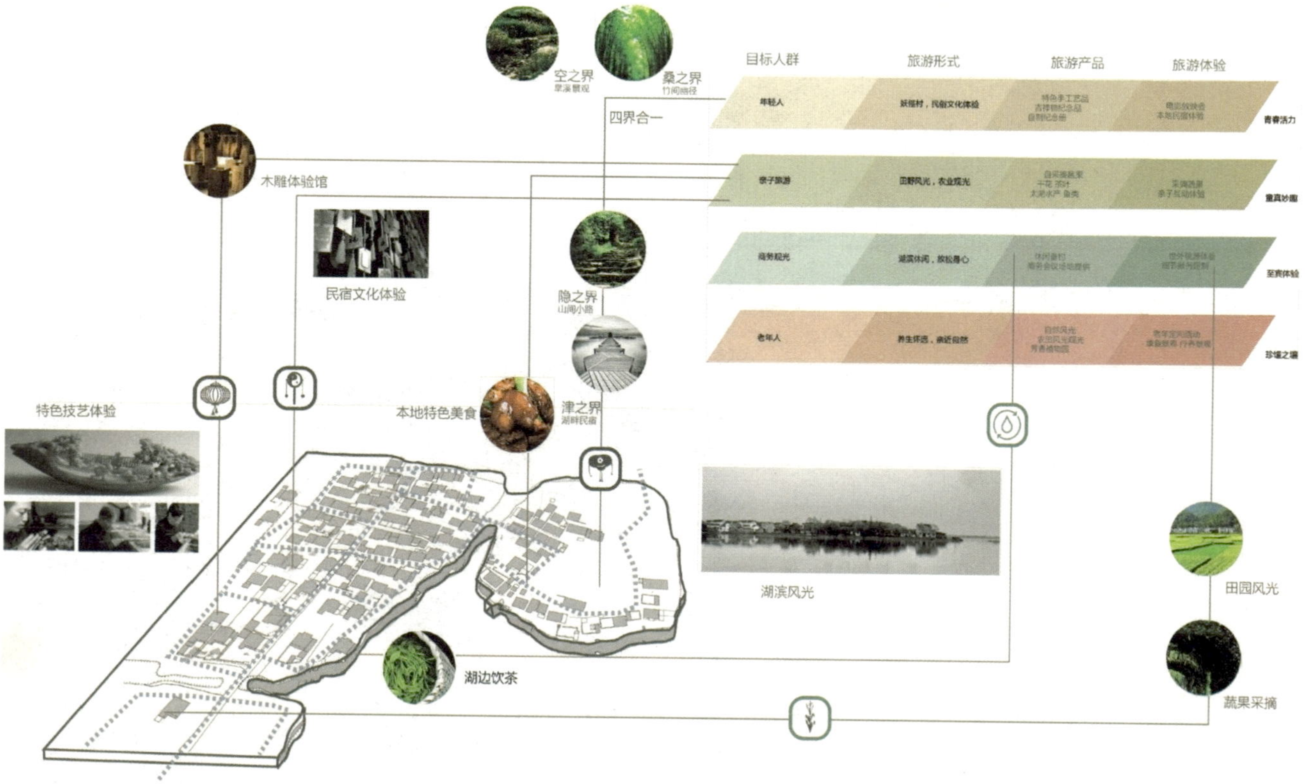

通过原有民居的改造或重建，得到的单纯建筑。这种完全自助的民宿，一个单体就是一个功能的完整单元，可供家庭住宿体验，同时参与区域内其他活动的体验。

每栋房子都配有独立的小码头，一个电话就有船舶接送，在风格上既有乡间野趣又不失风雅。

建筑与建筑之间不连续的隔断，创造出似有非有的院子，背山面水，带给人静谧享受。

这种方式的民宿会提供简单吃早餐和舒适住宿，主要定位为周边景区的配套，一日游或两日游活动线路的游客可以有良好的休息和体验民风民俗的机会。利用自用住宅空闲房间，结合当地人文、自然景观、生态、环境资源及农林渔牧生产活动，以家庭副业方式经营，提供旅客乡野生活之住宿处所

空间组织模式

这种住宿方式更强调优美的环境和良好的住宿体验和民宿主人的热情好客。

也针对木雕核雕产业商务人士的住宿服务，能提升村落整体映像。

综合体验馆设计

码头设计

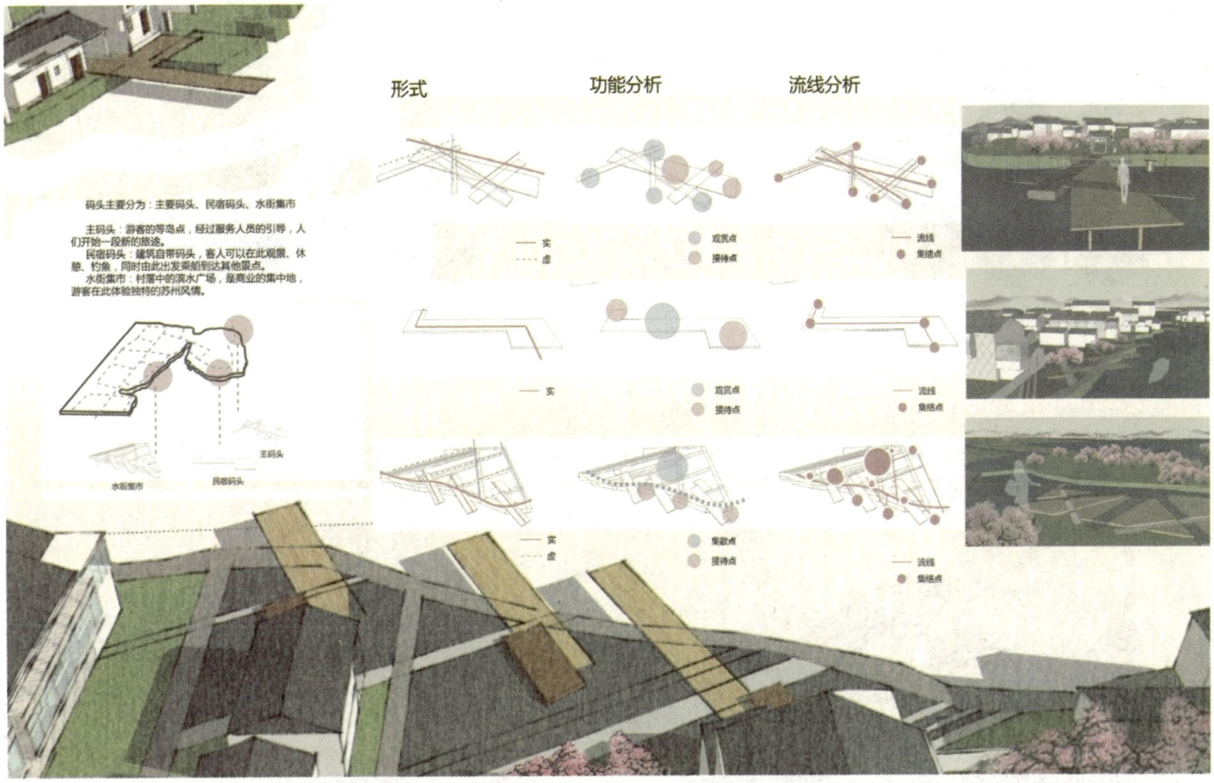

点评

该方案提出了“公会”组织开发民宿的模式，提出要以电影场景模式进行规划、设计、串联，有跨界的思维，理念上很有新意。文本表现唯美而不失理性逻辑分析。但关注竖向设计却未有深入。建筑过于偏模型化、理想化，欠缺真实性。景观设计偏弱，生态设计轻描淡写，室内设计更是虚无。

《远有“山·花”，近有“江·湖”》

山东管理学院
指导老师：相阳
小组成员：陈昂、相阳、孟瑶、苏艺萌、范印

愿景目标

①集旅游民宿、生态休憩、展示表演、餐饮销售于一体的江南顶级滨湖园林民宿区是最具新苏州气质的、多元的、时尚的、高端的国内旅游消费新地标、中国民宿聚落新典范 、苏州时尚体验新天地。

原则特色

尊重——以尊重传统的态度有限度地开发古村；

生态——绿水之间掩映着古朴自然的建筑群落；

时尚——在历史与文脉中营造更具活力的聚落氛围；

便捷——构建更加便捷、舒适的旅游生活空间。

②把握传统苏派建筑特点，博采众长，取长补短，兼具中式传统与现代简约。中式传统建筑的变革首先要保留传统的线脚，然后融入现代建造技艺，做到修旧如旧、建新如旧，同时满足现代人的生活需求，打造苏州周边独一无二的魅力生态民宿！

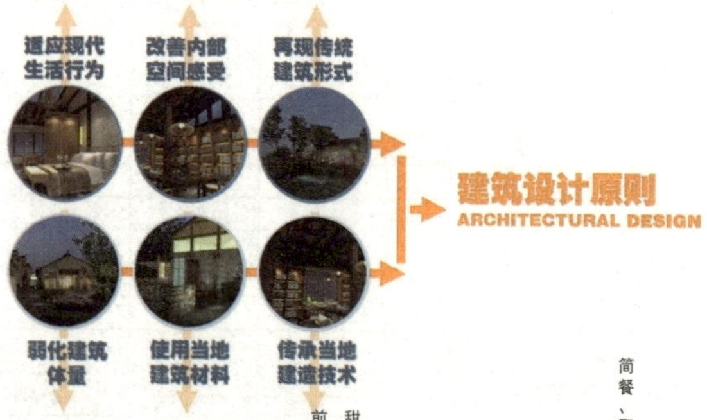

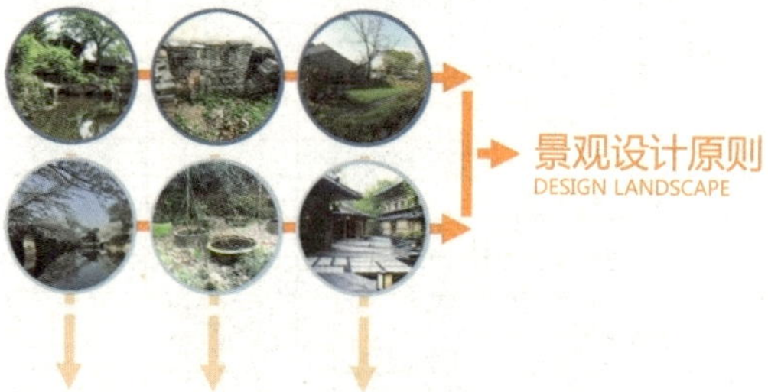

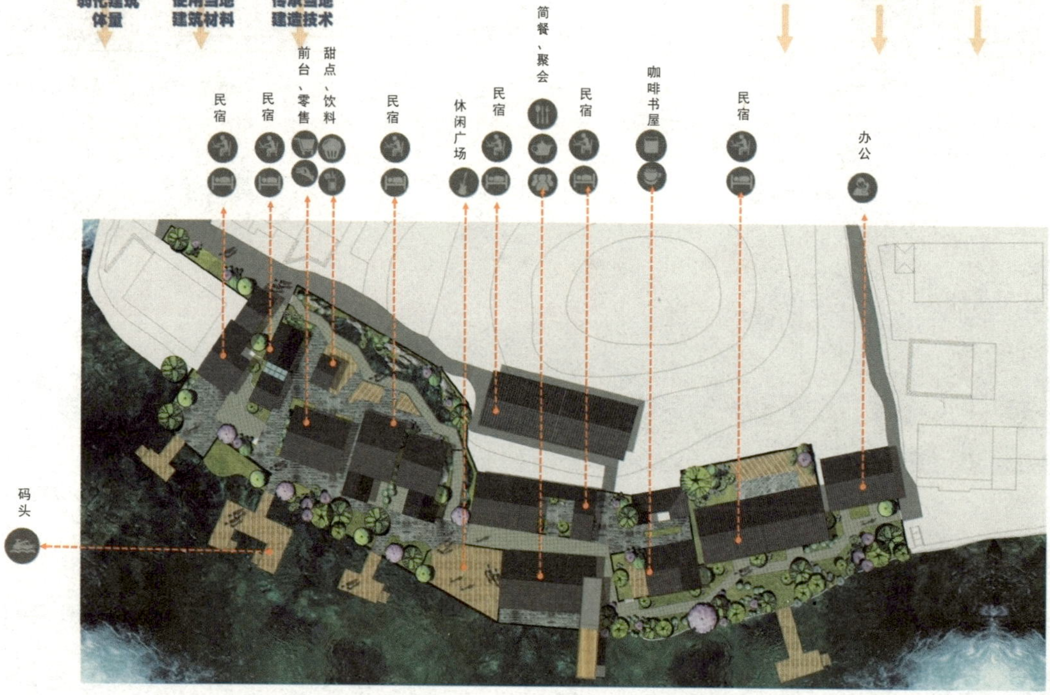

根据上位规划和浮庙墩周边现存状态，利用自然山水风光与古镇旅游资源作为高端民宿配套。现存建筑以修缮改造为主，力求打造传统山水古镇特色。发挥当地香雪梅海与滨湖生态景观特色，打造园内滨湖岸线生态景观。利用基地北侧荒废地块打造园林式景观区域，再现江南园林风貌。

园区功能分区与划分

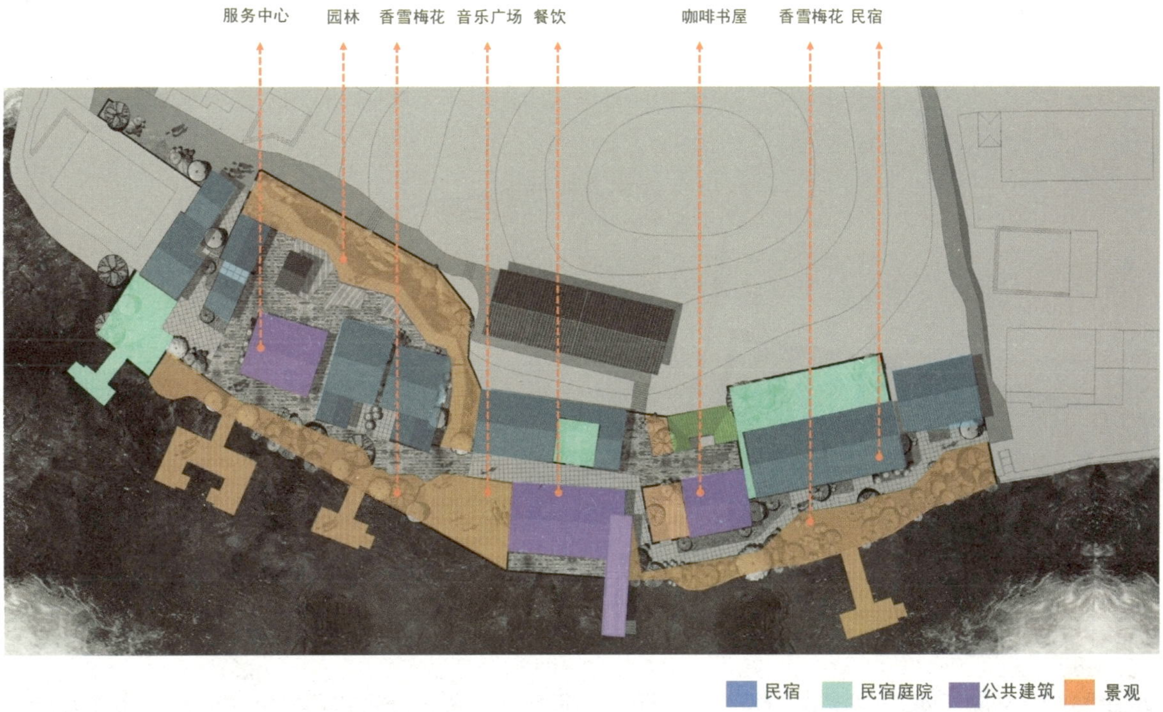

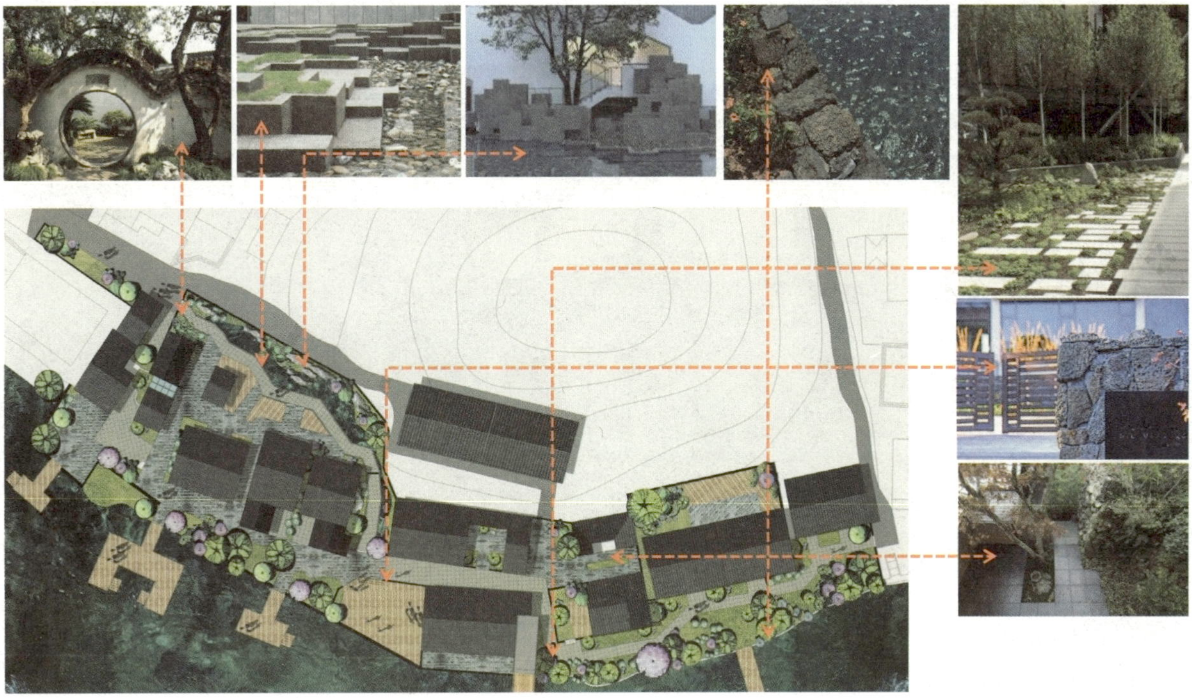

建筑设计

以修缮改造为主，针对老建筑的通风、采光、尺度进行改造；针对屋面防水、地面铺装进行修缮。强调苏派建筑典型风格符号，体现地域性。建筑材料尽量就地取材，改造过程中采取新老建造技术相结合。

室内设计以简约中式面貌呈现，不做奢华装修，尽量保留原建筑内墙墙面，地面以青砖、灰砖铺设为主，裸露原建筑柱式，突出建筑本身之美。

突出苏派建筑符号，打造典型江南传统古村形象。

滨湖区域多种植香雪梅花与果树，与对岸花海形成呼应。

通过加大窗洞面积和增加天窗有效解决内部空间的通风、采光等问题。

餐厅与文化载体在造型语言上与其他传统建筑有所区别，一方面以增加区域建筑风格的冲突，另一方面通过造型隐示公共建筑与民宿建筑的空间位置。

基地现存废弃的砖、瓦、木、罐、缸等物品，就地取材，与景观设计相结合，增强了地域性和本土化。

点评

看得出该方案对基地现场进行了充分的调研，对浮庙墩民宿定位比较准确，尊重场地肌理。空间流线清晰、明确。建筑大窗改造手法适合，废旧物利用有度，室内设计简洁、淡雅。

但建筑马头墙过于强化，缺失苏州特色（偏徽派）。建筑、室内设计强，而景观分析与设计偏弱，少表达。旅游策划也偏弱。

《水岸农家》

西安理工大学

指导老师：李皓

小组成员：谢亚鹏、刘义、许岩生

设计说明

根据区域现状及周围环境因素、浮庙墩村现有的自然资源等特征，提出 WBE 的乡村整体规划与民宿改造方案，发展滨水临湖生态景观。

主要以乡村特色餐饮 B&B 简餐模式为核心，以生态乡村体验为重点，以江南水乡临湖景观为特色。多产业紧密联系，打造富有特色、创意以及生态的美丽乡村。

将互联网与乡村旅游业紧密联系，进行推广、宣传，进行网络化的生产、交流。

生态是一个环境中的生命之源，打造生态宜居的乡村环境，必须注重生态系统的再生与修复。

A—A 剖面图

规划改造策略

WBE 发展模式： 智慧 Wisdom

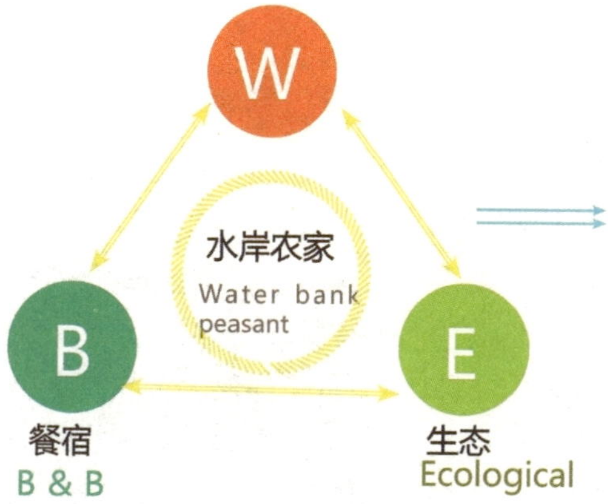

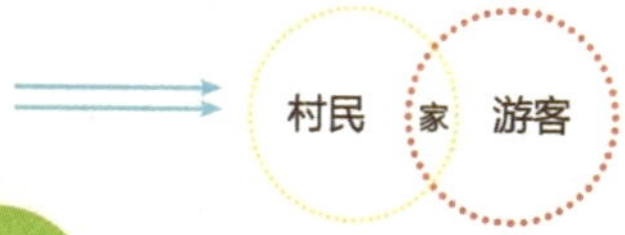

W 智慧 Wisdom

智慧：随着互联网 + 时代的到来，将互联网与乡村旅游业紧密联系，进行推广，宣传，进行网络化的生产。网络化的交流。

B 餐宿 B & B

餐宿：根据规划建设区的环境因素，水岸农家可定向为周边区域游客的预再体，主要打造民宿体验和特色餐饮为核心，有别于其他区域的经济发展形势。

E 生态 Ecological

生态：生态是一个环境中的生命之源，打造生态人居的乡村环境，必须注重生态系统的再生与修复。

发展定位： Development orientation:

发展定位：

主要以乡村特色餐饮 B & B 简餐模式为核心，生态乡村体验为重点。

Mainly rural characteristic catering B&B casual dining model as the core, the rural ecological experience.

形象定位：

以江南水乡临湖景观为特色。

In the south of the lower reaches of the yangze river near lake landscape features.

产品研发定位：

多产业紧密联系，综合发展，打造生态、特色、创意的美丽乡村。

Industry more closely linked, comprehensive development, to build ecological, characteristics, the beauty of a creative country.

旅游市场定位：

旅游业高端特色且发展乡土风味的旅游景区。

High-end features and the development of rural tourism scenic spots

现状建筑分析

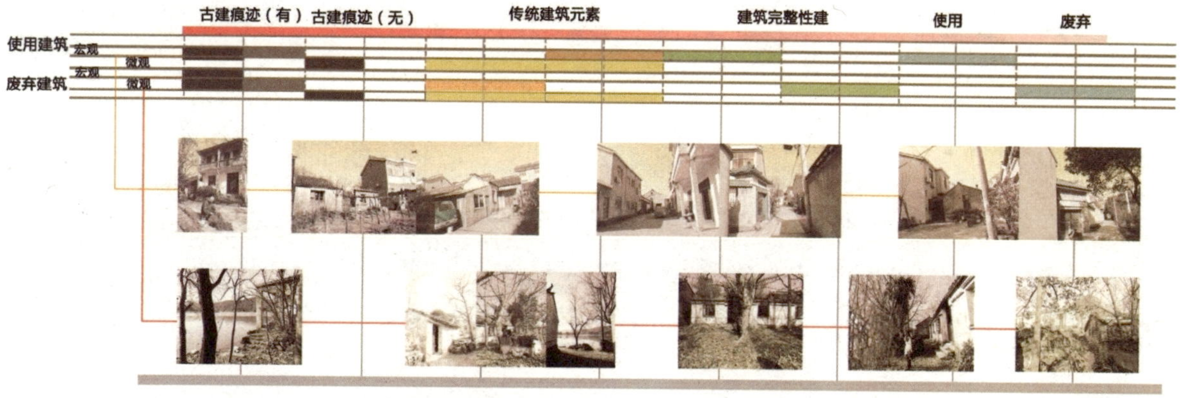

村民希望的村子：

鸟瞰图

記得住鄉愁
望得見水
看得見山

农业产业效果

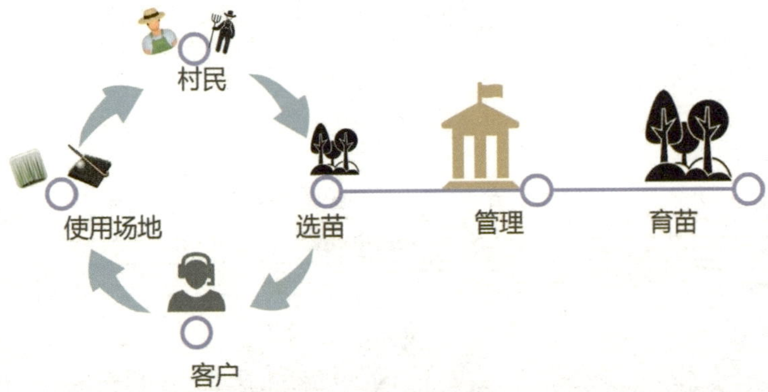
村民
选苗
管理
育苗
客户
使用场地

农作物不仅自给自足还是浮庙墩品牌展示园
浮庙墩导视系统
农业观光小道

走接待中心看看 ...
再去民宿体验一下 ...
不同的民宿满足游客的需求
接待中心室外活动空间 wifi 覆盖

46

43

区域规划价值

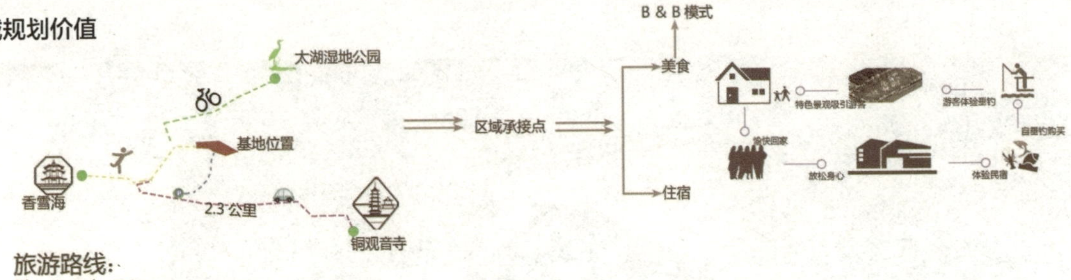

旅游路线:
The travel route:

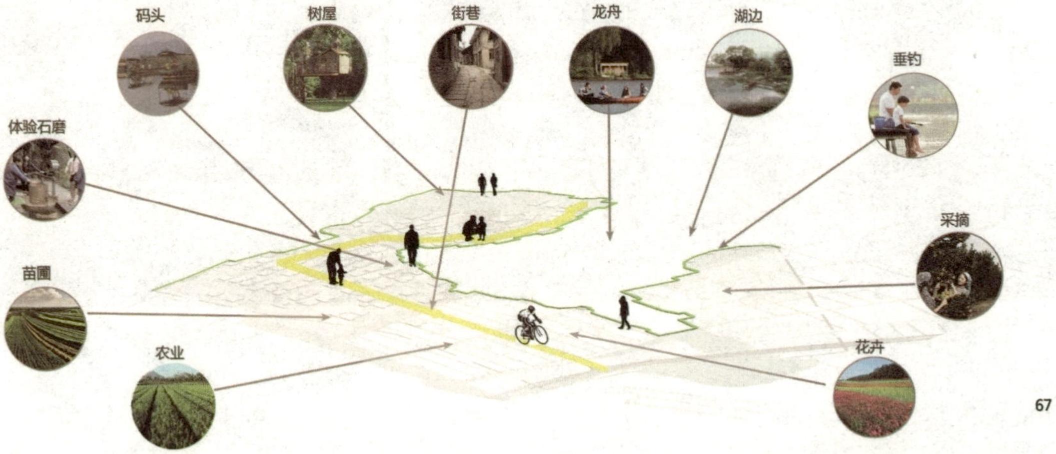

点评

调查资料宽泛，规划、建筑、景观、策划均有表现。在生态方面——场地雨水、风道、生态驳岸方面考虑比较综合，给出了方向。

但建筑设计偏弱，民宿重要的室内设计无，旅游策划有框架、无建议。

总体来说分析多，案例借鉴多，而解决手段不强。

《心水里》

合肥工业大学
指导老师：苏剑鸣
小组成员：蔚丹、黄根生、薛原、龚晓雪、金三人

“互联网 + 乡村”模式

“心水”来源于粤语，用法和含义与普通话里的“喜欢”，以及广府话里的“中意”基本相同。心水里——一个让你喜欢的居所！

“互联网 +”与乡村旅游、乡村生活可以带来什么样的创新呢？你期待怎样的新旅途呢？

智慧民宿

“互联网 + 民宿”的发展模式，即民宿管理采用互联网技术，游客可以在民宿中体会到智慧型生活带来的舒适感，体验自动化温湿度控制、照明度调节、家庭智能影音以及智能安防等；同时通过智慧管家整个终端，游客可以体验一站式向导服务。

智慧街区

“互联网 + 街区”的发展模式，使游客可以在街区中体验智能街区带来的一站式服务，如自助借书系统、文创产品虚拟交互展示、饮品小站以及基于互联网技术的游客休息互动活动中心等。

智慧田园

“互联网 + 田园”的发展模式，结合物联网感应和终端控制系统，构建农作物种植监控系统和线上线下田园种植体验服务。通过农作物种植监管系统，当地村民可以轻松监测和培育农作物。互联网为村民架起电商销售平台。游客通过线上线下田园种植体验模块，可以购买属于自己的农作物，亲身体验种植的乐趣，离开后可以通过手机端实时监控农作物的生长情况。

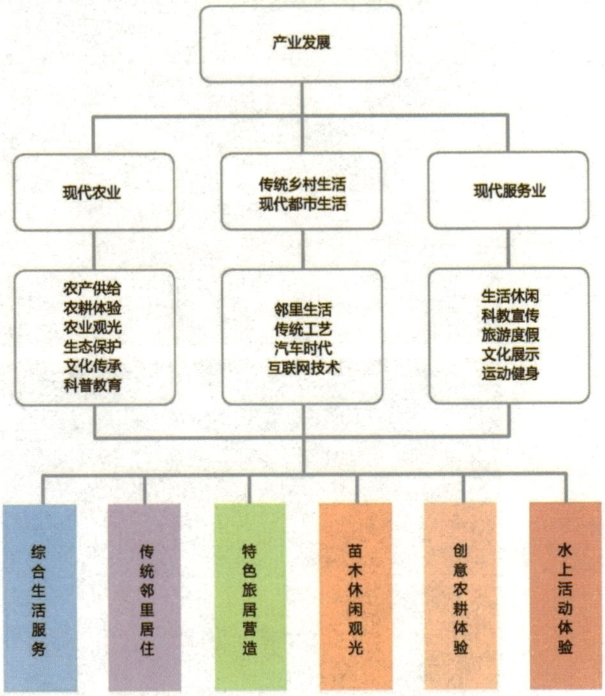

（1）目标客户来源

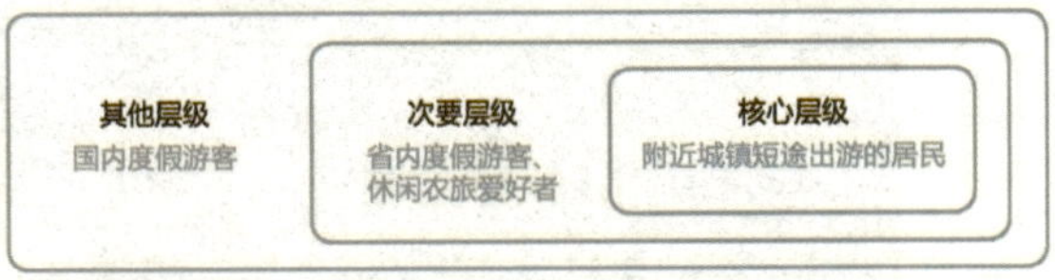

（2）目标客户需求

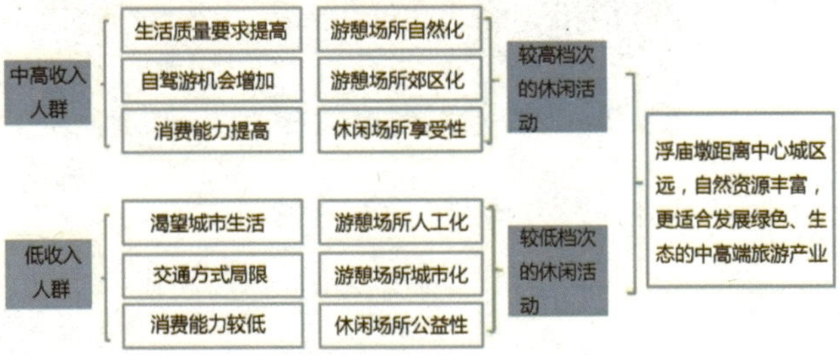

（3）分析结论

① 基地未来主要服务地区：苏州市区、无锡市区
② 基地未来主要服务对象：中高收入人群
③ 基地未来主要旅游产品：以高、中端休闲产品为主，注重产品的生态性、体验性和享乐性。

功能定位

目的地型旅游度假与休闲养生度假相结合。

多种经营战略，打造目的地型度假村与高端养生体验式的复合型旅游胜地，同时辅以丰富多彩的活动，打造游客在都市体验不到的自然乐园 。

人工化的自然

利用原有的水体环境和田园绿地，在原生态的自然环境中实现人工与自然相结合的人工化自然，营造丰富自然的高品质生活模式。

重塑人文历史价值

借助苏南区域的苏绣、苏州园林元素、当地的桂花酿、农家乐元素等，提升地块的人文历史价值。

功能分区分析

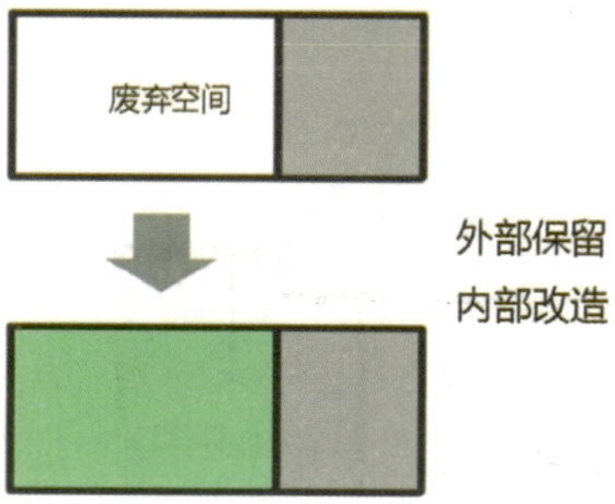

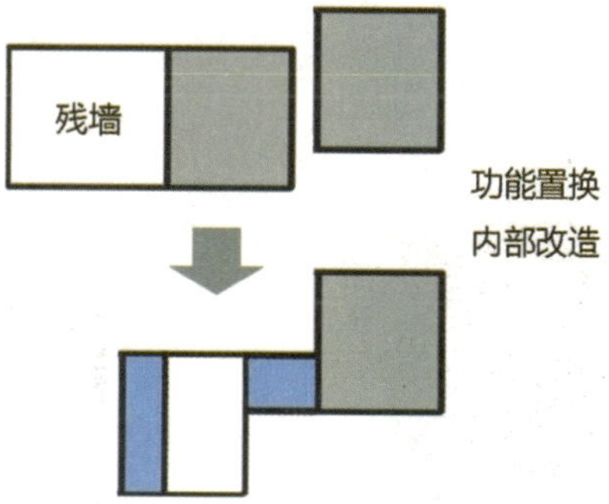

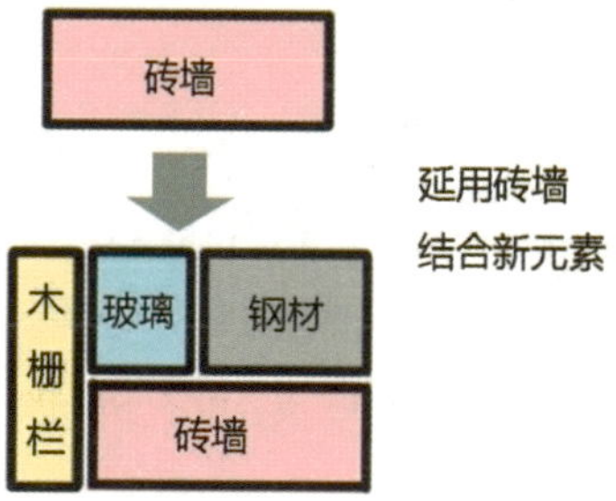

①现状建筑的利用。

设计方案基于大量的建筑现状，基本保留遗存建筑的框架结构和外立面，重点对建筑用途和内部陈列方式加以改造，传承和再现原有格局和风貌。

②现状建筑的改造。

针对个别现代建筑物，通过木栅格、条形窗等现代元素对其内部和外观形式进行改造，使之与周边建筑和环境相协调。

③新建公共建筑。

在荒废宅基地的基础上新建公共建筑，砖墙为主要立面材料，搭配玻璃、钢材、木栅格等现代元素，彼此映衬，相互融合。在新旧风格对比中突显公共建筑特有的格调和时尚气息。

心水餐吧

心水餐吧由两个不同的空间构成，采用现代设计风格。东北侧的室内空间可容纳 6 ~ 8 人用餐，西北侧的半开放空间被包围在一个玻璃盒子里。

餐吧的设计理念是给每一位来香雪村旅游的客人提供一个良好、舒适、轻松的用餐环境和交流空间，在一定程度上提高了废弃老房子的利用率，同时也是吸引和促进人与人之间形成良好关系和融洽氛围的重要途径。

心水餐吧将为来到香雪村住宿的客人提供简餐和饮料，当地居民也可聚集在此，良好的公共空间将为香雪村注入更多新鲜的活力。

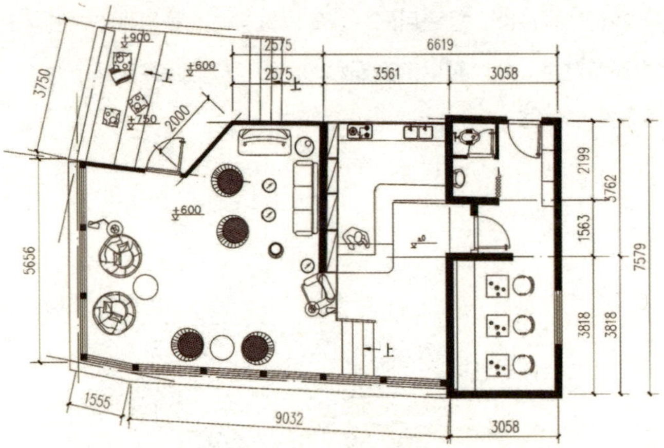

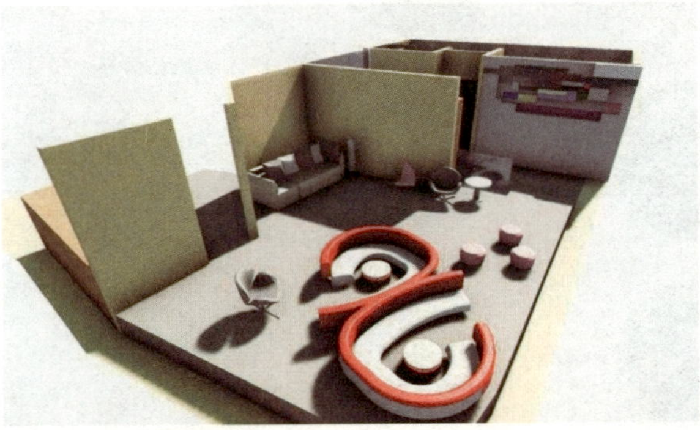

民宿改造设计

尊重原有的房屋结构，最大限度地利用空间，室内以白色等明亮的色调呈现。整体面积不大，由于卧室的核心设计是床与衣柜，所以除了摆设简约的双人床和卧室必备的衣柜、壁灯以外，没有再过多地放置其他物品。整个卧室呈现出一种淡淡的清新感，简约而素雅。

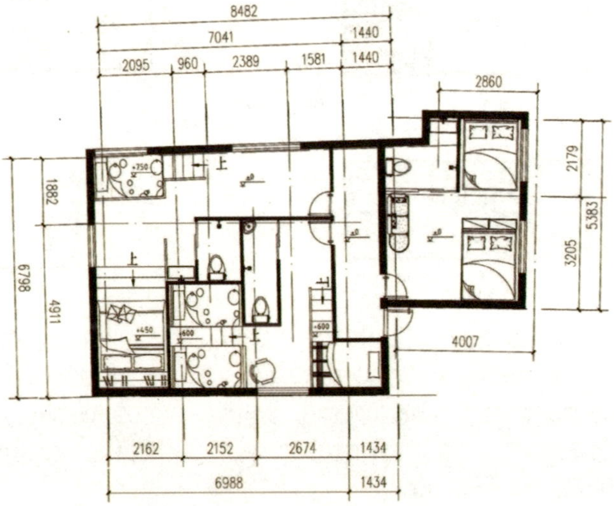

“互联网 + 乡村”模式说明

将“互联网 +”和美好乡村与半岛民宿设计相结合，依靠科技的力量，进行“互联网 + 乡村”模式的田园综合体验探索。在设计中，我们将融合民宿、街区、田园和社区于一体，开启美好乡村生活的新篇章。

本次设计中共涉及四大智慧分区，分别是：

①智慧民宿；

②智慧街区；

③智慧田园；

④智慧社区。

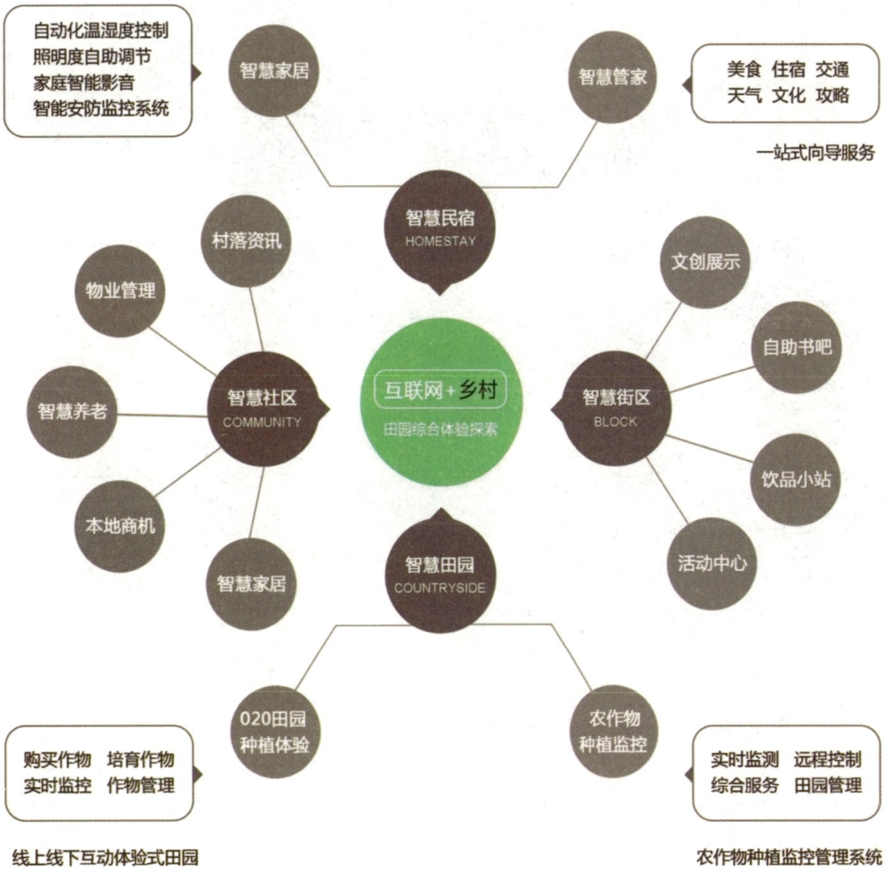

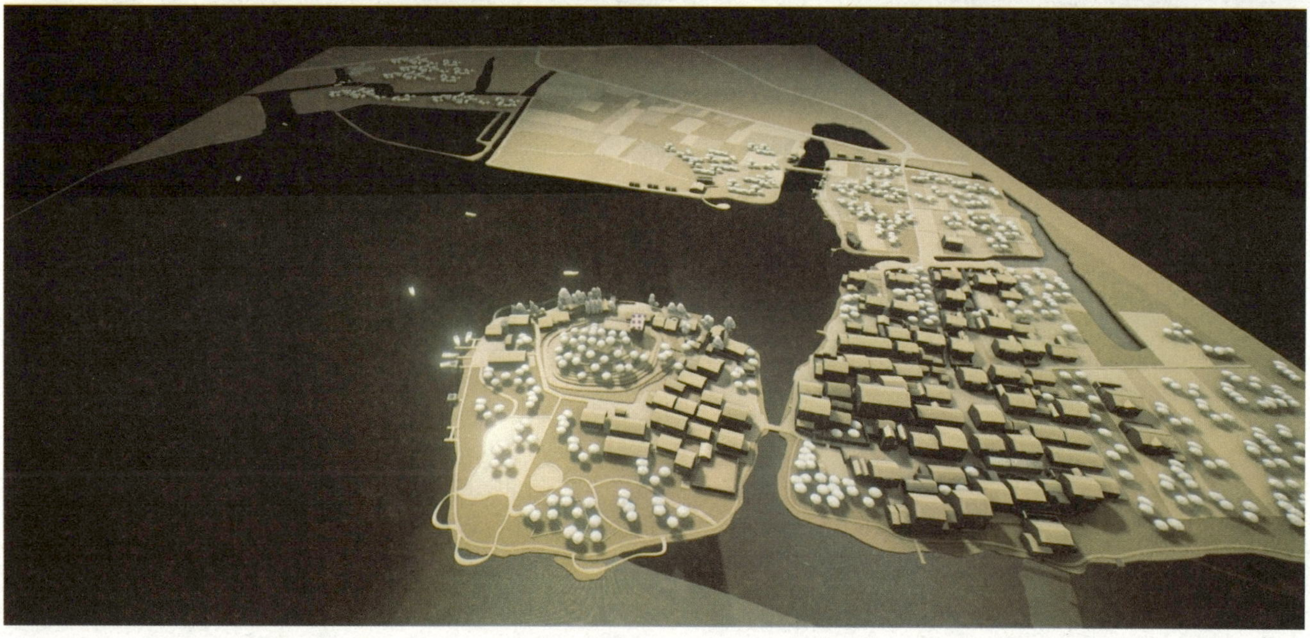

点评

这是一个满足年轻人的“青年旅舍”的设计，表现出一群年轻设计师的青春律动。思维活跃，在“互联网＋民宿”上有创意，紧抓时代脉搏。所以评委们决定临时设一个建筑特别奖，以示对年轻“青年设计狮”的一种鼓励。

《享象·山水》

四川国恒建筑设计有限公司

小组成员：古云峰、林冰凌

开发策略

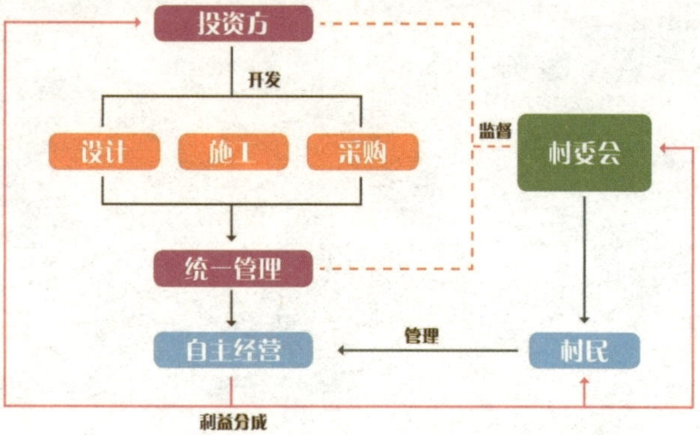

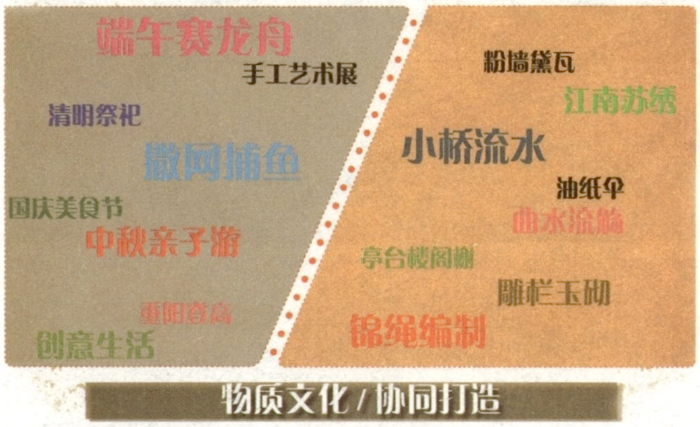

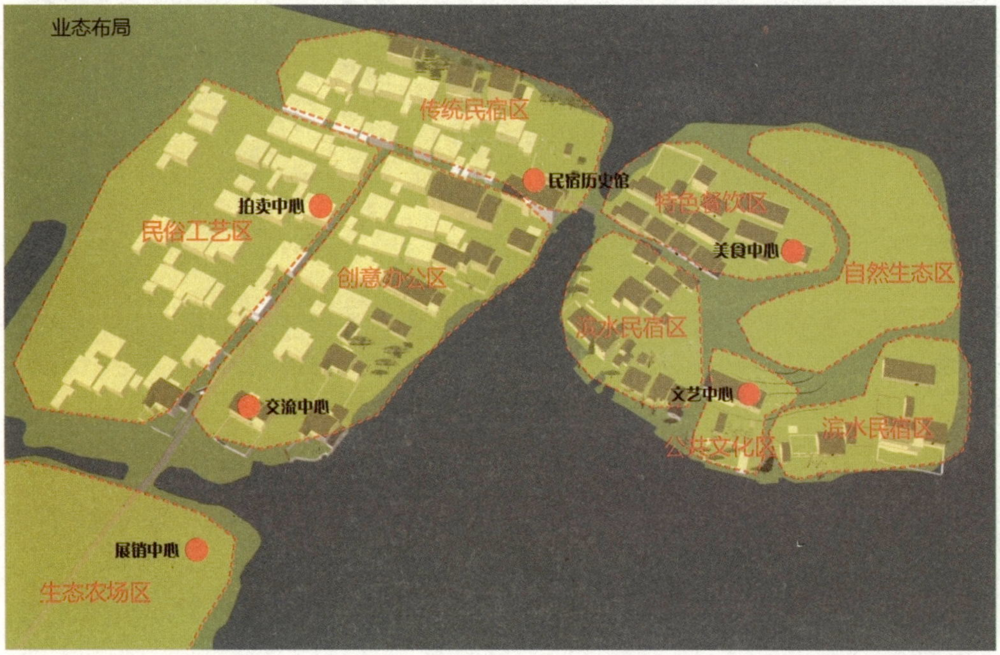

设计方式

挑檐弱化

利用T字钢设计门口挑檐，简化工序的同时，模仿传统工艺，形成虚实对比

屋顶简化

将屋顶收至墙体平行，不做挑檐处理；混凝土现浇成型，不做传统瓦构，减少工艺，并且节约材料

青瓦内饰

利用原有建筑拆卸下来的瓦片进行二次利用，在室内形成室外的空间感受，成为项目的一大特点。

形体完整

通过屋顶处理，将每栋建筑设计成完整的形体，更易形成视觉印象

色彩控制

将主要色彩控制在黑白灰三色系列，搭配木材、植物、软装等暖色引起视觉张力

绳编立面

立面设计引入“麻绳编织”，将不常用的软性绳子设计成为建筑外立面，突破常规并形成项目记忆点

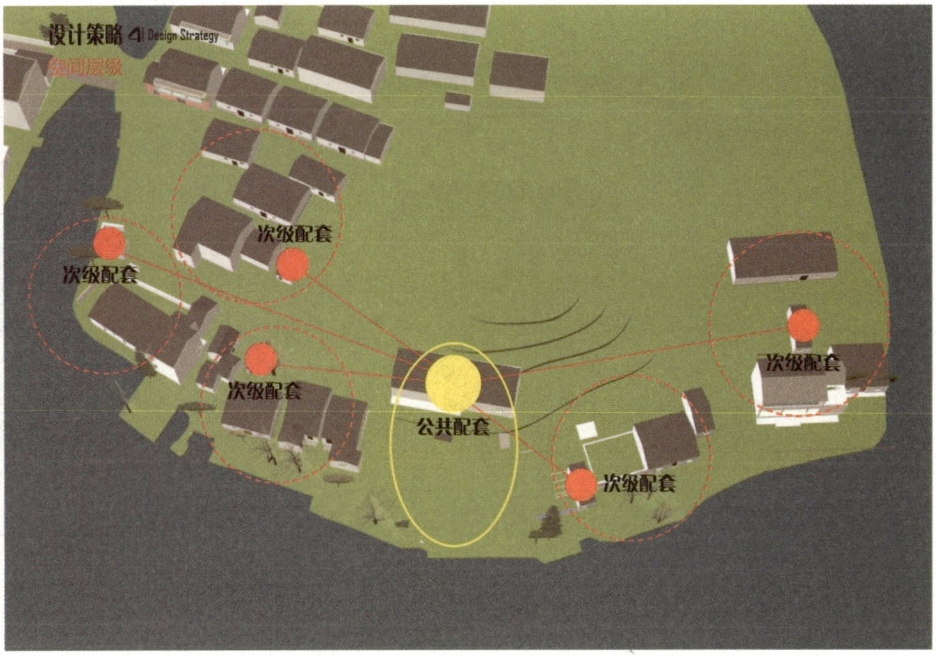

点评

该方案旅游策划能抓住主要问题，并提出自己的解决原则，思路清晰。虽得的是旅游策划奖，但其实该方案建筑设计创意也不错。

缺憾之处在于：方案不够全面，室内设计、景观设计无。全村的规划布局过于理想化，布置内容、业态过多，对现状基地条件分析不够。

《一隅》

上海师范大学
指导老师：宋凌琦
小组成员：秦楚

规划概念

传承

苏式建筑元素

重塑

村庄沿湖现状

人文

光福寺庙古镇

村庄规划和建筑改建遵循提取传统元素并进行重塑的基础上进行生态绿色建筑与规划的可持续发展，与周边环境进行融合，实现建筑，自然，情感三者相相互动的情景

生态

建筑与规划与生态结合

旅游

旅游愿景

建筑分析

园林

格栅

拙政园

漏窗

留园

①建筑空间环境中，运用“虚实”同存的互补理念。

②以“虚”空间为中心的营造方式。

③“余音绕梁，三日不绝”的意境。

④效仿山水空间的布局。

⑤追求天然质朴，与自然相协调。

⑥小型景观的运用。

民居

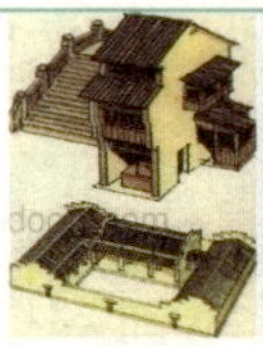

建筑特点

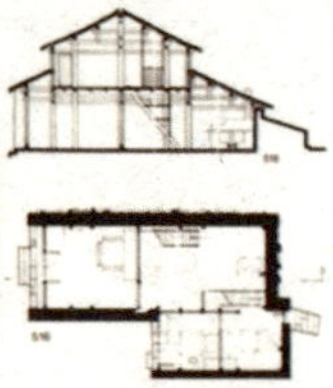

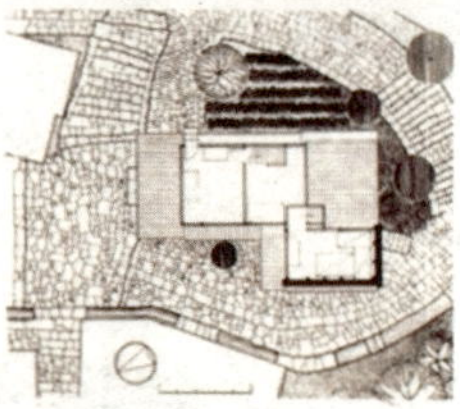

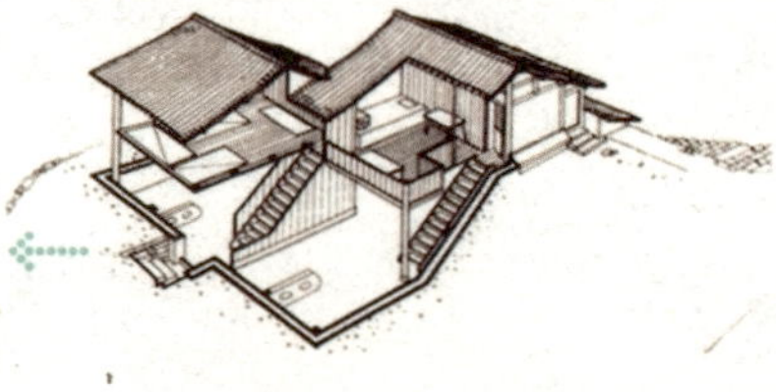

①空间向度上侧重的是平行于地面的水平向度，建筑组群在水平纵深上形成空间环境特征。

②注重序列特征性，以间、厢、院（或天井）组成的合院，是基本的空间单元。

③以线性空间为骨架的空间格局。

④小尺度空间环境高度以一至二层为主，开间一般为 3 ~ 4 m。建筑高度与整个空间宽度比率范围在 1 ： 1 到 1 ： 3 之间。

建筑结构（改建部分）

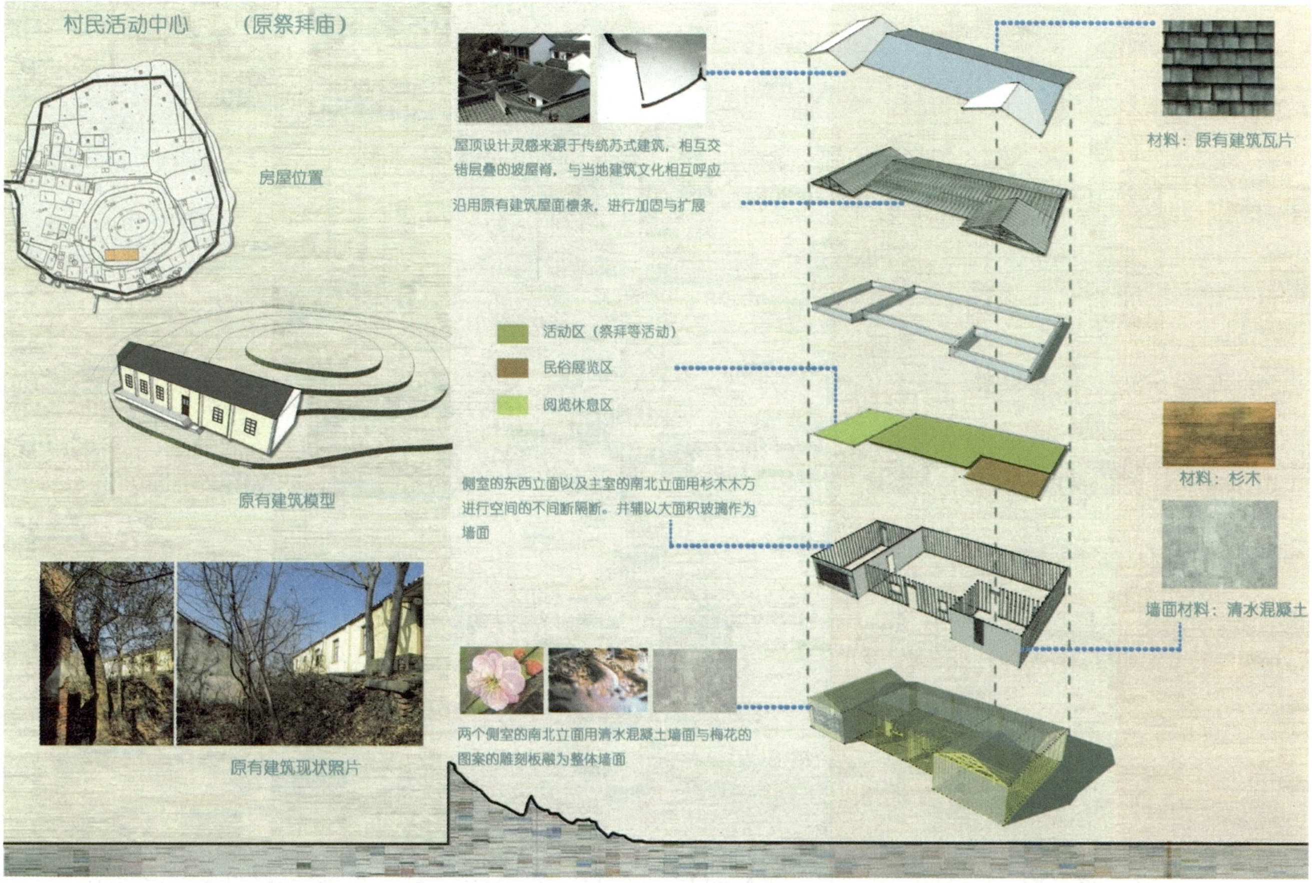

村民活动中心改建效果（原祭拜庙）

设计说明

村民活动中心在原有建筑的基础上进行改建。保留屋面椽条，在原有建筑的体量上进行加固外扩。将原有一个空间分为三大空间，为当地村民提供活动场所的同时还给旅行者提供与村民共同活动的公共空间，中部大区域为村民提供开展传统祭拜活动的空间，左右两个侧室为村民提供举办文化休闲活动和展示村内文化的空间。

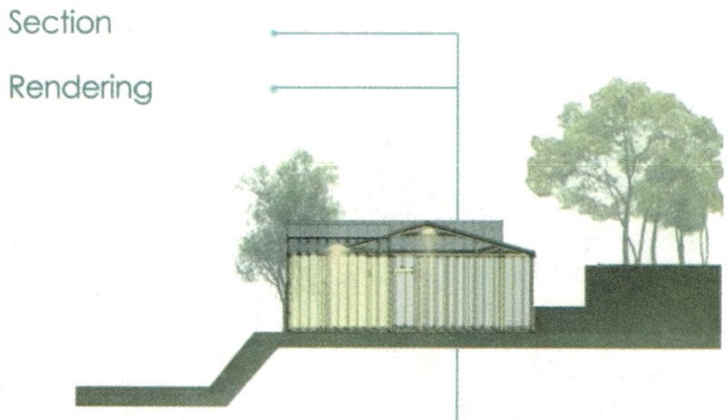

剖面图

主要使用对象：当地村民
次要使用对象：游客
可容纳人数：≤ 35 人

效果图

客房内型策划

如月之恒，如日之升。——《诗·小雅·天保》

月之从星，则以风雨。——《书·洪范》

在中国文化里，从古至今，人们歌颂“月”的诗句不胜枚举。

在潇洒时，它是“青天有月来几时？我今停杯一问之”。

在孤单时，它是“举杯邀明月，对影成三人”。

在思念时，它是“青女素娥俱耐冷，月中双星都婵娟”。

月亮见证了从古至今无数人的悲欢离合，以及各个朝代的兴衰成败，而仍然干净、明亮，供世人仰望中采撷出不同的情愫。因此，我们用“月”来分别命名这几套房间，旨在让不同的游客居住时从中体会到属于自己的民宿韵味。

客房类型

岛上客房分三大类型——提供三种不同建筑模式下的三种不同的居住体验，同时也针对三种不同的使用人群，满足各方受众群体，给游客以更多的选择性。

意向图

客房类型一：壹月居——岛南部沿湖套房

客房类型：独栋

可住人数：2 ~ 4 人 / 栋

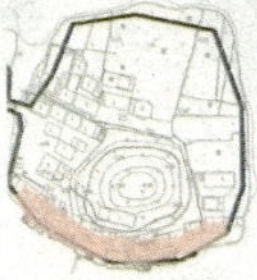

意向图

客房类型二：壹云居——岛东部沿湖单人客房

客房类型：独栋

可住人数：1 人 / 栋

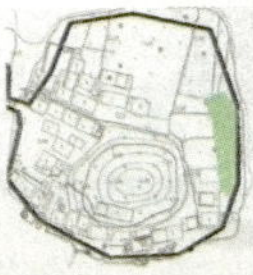

意向图

客房类型三：壹风居——岛东部沿湖联排套房

客房类型：联排

可住人数：6 人 / 栋

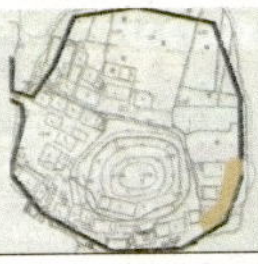

点评

看得出该方案是一个室内设计师的个人奋斗作品。在民宿方面有一定的研究、体会，室内设计上有总体考虑，也有细部处理，有拙与雅方面的融合设计。这是唯一一个提到昆虫问题的参赛者（虽然未有解决方案）。但瑜不掩瑕，除室内设计外其他方面表现得过于薄弱。

《五感民宿》

青岛北洋建筑设计有限公司
小组成员：李虎

总体规划

①景观吸引核。

周边有香雪海、司徒庙、太湖国家湿地公园等人文自然景观，这是吸引人流、提升土地价值的关键因素。

②农业生产区。

光福镇素有“中国花木之乡”之美誉，因而于进村道路两侧苗圃用地中开辟苗圃示范区，以便游人了解培育苗圃的全过程，并参与到农事活动中体验农业生产的乐趣。另在规划用地的东南角开辟有机蔬菜种植区，为游人提供新鲜的有机蔬菜。

③休闲聚集区。

把位于沿湖地带的民居改造成民宿，并在民宿周边设置特色餐厅、咖啡厅、书吧、雕刻工艺坊、野外烧烤场地、露营场地、嬉水乐园等休闲娱乐设施，营造丰富的公共空间，给游人提供完善的服务及丰富的体验，最终形成整个村落的活力聚集区。

④居住发展带。

以农业生产为基础、休闲旅游为辅，为村民创造可观的经济效益。当村子经济实力达到一定程度后，可在村子周围适当地开发高档房地产项目及相关产业，形成以田园风貌为基底并融合现代都市元素的田园社区。

⑤社区配套网。

把村子内部的部分民居改造成旅游服务中心、邮电局等公共服务设施，利用现存的空地举办特色小集市，推动浮庙墩村向城镇化方向发展，吸引游人以外的各种劳动人口成为该地区的常住人口，给光福镇以及浮庙墩村带来空前的活力。

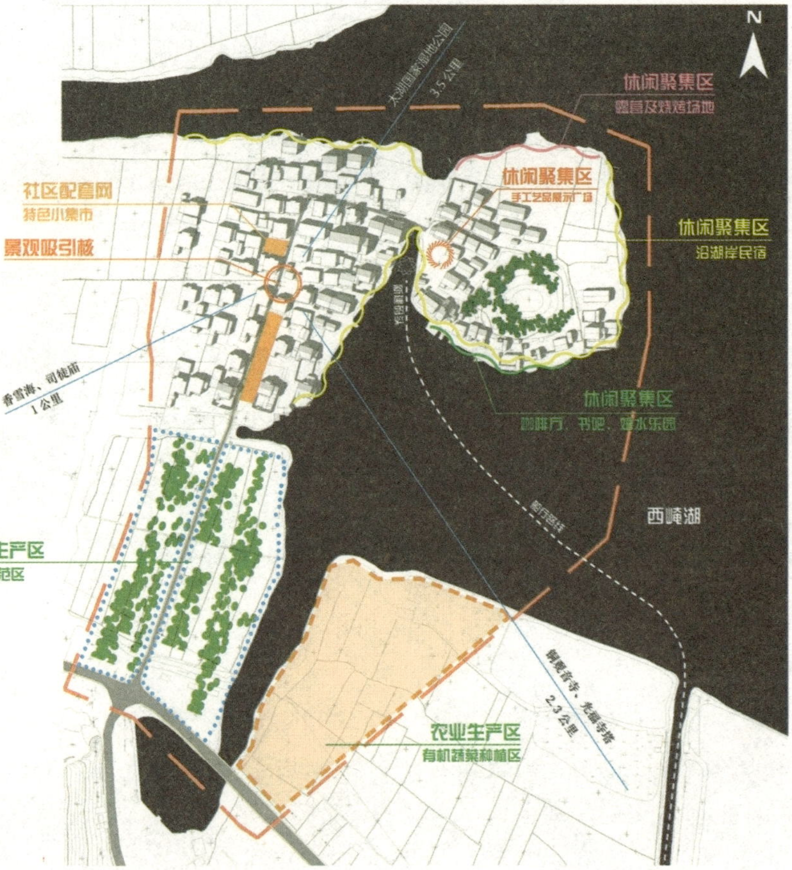

建筑设计

①功能定位。

现代民宿应成为能给人们提供旅游、度假、休闲的城市生活方式的载体，即“田园化”的城市生活。

视：营造能时时刻刻、不同角度地欣赏湖光山色的场所。

听：构建一个静听自然之声且只属于自己的小空间。

嗅、触：提供一个能亲密接触自然的室外公共空间。

味：一间能提供美食的特色主题餐厅。

②民宿改造。

打造成一个浓缩的小型城市空间，使其发挥出更大魅力，而不仅仅是给人们提供一个休息空间。

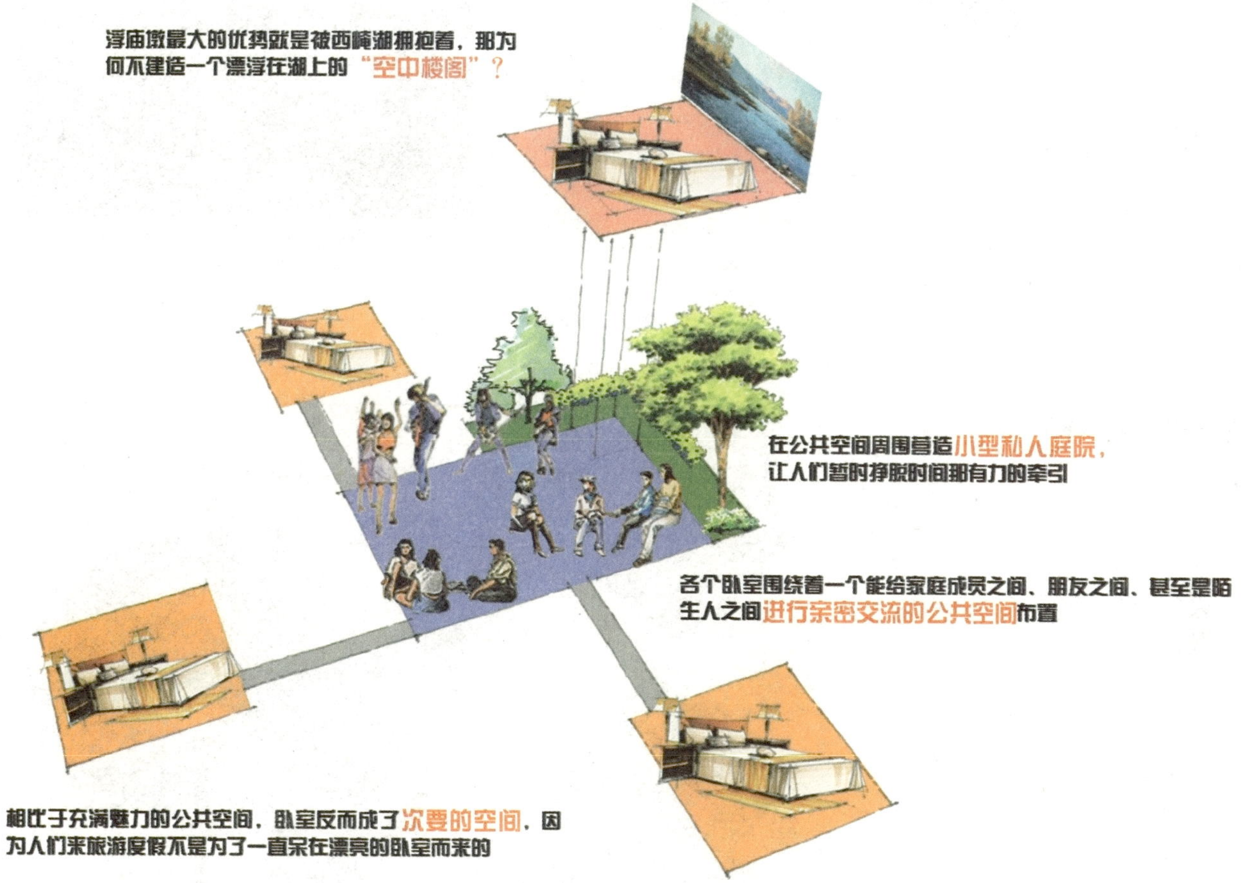

Architecture & Landscape Design

建筑及景观设计

民宿改造－公共服务设施

为了减少对于周围自然环境的影响以及向人们展示其从属地位，公共服务设施建筑群平面及立面采用了最纯粹简单的建筑形式。

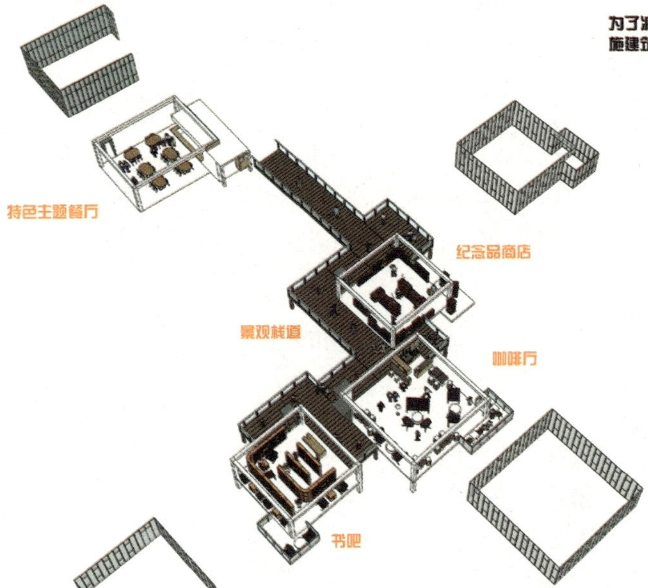

分析图

景观栈道

书吧

建筑及景观设计

民宿改造－民宿 A

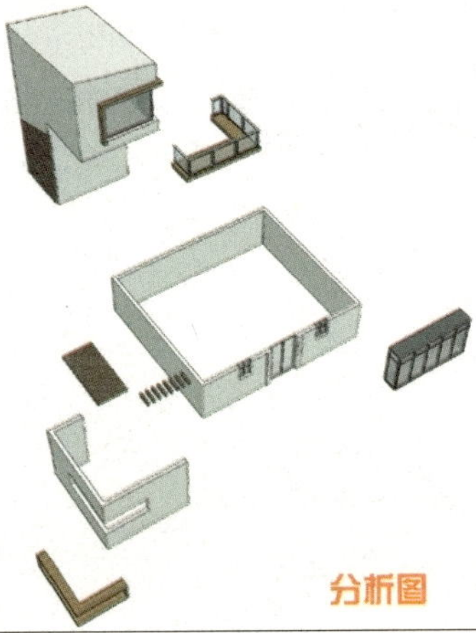

分析图

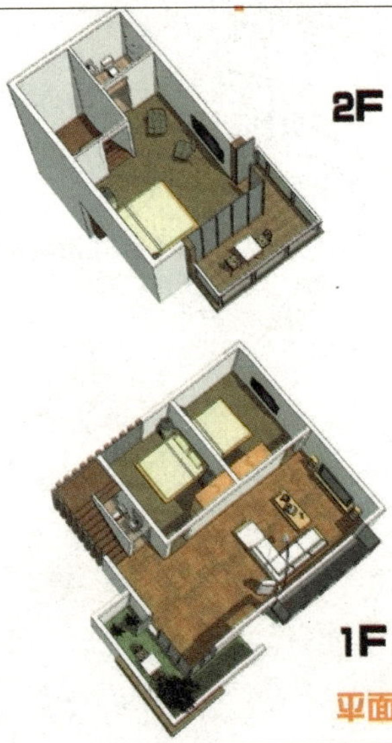

平面图

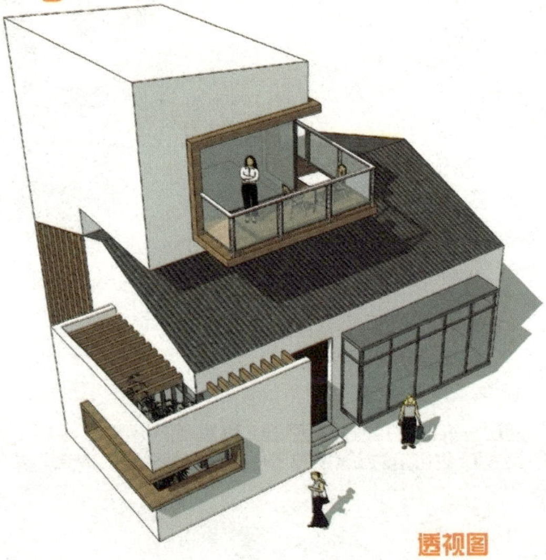

透视图

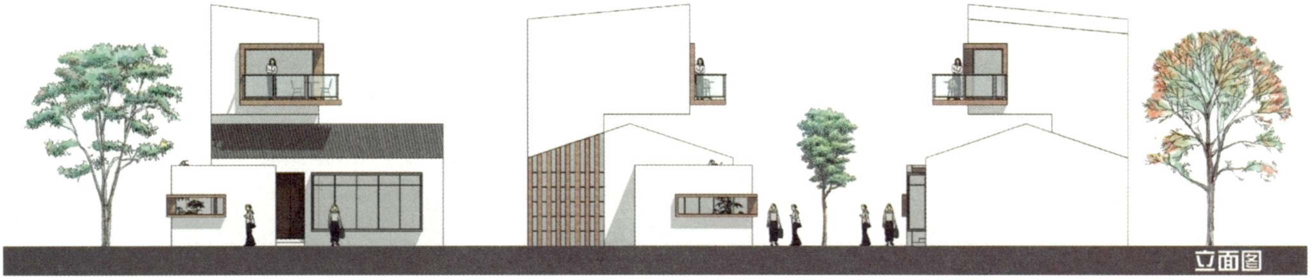
立面图

《睡眠岛》

南京林业大学风景园林学院
指导老师：张哲
小组成员：赖思琪、王畅、杜蕴馨、周玥、王茜

睡眠主题选择

①睡眠文化缺失。

古人重视睡眠文化，有所谓“天人合一”的睡眠观，亦极其重视睡眠养生。但如今，衣、食、住、行、烟、酒、茶，样样皆有文化，唯独睡眠文化少被提及，可以说其尚且处在文化荒漠时期，有待复兴。

②睡眠问题困扰着都市人群。

据中国睡眠研究会调查显示，我国成年人的睡眠障碍发生率为 40%，现有人口按 13.5 亿人计算，全国大约有 5.6 亿人存在睡眠障碍。据 2008 年 6 月“中新网”与“三九健康网”报道，京、沪、穗、深白领阶层睡眠不足的将近达 90%（2009 年数据）。

③在当代睡眠具有重要意义。

进入信息社会、创意经济时代，人们更需要优质的睡眠。传播睡眠文化，引导都市人改变不良的睡眠习惯，重拾自然健康的生活方式，在缩短睡眠时间的情况下获得高质量的睡眠，精力充沛地应对都市生活带来的挑战，实现身体和精神上的复苏。

④睡眠可以引发诸多艺术联想。

梦境一直是让艺术家们着迷的题材，一个梦可以引发无限联想，启发人们进行丰富的艺术创造。

如何在设计中体现睡眠文化？

高质量的睡眠需要：充足的光照；运动；打个小盹；规律的作息；健康的饮食；平稳的心情。

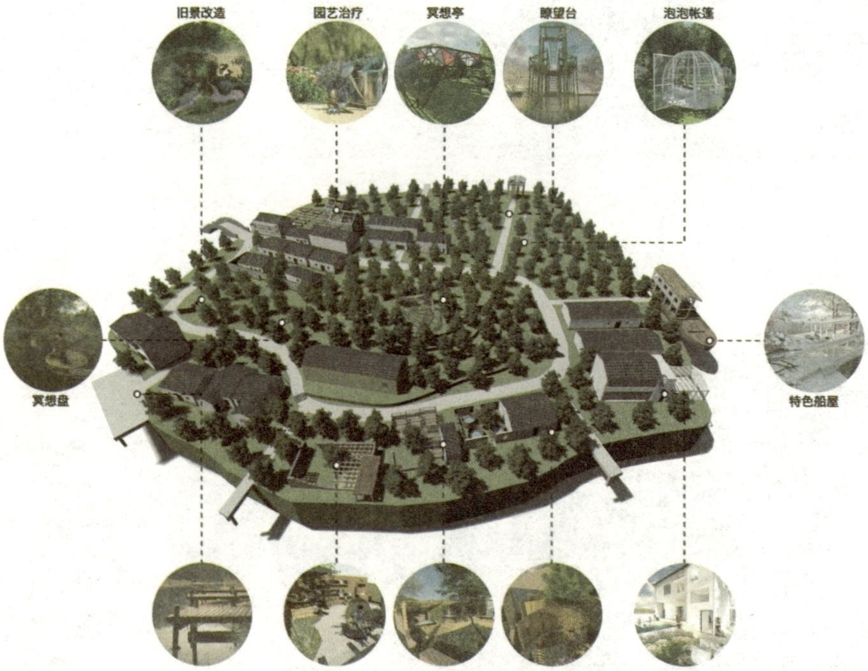

由此启发得到的设计思路：

景观——尽可能就地取材，进行艺术装置和景观小品设计；

建筑——充分利用现有建筑，创造多元空间；

室内——提供多样的睡眠体验；

活动——冥想、芳香疗法、光照疗法、园艺疗法、漂浮体验、瑜伽、温泉。

民宿改造

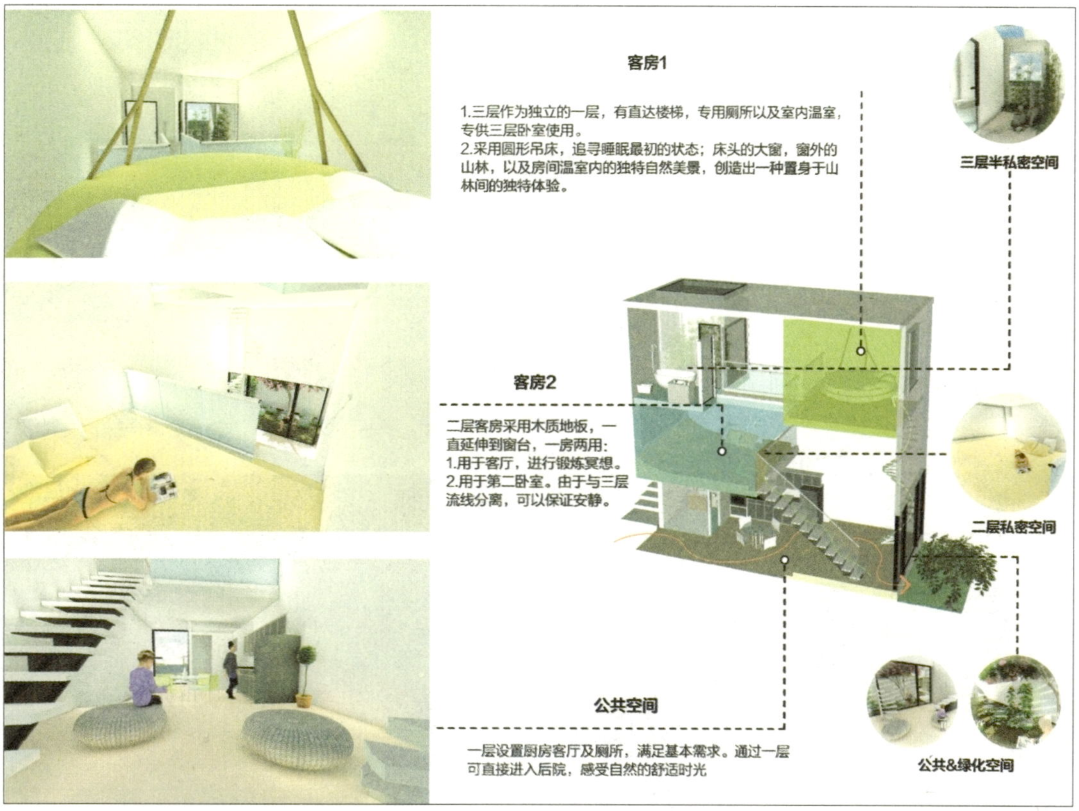
客房1
1.三层作为独立的一层，有直达楼梯，专用厕所以及室内温室，专供三层卧室使用。
2.采用圆形吊床，追寻睡眠最初的状态；床头的大窗，窗外的山林，以及房间温室内的独特自然美景，创造出一种置身于山林间的独特体验。
三层半私密空间
客房2
二层客房采用木质地板，一直延伸到窗台，一房两用：
1.用于客厅，进行锻炼冥想。
2.用于第二卧室。由于与三层流线分离，可以保证安静。
二层私密空间
公共空间
一层设置厨房客厅及厕所，满足基本需求。通过一层可直接进入后院，感受自然的舒适时光
公共&绿化空间

临湖书屋

蛋形悬挂座椅，提供人们最放松自然的休憩空间。
花架下吊床，供人们看书疲劳时小憩。
半室内吊床，满足人们休憩时的观景需求。
保留原有墙体的残破感，形成视野性极好的开放空间。并以原有墙体为基础，构造别具特色的砖面书架。
疏通原有入口，连接室内外，形成观赏湖景的廊道
墙体原貌
入口原貌

入口景观雕塑

在半岛长条形密林下设置景观雕塑，作为入口的标志性景观，与背后高大的树木相映衬，醒目美观，是村民和游人共同使用的公共区域。

旧景改造

将场地随处可见的砖墙和水缸进行旧物改造：
如利用水缸作为种植床，种植有助于睡眠的芳香植物，如香薄荷、薰衣草、茉莉花、鼠尾草等；
或将水缸翻转作为休闲座椅，供村民和游人休憩停靠；
也可以利用水缸营造小型水景；
将原本阻碍交通影响美观的旧物改造成岛上的风景。

镜面院墙

在小岛上部分靠进树林的院墙外进行镜面材质的贴面处理，通过镜面对树林与天空的反射，让建筑消失，营造深林的感觉。

林中帐篷

在小岛东北面密林中放置特色帐篷，给人在林中入睡的别样体验。

禅林冥想盘

通过拆除部分建筑，还原小岛山坡周围植被，并放置冥想盘装置，晴天铺上一块垫子就可以在林中禅想，而雨后圆盘积水倒映着天空和深林，更具禅意。

花海瞭望台

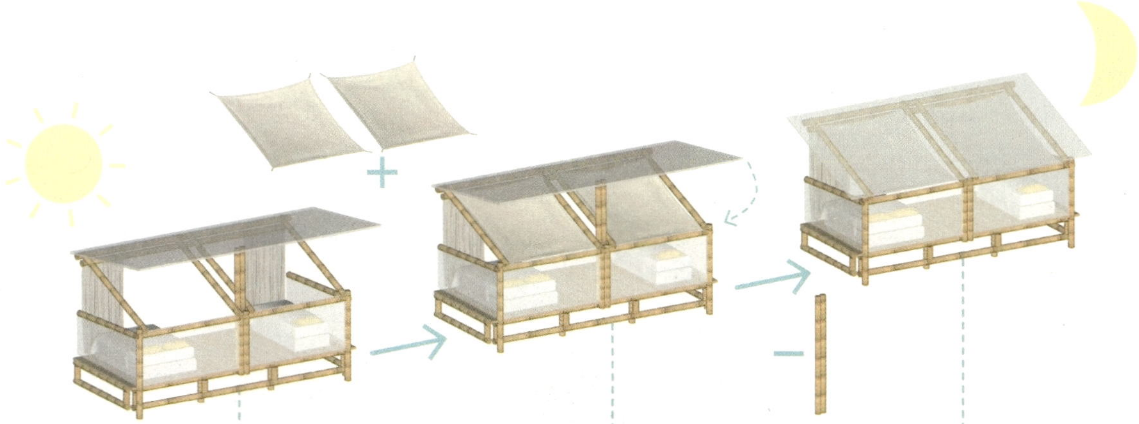

瞭望台效果图

瞭望台效果图

《历耘坞》

江苏海事职业技术学院
指导老师：沈琦、王丽莉
小组成员：陈婧、黄晨、徐秀芹、季逸璠、吴天昊

开发模式

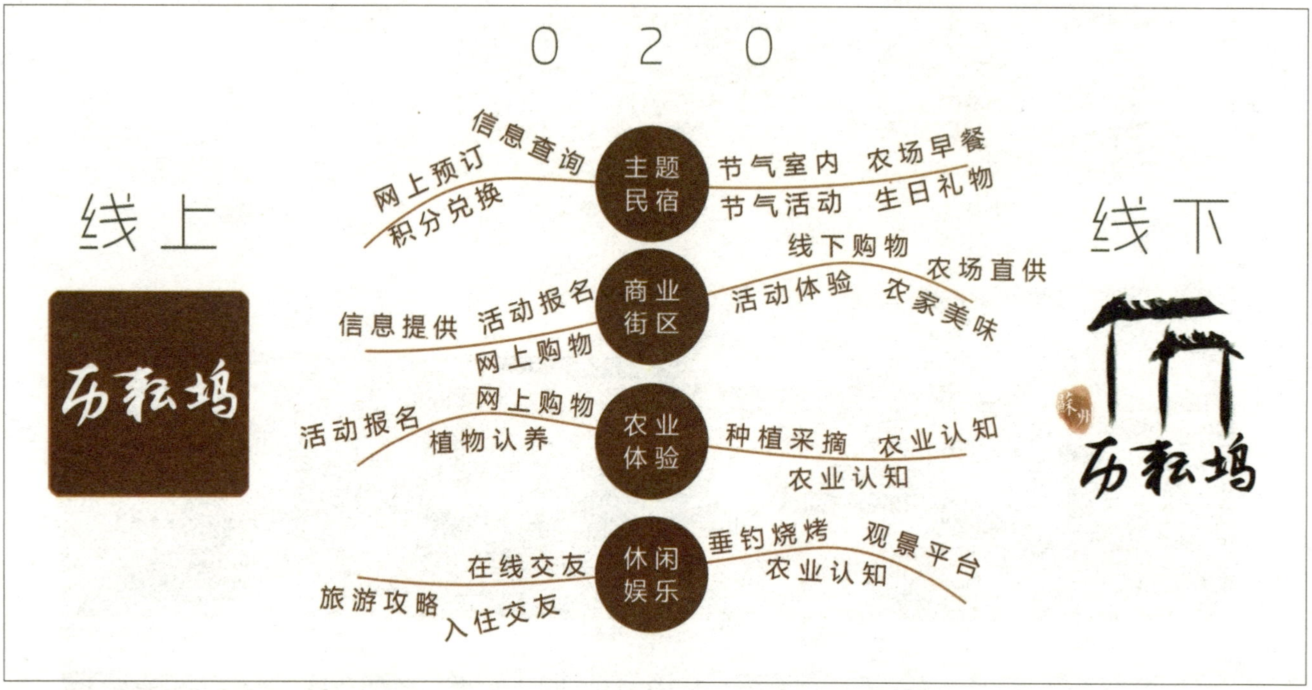

概念说明

坞

方离柳坞，出花房。——《红楼梦》

四边如屏的花木深处，或者是水边停船或修造船只的地方，常指水乡。

耘

勉哉耘其业，以待岁晚收。——唐朝韩愈《送刘师服》

常指农耕之事，还比喻辛勤劳动。如若希望得到回报，必定要付出辛勤的劳动。

历

历，过也。从止，声。——《说文》

农历史中国汉族传统历法，农历二十四节气更是古代汉族农业文明的具体表现，具有很高的农业历史文化研究价值。

LOGO 设计说明：LOGO 提取了苏州古建筑形式，以水墨的表现手法构成了“历”字，参照篆刻的形式标注了历耘坞的地点—苏州。整体设计古色古香，富有苏州江南水乡的韵味。

主题民宿　商业街区　农业体验　休闲娱乐

平面图

A 民宿区

1. 历耘坞民宿
2. 历耘坞码头
3. 桂花大道
4. 人行步道

B 商业区

5. 历耘坞茶楼
6. 历耘坞桂花糕点店
7. 历耕坞桂花香包体验店
8. 历耕坞核雕体验店
9. 历耕坞菜馆
10. 历耕坞桂花酒庄

C 休闲区

历耘坞采摘园

儿童游乐区

历耘坞桂花蜜坊

历耘坞观景台

历耘坞垂钓点

D 区

历耘坞体验菜园

历耘坞体验农田

森林氧吧

设计布局

交通流线布局

Traffic partition plan

景观节点布局

Landscape nodesdistribution Layout

功能分区布局

Functional divisionlayout

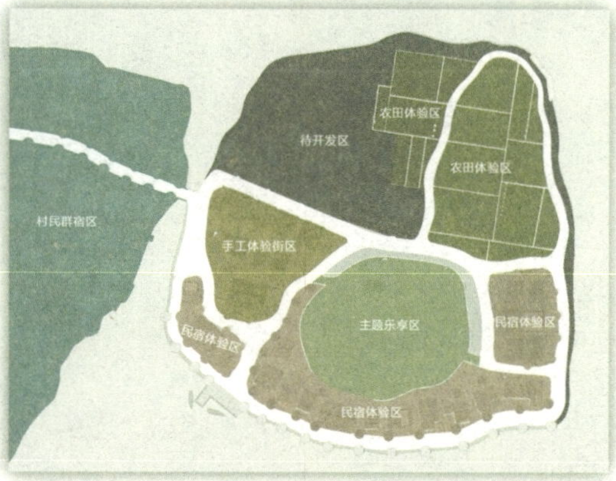

建筑布局

Architectural Composition

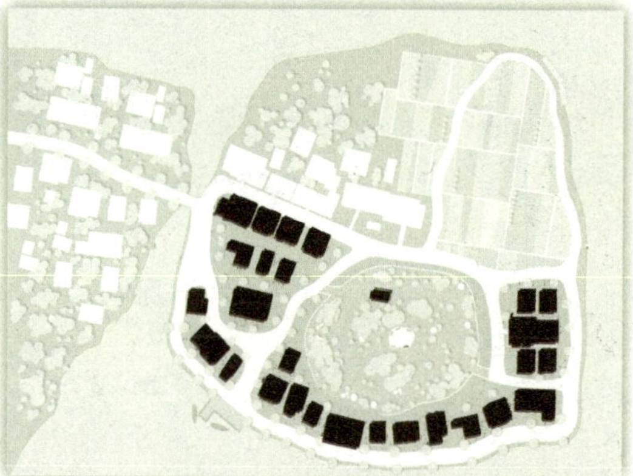

室内设计

历耘坞主题文化民宿共有 24 间主题房间，名称按照二十四节气设置，24 间房间全部傍水而建，开窗可观看四季水岸美景，房间内部根据二十四节气所处的时间不同而进行设计，提取二十四节气的气候与生态特点，将房间布置与节气相结合；另外，节气当日入住节气房间，可获得组织节气活动的权利，可邀请邻居一同参加，共同娱乐。

全年活动

桂花节活动策划

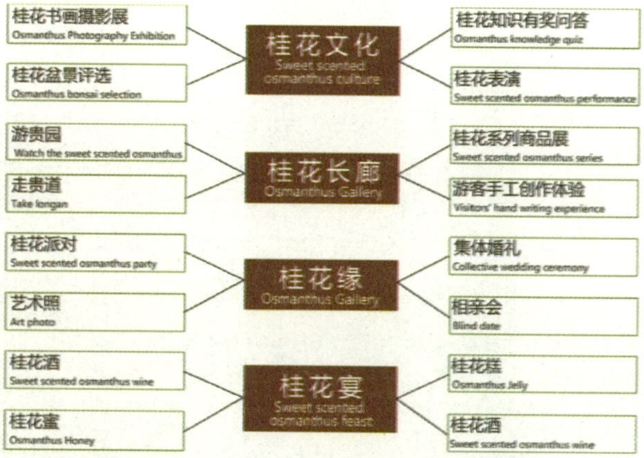

盈利模式

模式	内容	适用项目
主营经营盈利	通过经营各子项目，销售各子项目的主要产品获得营业收入	自建自营项目
产权让出盈利	将项目分割成一定单元，将每个单元出让给不同客户，尽快收回项目投资成本，同时又可通过单元项目的集中管理收回管理费用来获得经济效益	自建出售项目
租金收益盈利	奖项目分割成一定单元，或整体租给若干商户，收取租金及管理费来获得经济效益	自建他营项目
合作分红盈利	以土地入股、共同出资或承包开发的方式引入二级开发商进行项目开发	合作开发项目
社会公益盈利	投资建设部分公益项目，为社会大众服务，营造整体环境并带来社会口碑效益	广场、景观带等非盈利但外部效益大的项目

分区	序号	重点产品	子产品	盈利模式
民宿体验区	1	历耘坞沿湖民宿	二十四节气民宿房	主营经营盈利
			特色早餐	
	2	桂花大道	观赏桂花	社会公益盈利
	3	人行步道	散步休憩	
	4	游客接待中心	服务中心	
	5	观景区	观景平台	
手工体验街区	6	雕刻体验	雕刻、木雕制作	租金收益盈利
			雕刻、木雕售卖	
			雕刻、木雕课堂	
	7	桂花糕	桂花糕 DIY	
			桂花糕礼盒	
	8	桂花香包	桂花香包 DIY	
		桂花蜜	桂花蜜酿造	
			桂花蜜售卖	
			副食品制作	
	9	桂花酒庄	桂花酒	合作分红盈利
主题游乐体验区	10	公共药浴池	洗浴门票	租金收益盈利
	11	特色餐厅	农家菜	合作分红盈利
	12	乐享采摘园	果树种植	租金收益盈利
	13		果树采摘	
	14	儿童游乐区	童话屋	
		森林氧吧	呼吸新鲜空气	主营经营收益盈利
	15	生态菜园	摘菜	
	16	欢乐农田	耕作体验中心	
	17	悠然垂钓	渔具租赁	
	18	游湖小船	游船租赁	
	19	线上农产品营销	桂花系列	
互联网营销	20	手工纪念品定制	木雕、雕刻	主营经营收益盈利
	21	民宿预定	二十四节气民宿房	
	22	开捕节	渔业活动	
节事活动	23	桂花节	观赏桂花	

沿水名宿，风景优美
桂花大道，景色怡人
山峦迭起，福地洞天
太湖之滨，渔产丰富

乌瞰图
Aerial view

树林茂密，纳凉避暑
观景平台，一览无余
儿童娱乐场所，丰富游客体验

移树入池，节约空间
餐饮服务，填补空缺
道路蜿蜒，移步换景
空间扩大，满足游客所需

供应
蘑菇
Mushroom
桃花
Peach blossom
茄子
Eggplant
百合花
Lily
萝卜
Turnip
葡萄
Grape
油菜花
Cole flowers
垂钓
Angle for fish
鱼
Fish
大闸蟹
Hairy crab
虾
Shrimp
休闲垂钓区，惬意生活
Leisure fishing area, comfortable life.
农产品种类丰富，天然生态无污染
黄瓜
Cucumber
芹菜
Forest
西瓜
Watermelon
水稻
Paddy
大蒜

《西崦湖上鳖驮岛》

浙江工业大学之江学院建筑学院
指导老师：冯静
小组成员：孟桂敏、李钰瑶、屠佳伟、蒋烨坤

民宿运营建设——建立民宿俱乐部

①化零为整。

各“主人”们通过俱乐部平台互相沟通交流，促进民宿的管理发展。由俱乐部统一监督管理各“主人”的服务质量。

②扩展影响力。

民宿俱乐部既可作为“主人”的管理平台，又可作为对外的宣传平台，对外竖立民宿大品牌，通过互联网或旅行社扩大浮庙墩民宿的影响。

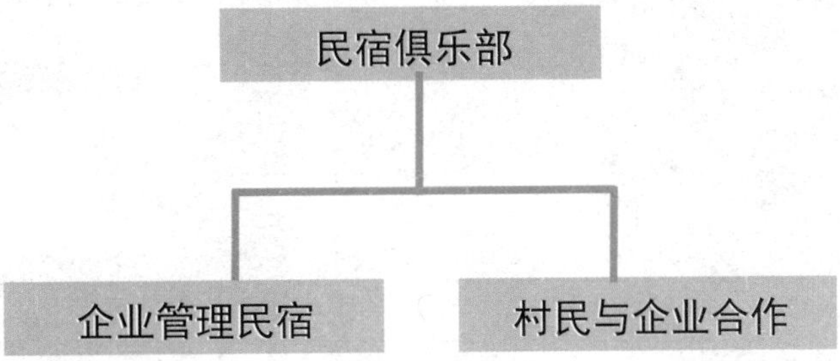

民宿建设——基于民居改造

①依托原有建筑特色改造，所有客房均在老房的基础上装修改造而成，原先的砖墙以及具有特色的门头得以保留。

②内部改造。

主要改造卫生间和厨房，融合当地建筑特色与现代化的室内设计，提升入住舒适度。许多老物件被保留，这样既具备了城市酒店的干净、整洁、舒适，又不失原本的乡舍韵味，形成了浮庙墩自己的特色。

发展特色农业

①发展绿色农业。依托当地独特的地理位置和环境优势，开发独有的有机农业产业。或基于有机农业产业，为游客提供采摘的乐趣。

②开发雕塑工艺。开展雕塑的学习体验活动，或工匠表演式制作，形成有买有卖工艺品的和谐氛围。这在一定程度上保证了雕塑工艺的延续，又给游客带来乡村原味。

③发展艺术特色。引入画家写生，开展工作室等，让艺术也成为浮庙墩一道美丽的风景线。

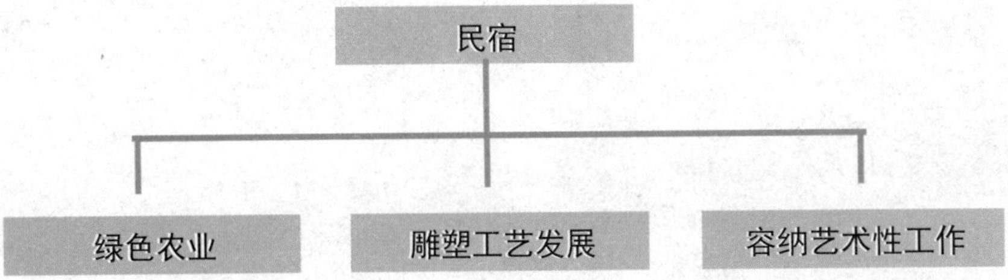

广场节点

1. 进入小岛设置广场，作为游客的休闲空间。
2. 码头设置小广场，营造入口氛围。

创作工作室及民宿

在小岛的北面，利用原有基地建筑，布置包含工作室的民宿或工作室，创造艺术的天堂。

原居民住宅改建

保留大部分原居民的住宅，进行立面改造或保留结构进行改造，进行可持续民宿建设。

沿湖居民及休闲商业

在小岛的南面，拥有极好的景观，布置休闲商业以及民宿两个人流密度少的空间，充分利用景观。

乡村绿地

村庄内将绿地分布于建筑院落内，公建绿地布置较少。在小岛上着重布置山坡和沿湖岸的绿化。

沿湖民宿及休闲商业

主要功能：利用沿湖景观，创造休闲和民宿一体的空间。

改建一

民宿和休闲垂直分布，敞开一层。

贯通一层空间，利用庭院或房屋，打造茶吧或酒吧等休闲空间。二层做民宿。

优势：最大化借用山坡景观和沿湖景观。

改建二

建筑围绕道路形成围合空间。

在路网的处理上，趋向于让每一条路变成小巷子路，提高人行于其中的舒适度。通过建筑的围合缩小人在道路上的视野范围，使人享有悠悠小巷的空间感受。

民宿单体设计

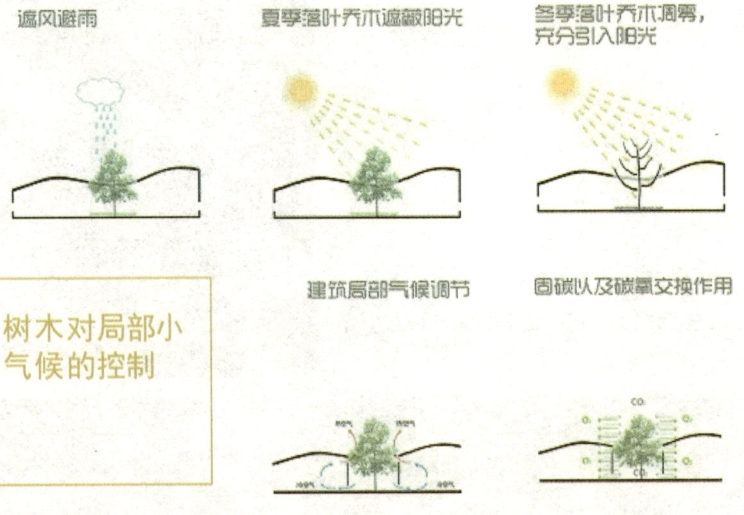

树木对局部小气候的控制

设计构思——绿色延伸策略

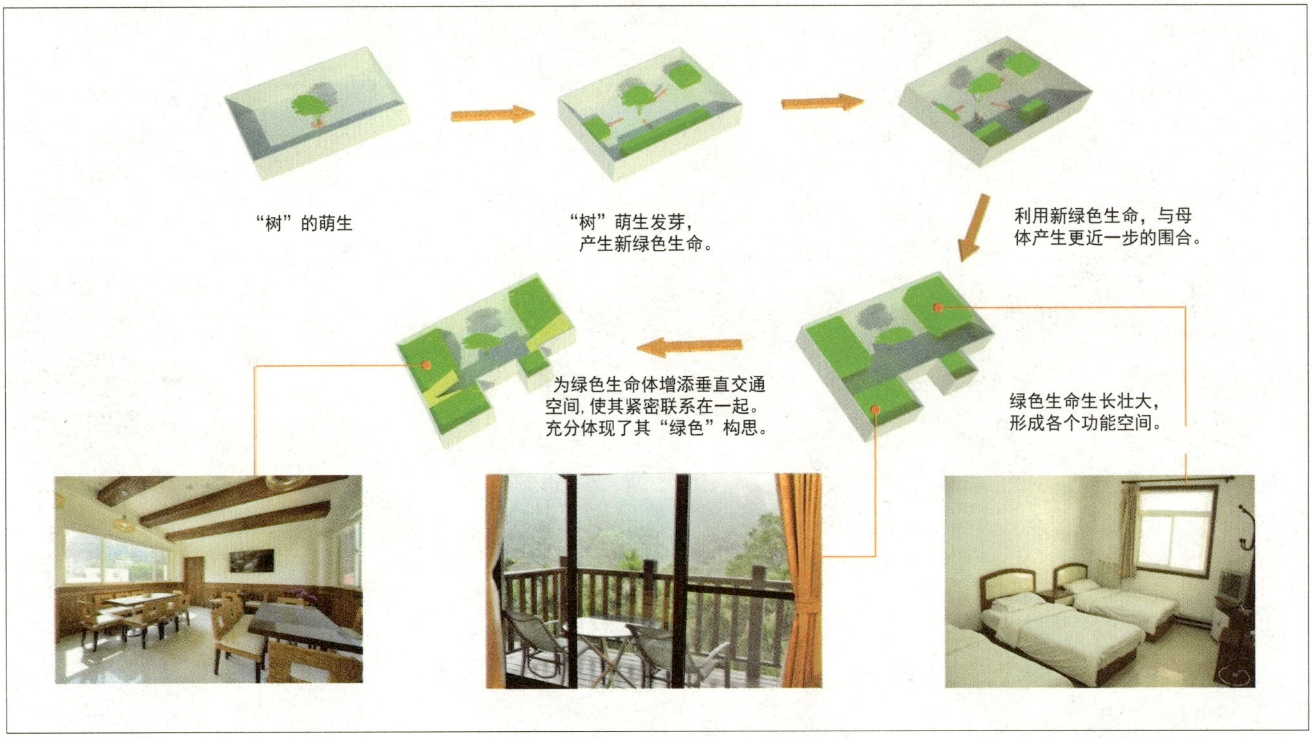

①建筑在空间处理上，多采用挑出露台的手法。无论是在自己的庭院还是二楼的露台，都能与村庄的环境形成一定的视线交流和景观渗透。庭院与建筑通过平台联系，形成灰空间。

②渗透到地下，垂直空间变得丰富，即地下 1.000 m、地上 0.000 m、二楼 3.000 m。空间之间各有视线交流。

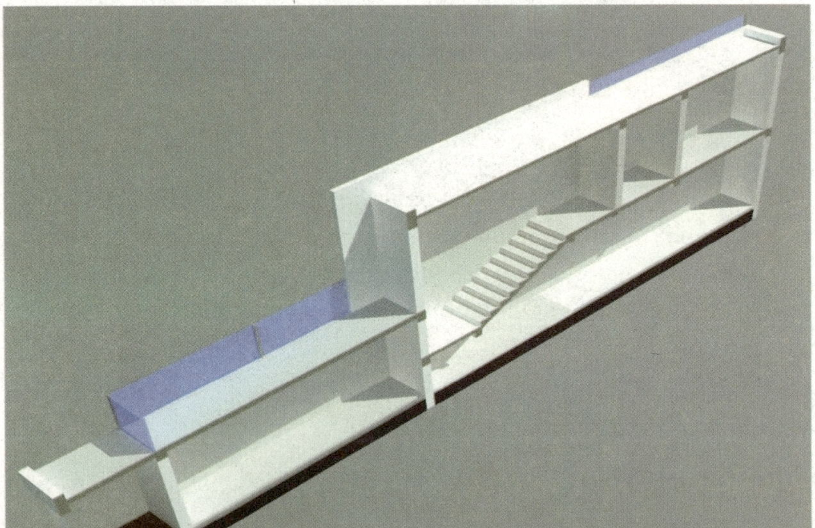

《在水一方》

南京铁道职业技术学院
指导老师：冯静
小组成员：牛艳玲、王刚、刘敏、周雨秋、荣郑

发展定位

主题特色

以观赏花木和滨水特色为核心的生态美丽乡村。

形象展示

以新苏式景观和生活为风貌的江南水乡。

产业植入

产业链完整多种行业紧密融合的创意民俗文化。

旅游定位

极具水乡特色且各种民俗文化融合的心灵栖居。

产业植入带动乡村发展，丘陵盆湖引导乡村布局，营销策略促进乡村建设；

将影响整体空间结构的建筑拆掉，对保存的破旧建筑进行修缮；

交通规划在现状基础上梳理整合，有所区分，又各具水乡特色；

将新增水系融入乡村肌理中，增强水乡特色；

在原有的临水建筑的基础上，通过院落围合，引入非完全隔断式的庭院设计。充分发挥临水的景观优势，打造极具丘陵盆湖特色的民宿。

受众人群分析

单体民宿设计

建筑上

设计风格上，保持原有乡土建筑风貌，利用当地建材和毛石、竹材等，塑造新苏式水乡民宿风格。

功能划分上

在原有建筑格局上进行修缮，建筑内部为卧室区，外加廊道起到过渡兼休憩的作用，采用竹材隔断，虚实结合、光影交错。外设亭子作为户外客厅，合理分区，且亲近水面，发挥滨水特色和优势。

景观上

利用非完全隔断式的庭院设计，力求天然朴拙雕饰，突出乡村景观特质。保留场地内原有大树。民宿经由水上栈道沿院墙转折进入，临水围墙高度为 1.4 m，保持滨水景观特色。

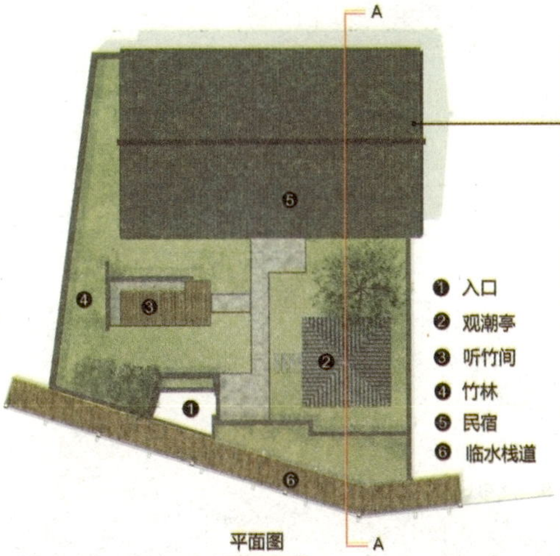

平面图

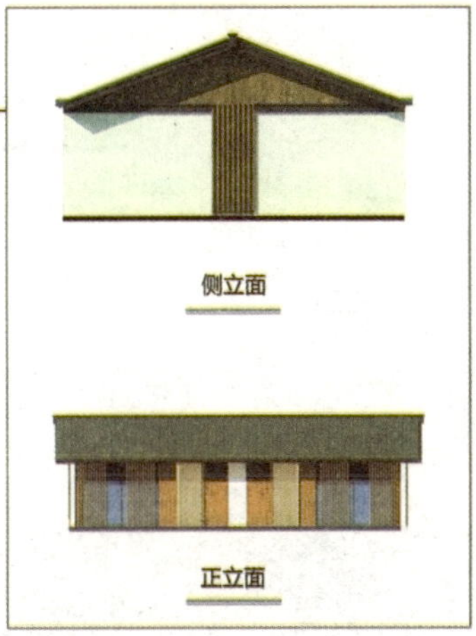

A-A 剖面

室内设计风格简约、舒适、质朴，材料以温暖的木制和布艺为主，色彩搭配素雅、清新。

功能上建筑内部为卧室区域，廊道为休憩区域，亭子为户外起居区。

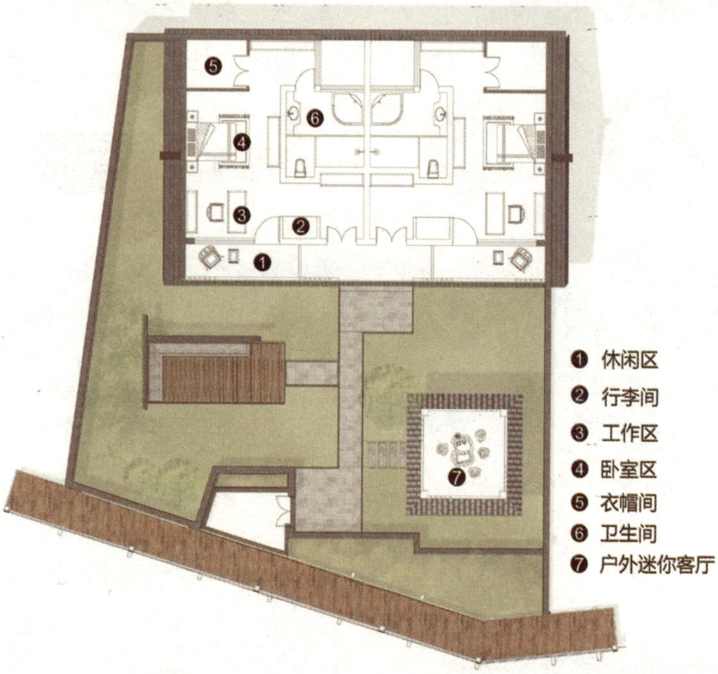

单体民宿室内设计

民宿临水界面

最大化发挥浮庙敦丘陵盆湖优势，打造新苏式水乡特色民宿。

半岛临水界面

利用苏式风格廊、亭结合绿化，形成连续且富于变化的界面。

《鱼水情，田园梦》

苏州工业园区零点营造设计有限公司
小组成员：周卫、周一闻、周叶、朱桅玮

浮庙墩 / 总平面规划图

设计构思要点

封闭—开放

浮庙墩陆路交通不便，拟在南面中部设置双码头方便游客进出。改建原有村民活动室为游客中心兼茶室，现场林地茂密，拟在南部码头及东部打开视线走廊。

保留

保留浮庙墩现有的建筑格局，严格控制新建建筑（红线部分）体量，将临湖民居改造为民宿，依据地势增加集市、戏台、集会小广场。

延续

浮庙墩民风淳朴，原住居民大多为渔民。湖鲜美味、田园风光、特色民宿是吸引游客的重要因素。

田园

营造田园风情，体现淳朴民风，临湖而居，纵享湖鲜美食、特色民宿、林中木屋、个性营地体验是本案主要的设计目标。

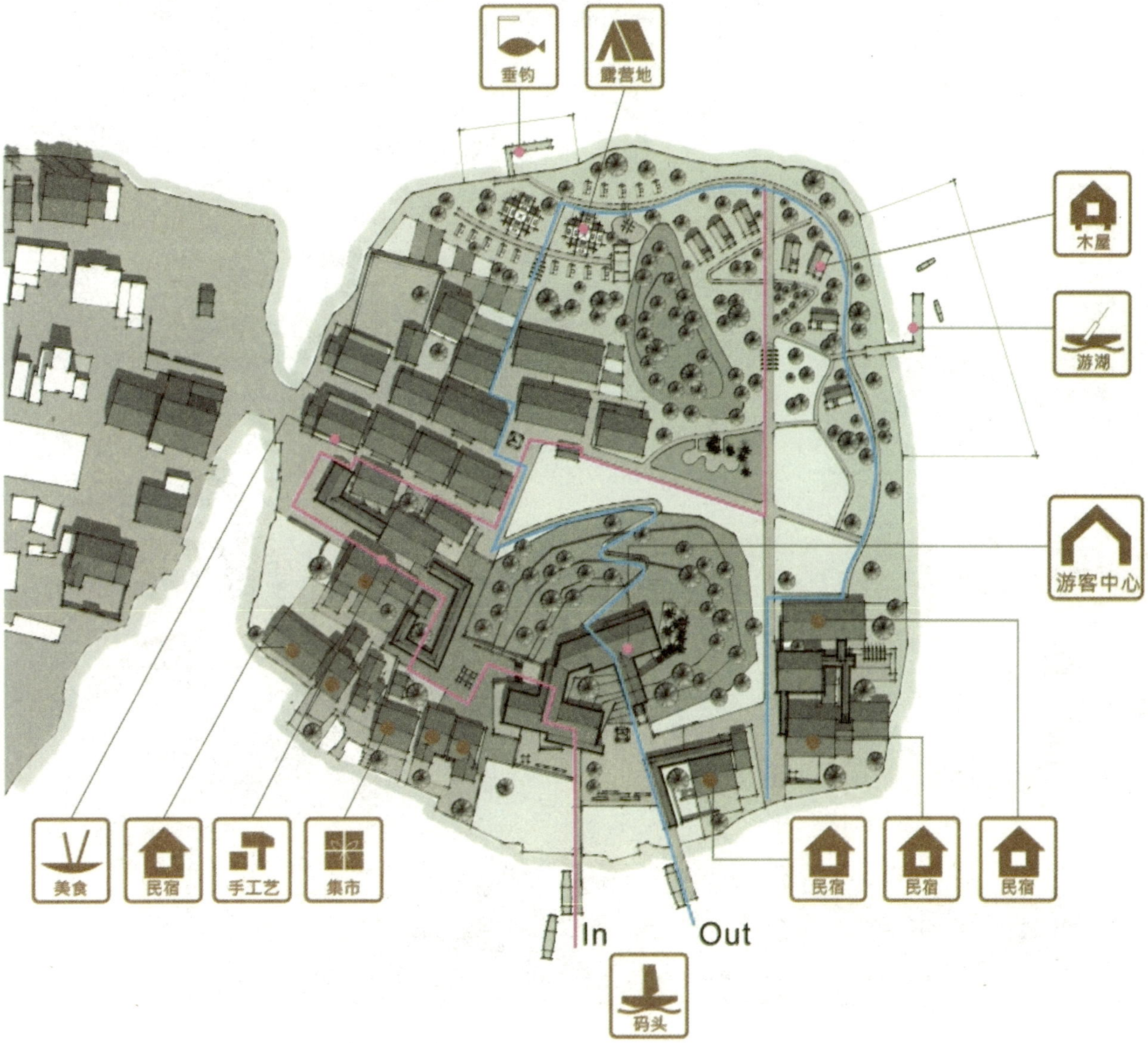

Plan
浮庙墩
花田渡口

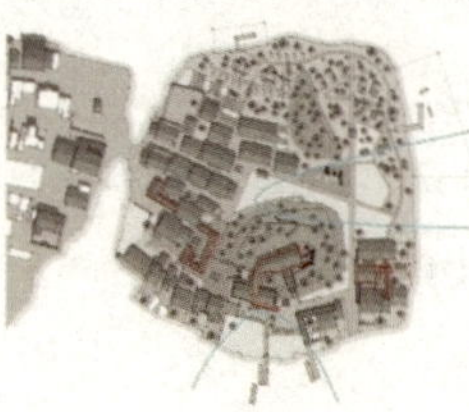

打开视线走廊/基地现状卫星照片

【改造后的浮庙敦码头和游客中心】油菜花田/码头/广场/古树/民宿

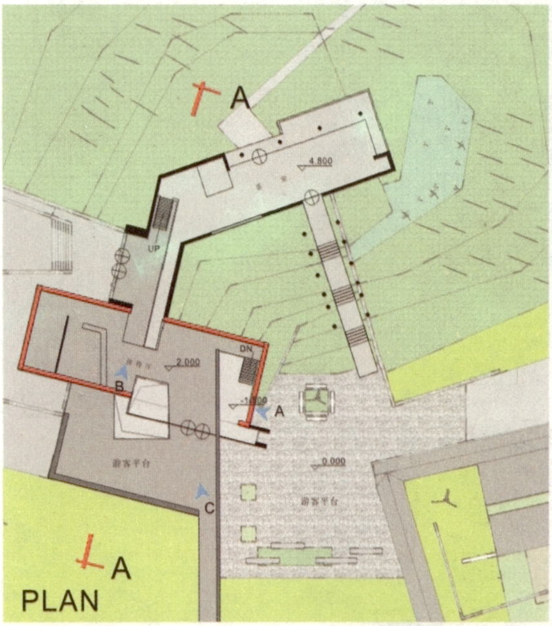

现有民宅
增建/改建部分

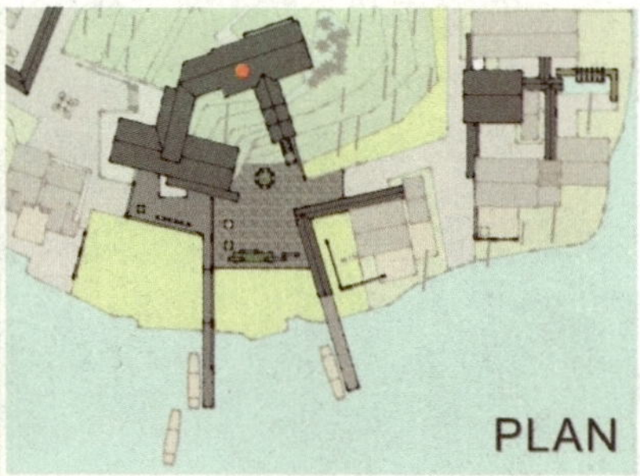

游客中心

Plan
浮庙墩
游客中心/茶室

在原有建筑（红线部分）进行加建的游客中心兼顾游客服务/交通组织/休闲茶室/景观构建的多种用途。

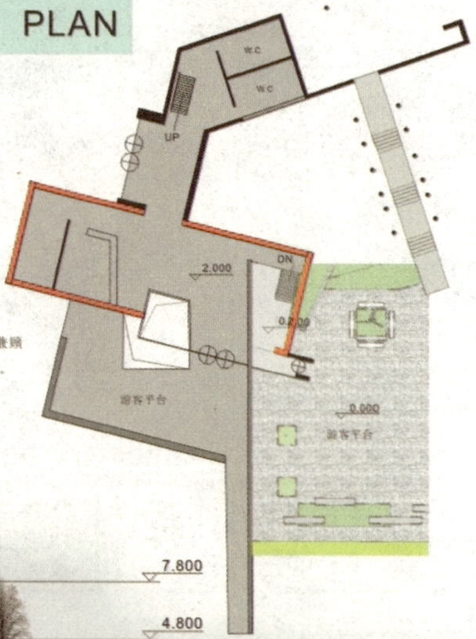

A–A section

游客中心

Plan

浮庙墩

游客中心/茶室

【南立面与西南鸟瞰图】

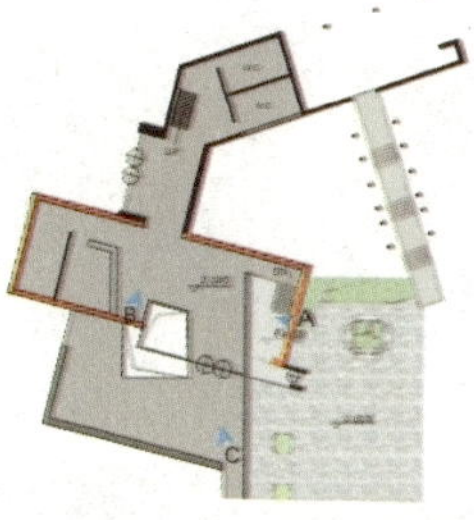

Plan

浮庙墩

游客中心/茶室

游客中心

C perspective

B perspective

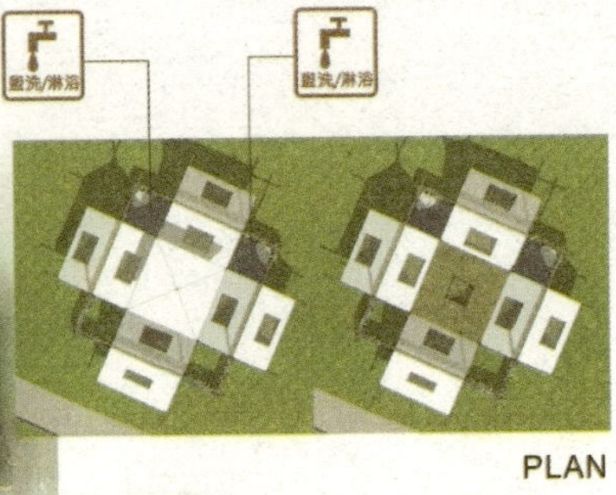

露营地

悬浮帐篷营地结构轻巧，便于搭建，有效避免了着地帐篷的潮湿，适合多个家庭租用。

Plan

浮庙墩

露营营地/悬浮帐篷营地【原创设计】

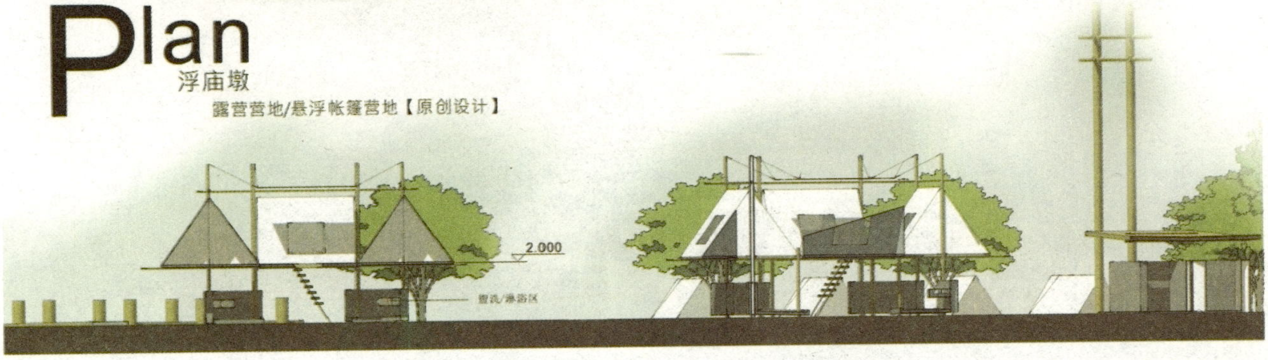

Plan

浮庙墩 民宿

【民宿改建部分室内空间透视图】

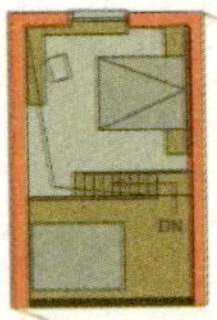

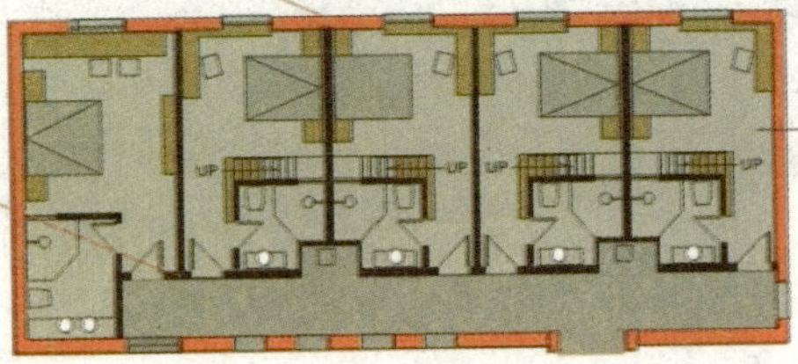

家庭客房

利用原有民宿的空间高度改建成的家庭复式房

Plan 浮庙墩 民宿

【民宿加建部分室内空间透视图】

《泯素》

苏州大学金螳螂建筑学院
指导老师：徐莹
小组成员：王雅玲、唐玉婷

设计说明

“泯素”取“民宿”的谐音，即在本质的朴素中消没。

都市的车马声嚣足以压得人喘不过气来，为了生活人们戴上不同的面具，或多或少地向与本心相悖的方向驶去，“泯素”的设计希望游客能在享有现代功能的同时，回归质朴，重拾初心，拥抱自然。

村居和旧物

文化和意境

原生肌理与现代氛围

场地位于苏州光福古镇，具有浓郁的人文气息，基地包括大堂、餐饮空间和 6 个带庭院的客房。民宿要注重乡村原生肌理，因此只在原有的建筑上做翻新。设计中充分采用当地材料和地方元素，营造一种新中式的现代舒适氛围。

室内以当地著名的昆曲、雕刻、吴派山水画以及村民生活为设计元素，提取了昆曲中的长袖、折扇、发型、头饰等元素，采用了雕刻的多种形式以及吴派山水的意境，为使用者创造一个古朴而高雅的环境。

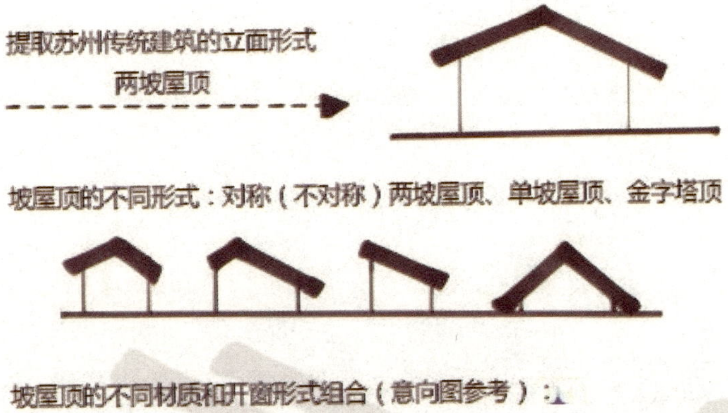

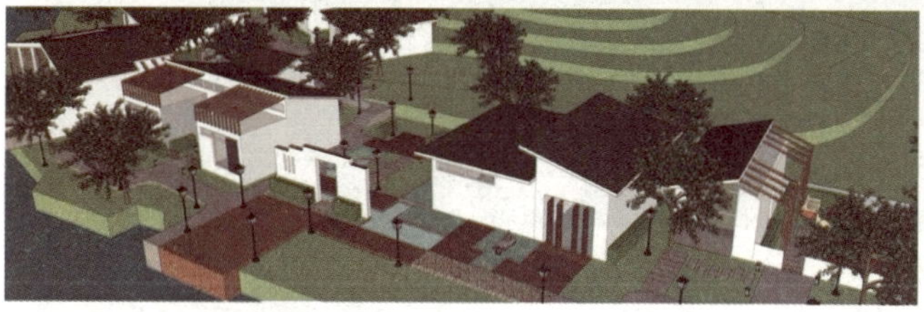

客房概念一：昆曲

良辰美景奈何天，伤心乐事谁家院

朝飞暮卷，云霞翠轩，雨丝风片，烟波画船，锦屏人忒看的这韶光贱

元素提取

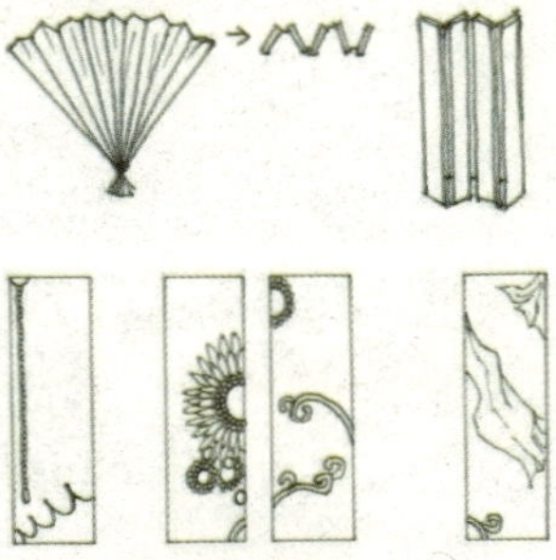

起居空间与卧室之间的隔断采用镂空的屏风。屏风由昆曲中的折扇演变而来。

屏风上的布艺纹理采用了昆曲花旦的发髻、发饰、衣服上的图案以及长袖的形式。

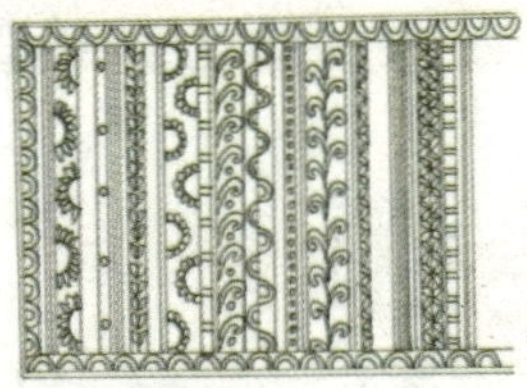

地毯布艺同样运用墙面布艺的元素

（走道格栅）

材质

客房以吴门画派山水画的意境为主题，木质格栅使用曲线造型，体现苏州山水的柔美韵律。旁边的洗手台中，灯具采用当地的芦席编制。墙面运用瓦片、木条的装饰。

整体规划

OVERALL LAYOUT

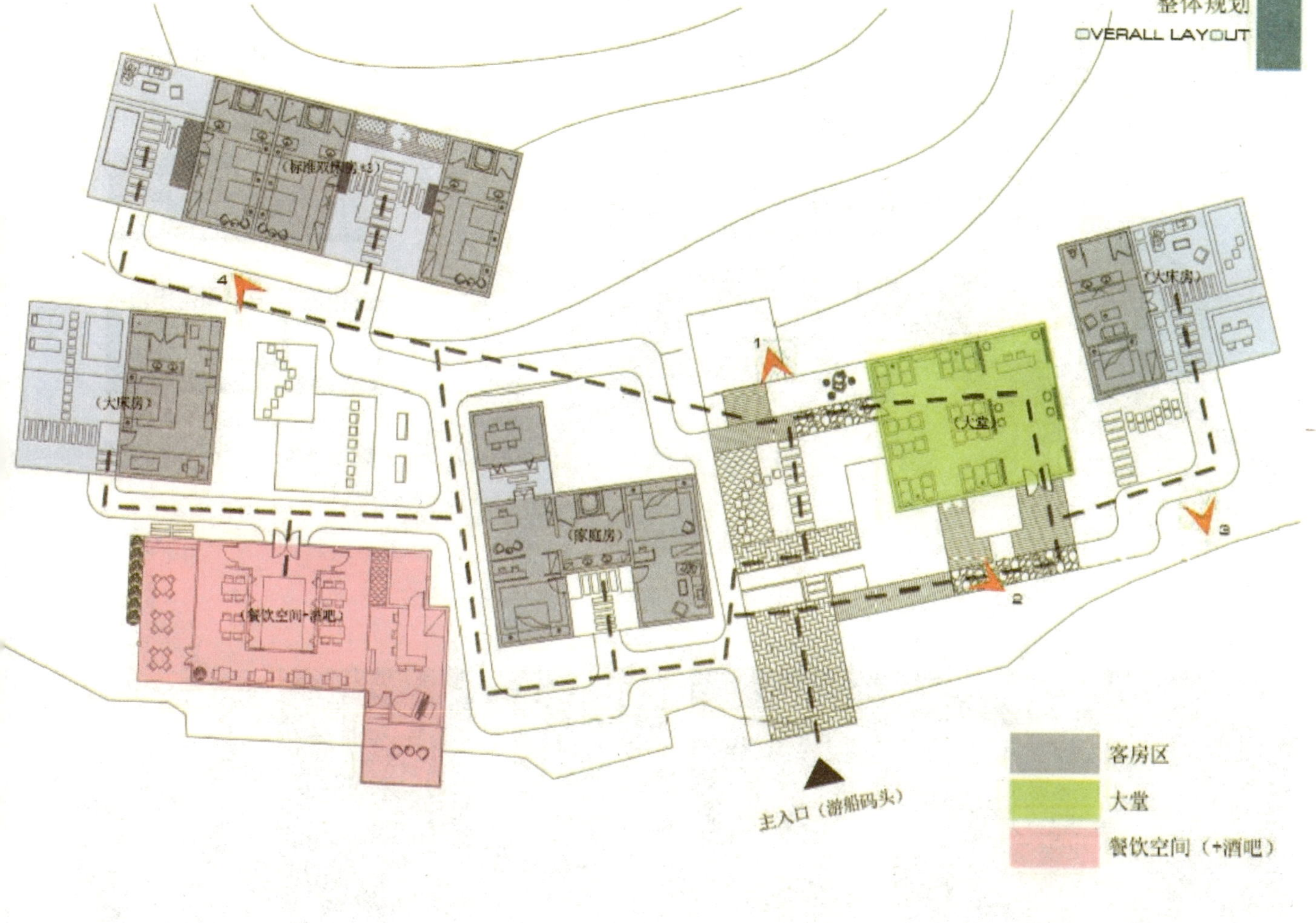

色调

框架采用原木制作，墙面的背景色调取自石墙，素净淡雅，体现山水主题的意境，让人们能够保持心境的平和，享受山水秀丽的氛围。沙发采用深木色调，茶几则使用石材制作，强调整体色调的和谐。

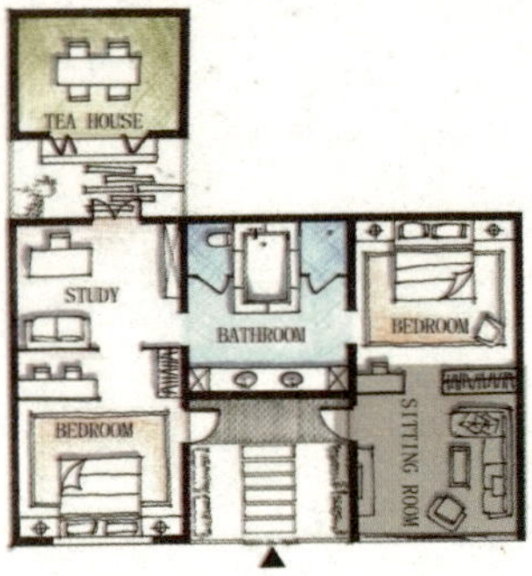

（客厅）

客厅背景形式

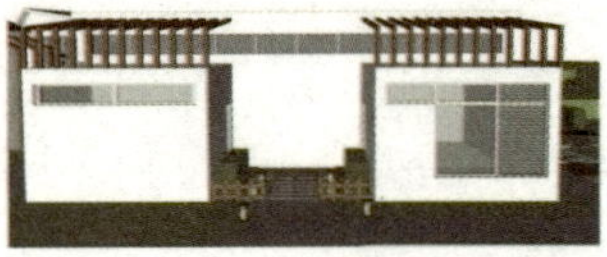

由于立面采用木质格栅的形式，因此将其运用在客厅的立面设计上。

客房概念四：村居旧物

悠悠小巷深几许，至今故老言犹忆

家总要成，钱总要挣，奔走红尘，莫忘曾经是书生

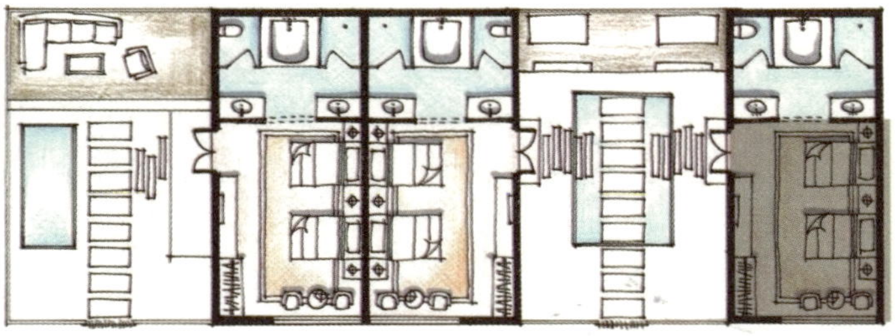

房间内的装饰大多采用当地的原材料，比如芦席、草席、木材、藤编、棉麻等，提倡回归自然的生活品质。离开都市的喧嚣后，人们能够在这里体会到返璞归真的感觉。

（墙面背景）

灯具

《居·趣》

广州粤商旅游规划管理咨询有限公司
小组成员：杨思智、杨一梵、张锦然

寄情山水，共享太湖旅游圈

新型目的地

民宿 + 渔宿 + 露营

设计说明

以太湖旅游圈为背景，寄情于古村、山水、文化，将浮庙墩打造成太湖旅游圈景区配套。设计以居住、文化、饮食为主线，利用原有民居，在对原有建筑、景观规划不做大改动的前提下，选出景观视线优美的房屋片区，经过对周边景观的优化、室内的再设计，充分提升精品民宿的居住体验。

渔宿——依据对周边环境的分析、优化以及文化的理解，而提出的一种新型的民宿居住方式，以体验性为主。

经过对消费者以及消费人群的分析，年轻人和亲子家庭是当前生态旅游的主力军，为此设计了适合年轻人聚会、亲子游的环湖露营以及汽车营地。

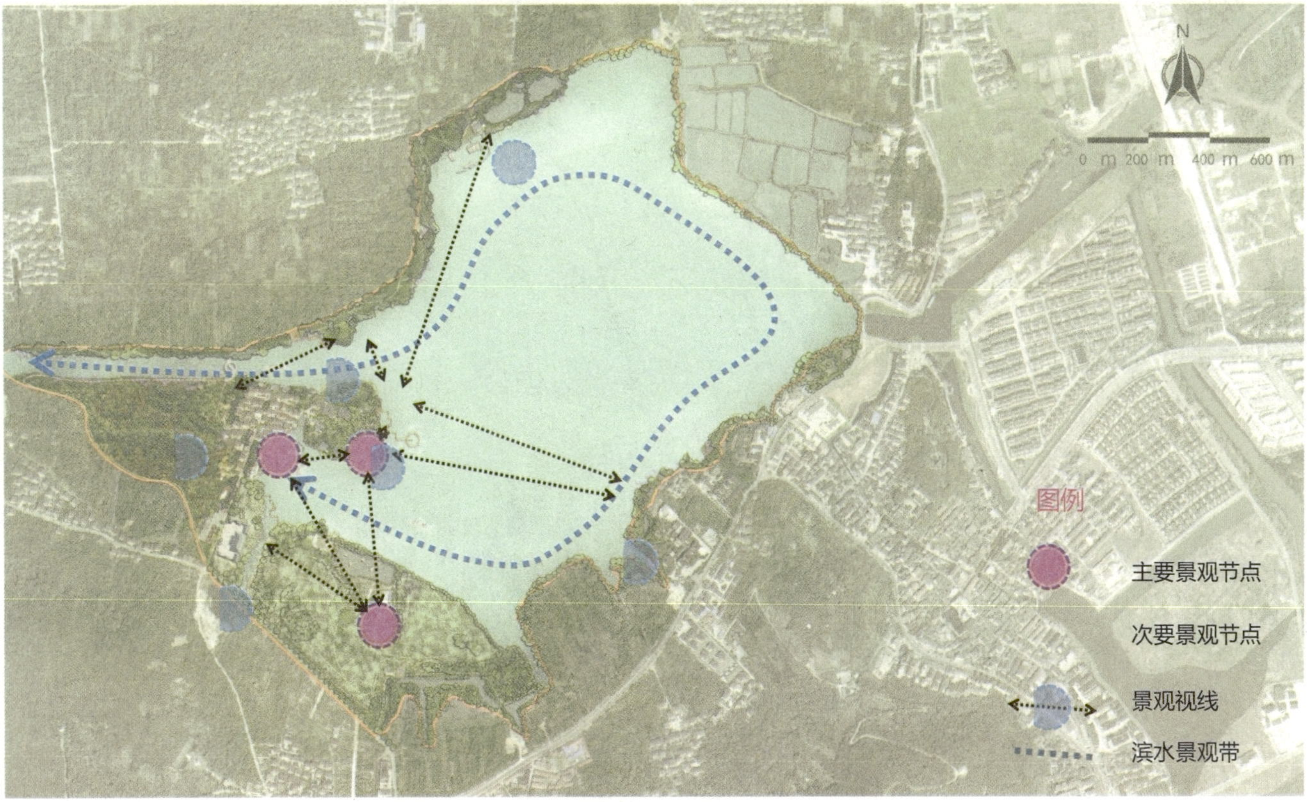

N
0
200
400
600
1. 集散码头
2. 次游客中心
3. 生态停车场
4. 桂花园
5. 手工艺品 DIY 区
6. 民宿区
7. 垂钓区
8. 渔宿区
9. 环湖露营
10. 汽车营地

夜景效果图
Landscape night
scene rendering

《瓦园》

苏州大学金螳螂建筑学院
指导老师：徐莹
小组成员： 覃程昵、李罗超

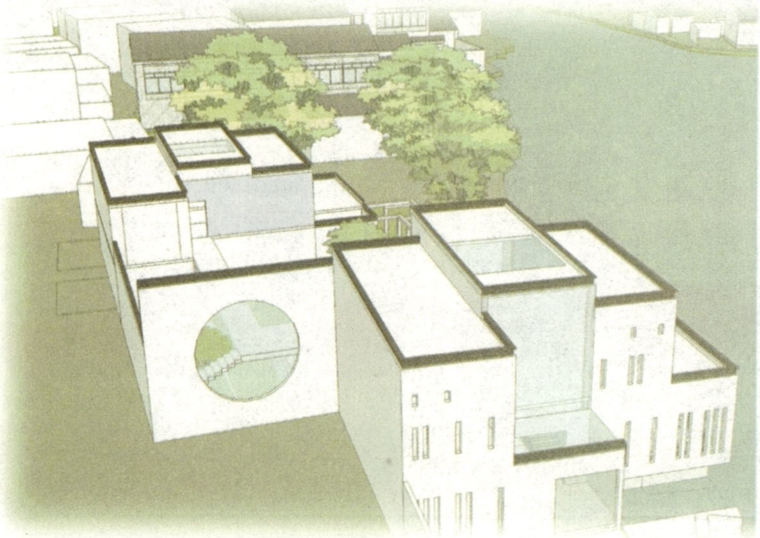

设计说明

“瓦园”，即瓦的园子。设计运用“瓦”元素进行组合构成，将“瓦”融入整个建筑、景观和室内设计当中。

打破传统的坡屋顶形式，改造成平屋顶，拆下来的瓦片被保留再利用，让瓦片的价值不只限于屋顶。同时内部环绕流线加强“园”的形式，人行其中可以体会到“游”“瓦”“园”的乐趣。

设计要素

“瓦”为设计要素，运用瓦片的形态、颜色、质地以及相互组合的图案形式来设计建筑本身以及装饰室内。

“瓦”就像苏州给人的印象，朴素、亲切、传统，经过现代的构图方式和手法，完全可以充满现代的气息。

瓦片利用

瓦片既可以作为建筑外立面装饰，亦可以用于地板拼花、室外草地与石板分隔，还可根据曲线造型设计成工艺凳子。

瓦在室内堆叠成为壁龛摆件

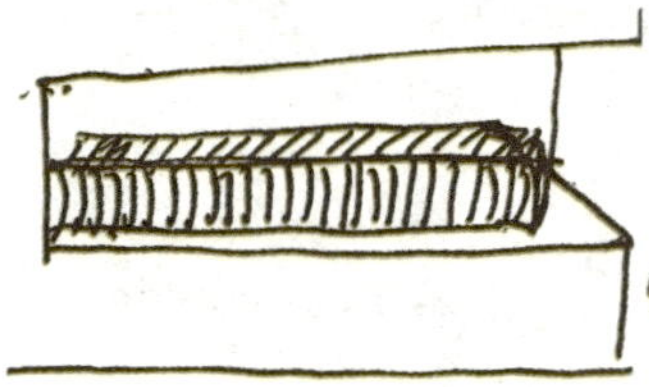

瓦作为室内墙壁上悬挂的托物架

瓦用作吊灯的灯罩

在瓦片上进行绘画

构思过程

从剖面考虑空间关系，结合庭院的初步构思得出总平面图；根据对室内空间的思考以及平面分区的排布，楼梯位于建筑中心区域，考虑将建筑原有的坡屋顶改为平屋顶，在此基础上结合庭院流线设计得出总平面图。

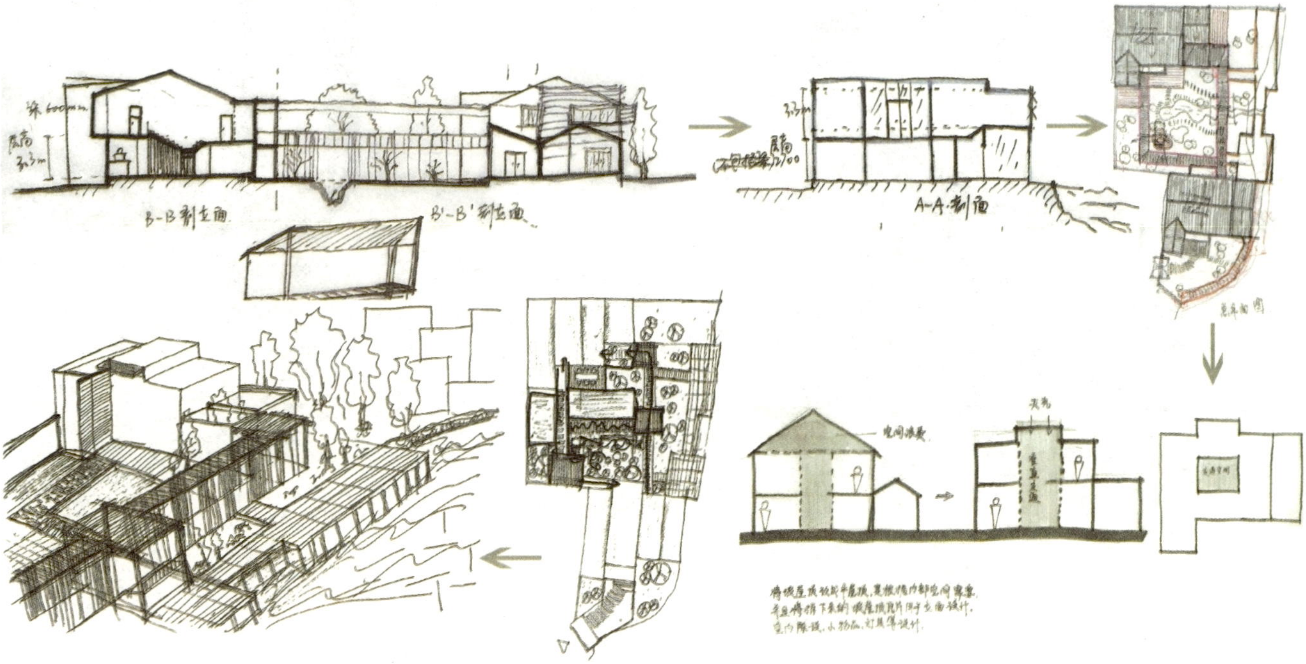

总平面图
GENERAL LAYOUT PLAN

最终立面

FINAL BUILDING ELEVATION

建筑外立面由白墙、黑檐、疏密变化的长条形窗构成，内部公共区域由挂瓦限定。

最终立面

FINAL BUILDING ELEVATION

沿湖立面

客房平面

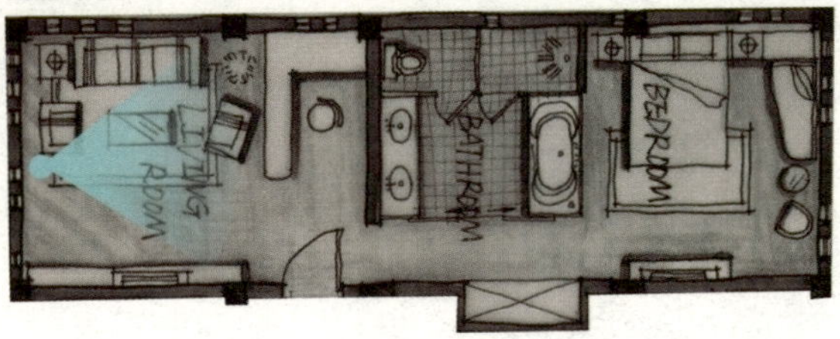

客房概念一

GUEST ROOM CONCEPT

房间位于一二栋西侧，呈长条状，以裸露混凝土为顶，木板为地，烘托自然白墙与浅色沙发以天蓝抱枕点缀，营造休闲氛围。

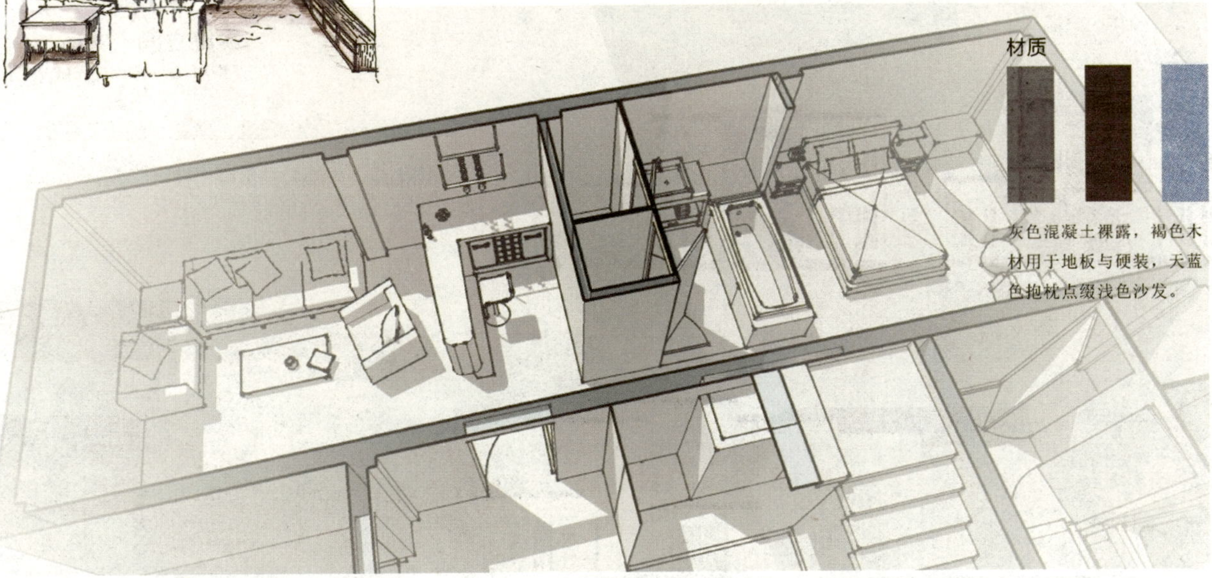

材质

灰色混凝土裸露，褐色木材用于地板与硬装，天蓝色抱枕点缀浅色沙发。

咖啡吧平面

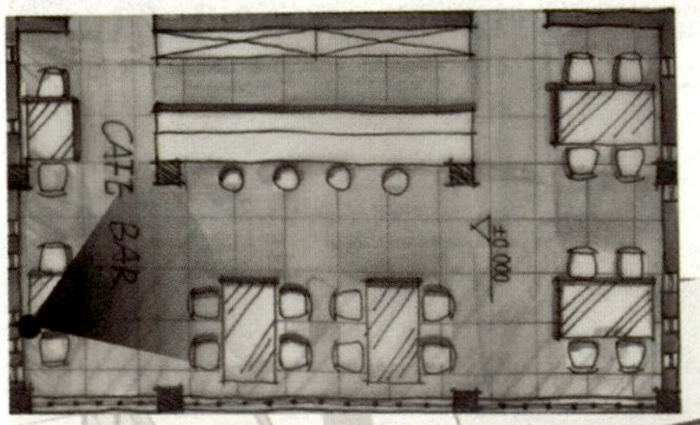

咖啡吧概念

COFFEE BAR CONCEPT

作为共享空间，咖啡吧以灰色涂料为吊顶，木质地板与硬装使空间呈现自然和谐的氛围，瓦片用于堆叠、小景观盛装，与立面光影结合，大理石吧台为整体空间增添一抹沉稳。

材质

木质地板与家具以四周白墙与灰色涂料吊顶为背景营造自然氛围，大理石吧台与家具中点缀的瓦片装饰增添一分意趣。

室外
OUTDOOR

瓦　　利用瓦向两边翘起的曲线造型，做成室外庭院的开敞休闲座椅。

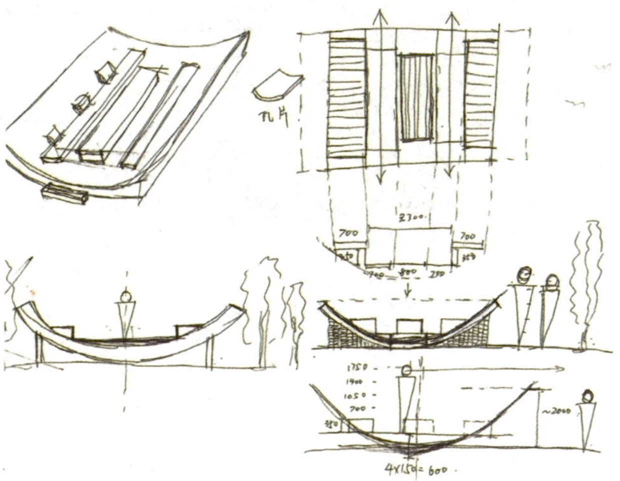

《枕水·绕岸·栖田》

西安理工大学
指导老师：李琰君、薛小杰、薛艳敏、李皓
小组成员：贾果、崔雨心、郑福梁、黄彦如

规划理念

核心　支撑　基础

核心（赢利点）　民宿+文创

支撑（配套点）　休闲农业

基础（资源点）　乡村土地

特色民宿

餐饮空间

采摘

农业科普

苗圃地

湖

文化庙宇

非物质文化

循环农业

农业体验

林地

民居

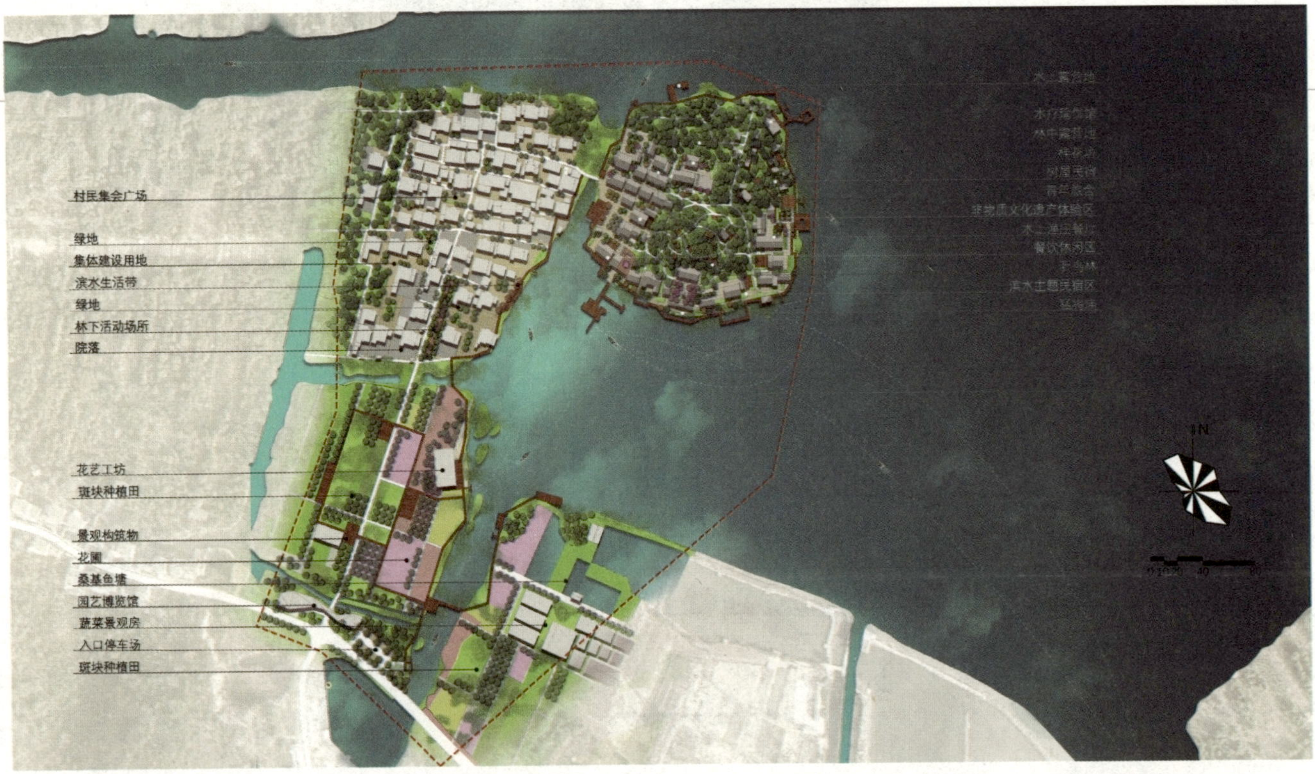

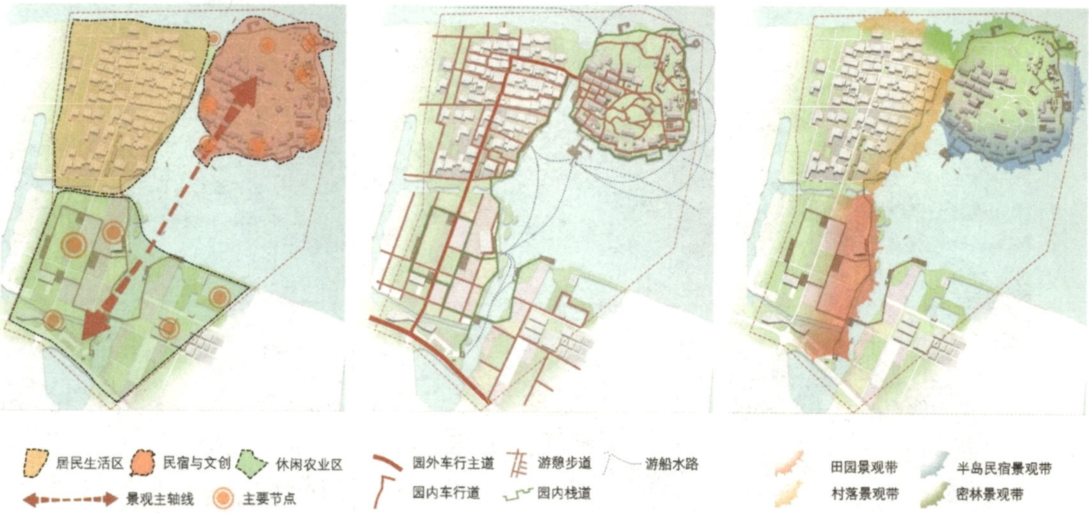

规划目标

宜人的居住环境

优美、舒适且功能齐全的社区环境，体验最适合居住的乡村。

美好的旅游环境

林间隐秘幽静，湖水波光潋滟，山水格局美不胜收。

丰富的文娱活动

花艺、书吧、酒吧、品茶、水疗、瑜伽等，丰富有趣。

特色民宿

传统而充满特色的临水民宿、神秘的树屋，给人不一样的住宿体验。

非物质文化体验

精妙绝伦的四大雕刻手工艺、精美的苏绣。

生态农业

落叶堆肥、立体养殖、稻田养鱼、林下捉鸡，可亲自参与农业生产。

野岫分闲径，漾舟湖畔归。
——《寄题方干处士》郑谷

1.增加公共活动空间
2.斑块化植入绿地
3.人与水的关系修复
营造村民集会空间
营造村民林下休闲活动空间
房屋间隙植入小型绿地
修复临水景观空间
完善居民水岸生活的多样性

农田盒子的效果

下篇

浮庙墩精品民宿设计方案及解析

——苏州五维源景观设计有限公司设计作品

3.1 现状分析

做乡村的民宿设计不同于以往我们在城市里做的各种设计。从某种程度上讲，反而要先抛开我们以往认为成功的、合适的设计经验，沉下心来，多实地调研，要相土尝水，寻间问道，多跟乡民、乡干部聊天交流，要充分了解场所的各种情况。还要跳出设计看设计，从更大范围去了解、策划这个项目，然后自然而然地找到必然的“适地设计”结果。即在开展具体设计时，要以深入收集、调研、分析各种前提因素为基础，然后自然而然地导出必然结果。也就是说研究工作、设计过程有一定的方法，而结果却不预先设定方向，自然而然地推导出设计结果。

遵循 2 小时都市圈——光福镇——浮庙墩进行三级调研，以期进行宏观、中观、微观的三级把握。

1. 宏观分析——2 小时都市圈

浮庙墩精品民宿项目是以光福旅游资源为核心，并与太湖旅游度假区、苏州市其他旅游资源形成共生互补、整体效应，从而形成旅游圈的动力机制。2 小时都市休闲圈覆盖周边长三角经济圈与多处旅游景区，具有较强的旅游核心竞争力，既能满足周边城市旅游消费群体的需求，同时也能为城郊周边市民提供旅游休闲体验。

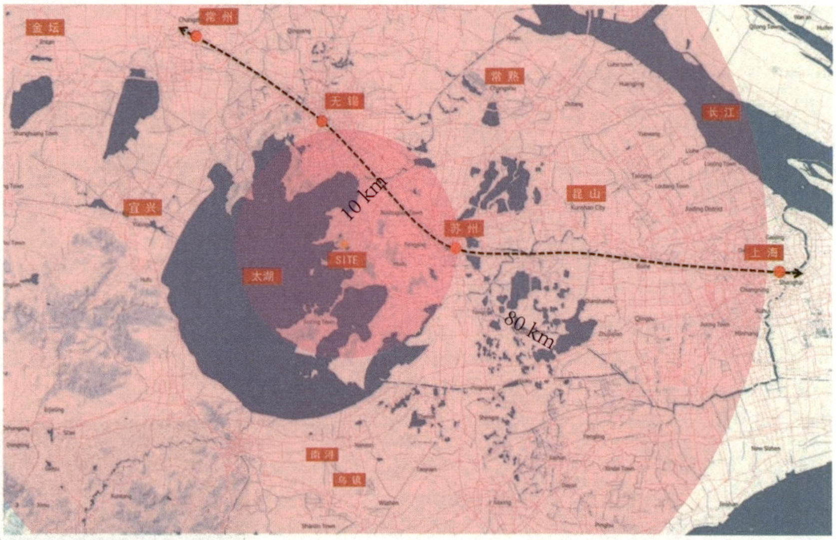

2 小时都市休闲覆盖图

2. 中观分析——光福镇

优势：

① 历史文化悠久，底蕴深厚；

② 湖光山色，自然风景优美；

③ 古镇绿化率高，是苏州的氧吧胜地之一；

④ 苗木种植，绿化工程施工的“经济极”突出；

⑤ 手工艺（玉雕、核雕、红木雕刻等）“经济极”突出。

劣势：

① 绿化率虽高，但大多数属于苗圃式种植、田垄式景观，而非公园绿地型，景观观赏性差；

② 旅游品牌开发滞后，知名度不高；

③ 旅游产业链不完善，缺餐饮、住宿等能让游客留下来的关键因素。

光福镇卫星图

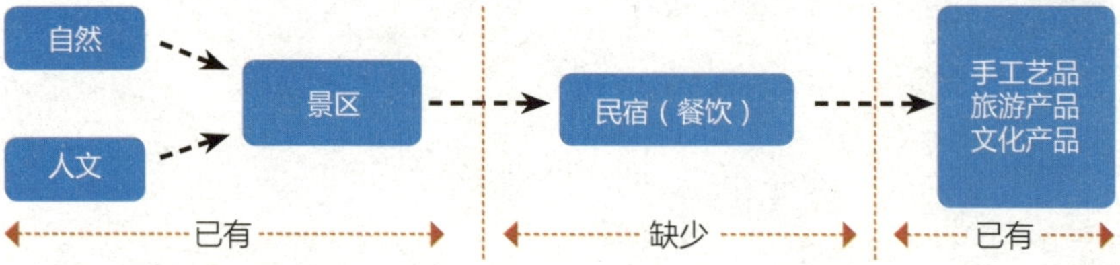

3 km 旅游资源分布图

东汉大司徒邓禹将军祠庙，庙内 4 株古柏被乾隆命名为：清、奇、古、怪

香雪海：中国四大赏梅胜地之一

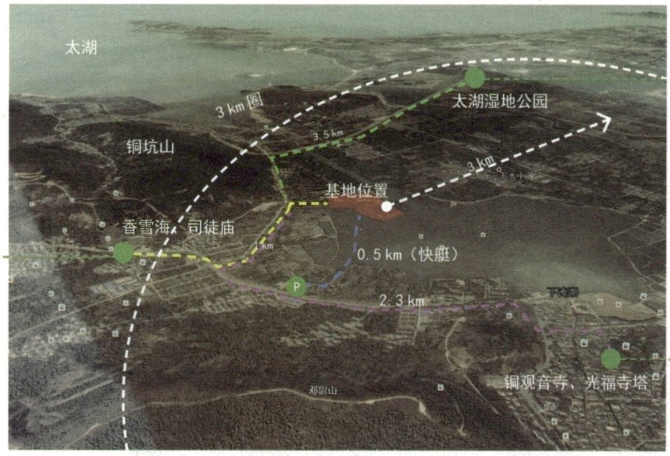

浮庙墩 3 km 范围内旅游资源图

太湖湿地公园：国家湿地公园 4A 级景区

铜观音寺：吴地最古老寺院，距今有 1500 年的历史

3. 微观分析——浮庙墩

优势：

① 得天独厚的地理优势，难得的“丘陵盆湖”大地貌特色景观；

② 较好的江南水乡村落风貌，易于形成“小桥”“流水”“人家”的江南特色；

③ 水体优势明显，植被覆盖率好，幽静宜人；

④ 沿水岸边建筑体量适中，肌理统一，空置率高，适合改成民宿聚落；

⑤ 与周边景区的关联度高，周边旅游景点多，距离近，交通便捷。

劣势：

① 村庄内建筑密度过大，乱搭乱建现象普遍；

② 村庄内道路狭窄，车行困难，陆路交通不便；

③ 水、电、气等市政基础设施相对于其他村庄显得滞后；

④ 村庄内无古建筑、古祠堂等控保建筑，建筑整体品质一般；

⑤ 水岸边建筑年久失修，比较破旧，大部分已属于危房；

⑥ 一年之中水位变化明显，水边建筑在夏季（雨季）部分受淹。

机遇：

① 2014 年江苏省开展整合美丽乡村建设试点与村庄规划建设；

② 2015 年中央一号文件明确提出乡村旅游发展的土地政策保障；

③ 2015 年苏州市启动省级美丽乡村建设申报工作，吴中区出台美丽乡村建设行动计划草案；

④ 2015 年 7 月 28 日，李克强同志主持召开国务院常务会议，明确促进旅游投资和消费政策措施，其中要“推动各地落实带薪休假制度”；

⑤ 2016 年中央一号文件提出使乡村旅游成为农村新兴支柱产业；

⑥ “互联网 +”时代的到来，乡村单一化产业结构向综合产业结构发展，利用互联网，将传统农业改造再升级，促进乡村经济的发展。

挑战：

① 交通和基础设施的改善工作如何落地？

② 如何既有创新性，又不失原村庄韵味地进行打造？

③ 如何带动原住村民发展产业，并形成联动效应，让投资人与村民都满意？

④ 如何进行民宿的品牌打造与推广？

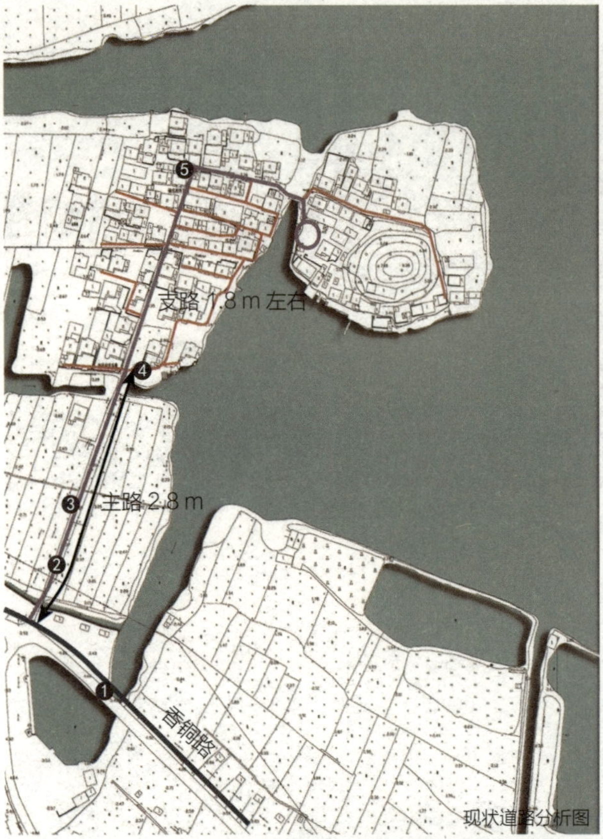

现状道路分析图

❶外部车行道路

❷村庄车行道路

❹村庄支路

❺村庄内部道路

现状道路说明

由主干道（香铜路）右拐进入村庄主路，道路路面情况较好，为水泥路面。但是路面过窄，总宽度仅 2.8 m 左右，车辆通行存在一定的安全隐患。路面距地面还存在 0.4 m 左右的高差，结合现状苗圃田垄式植物后观感较差。由于村内建筑密度较大，导致村内支路也更加狭窄，仅 1.8 m 左右。

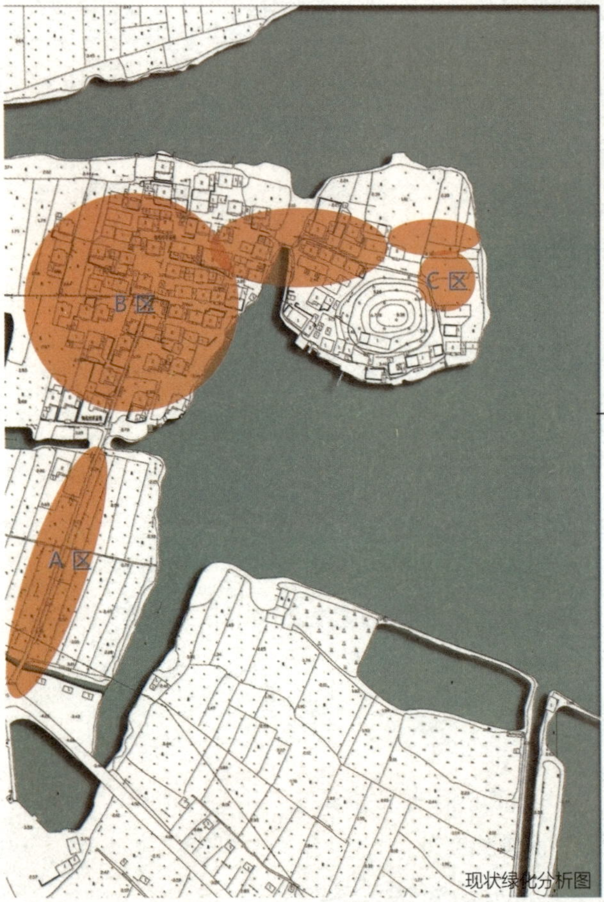

现状绿化分析图

A 区植物现状

C 区植物现状

B 区植物现状

现状绿化说明

A 区：入村道路两侧的植物虽然是苗圃式种植，但是因生长多年，枝繁叶茂，绿量丰富，有一种郁郁葱葱之感。缺点是植物种植呆板，缺少观赏性。综合下来，此处绿地在三块绿地中总体观感排第二。

B 区：村中由于场地限制，绿化量不大，且植物多位于墙角、墙边处，但是经过多年的生长，植物形态已经与周边的环境相融合，树姿较优美。缺点是下层缺少植物或植物杂乱。综合下来，此处绿地在三块绿地中总体观感排第一。

C 区：此处场地植物种植杂乱，既种菜又种苗，没有任何规划的痕迹，完全没有美感，给人的观感最差。这片区域的植物需要重新进行规划设计。

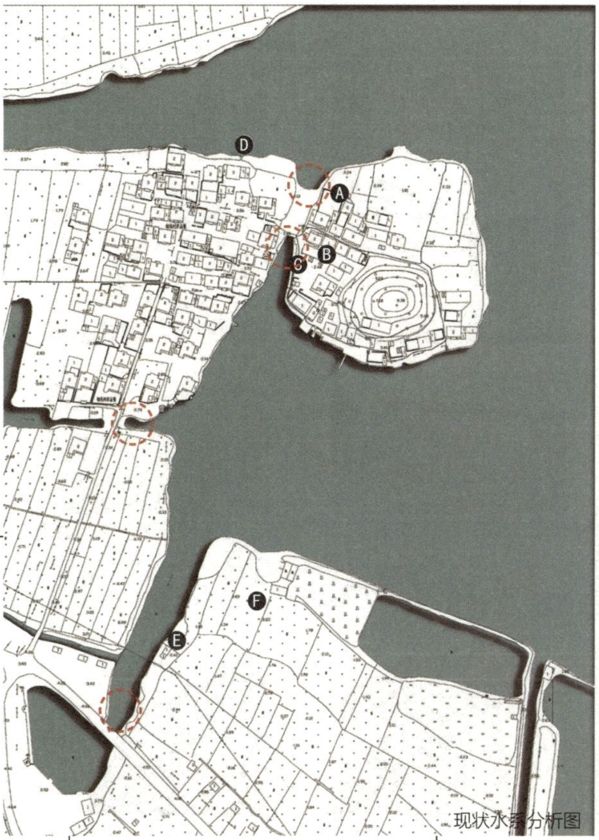

现状水系分析图

A 小岛入口桥北侧

E 堆场北侧河道

B 小岛西侧岸边

F 东南侧岸边现状

C 小岛看向村庄角度

D 地块北侧河道

现状水系说明

现状水体大部分状态良好，尤其浮庙墩小岛三面环水，水质以及环湖景观效果较好。村内原河道由于年久淤塞，已形成“断头浜”，无法与外界水体相联系，导致现场状况脏乱，有些地方的沟渠甚至快要干涸。A、C 处人为填淤后形成两处“断头浜”，水质较差。

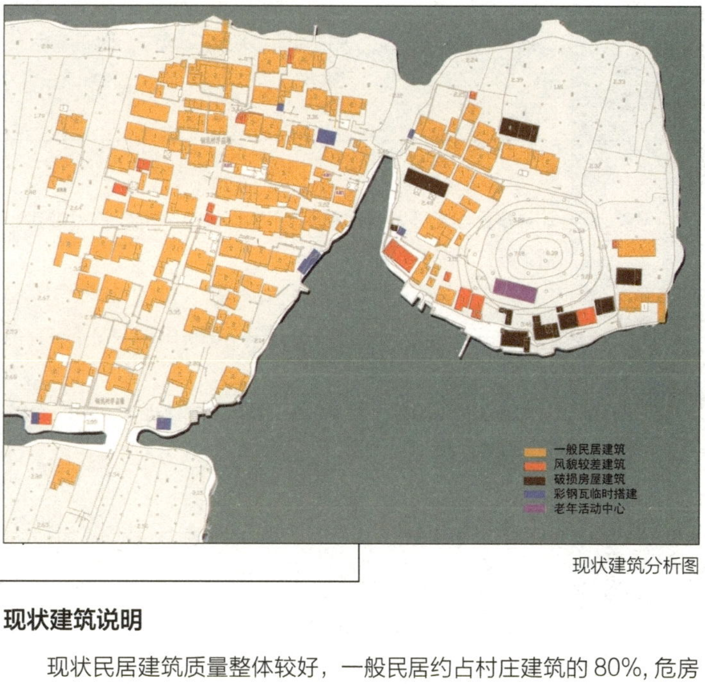

现状建筑分析图

现状建筑说明

现状民居建筑质量整体较好，一般民居约占村庄建筑的 80%，危房和破损建筑约占全村建筑的 15%，部分违章搭建的彩钢板房和一处老年公共活动中心约占全村建筑的 5%。

现状民居按建设年代分为三类：20 世纪 70 年代之前、20 世纪八九十年代、2000 年至今。以 20 世纪八九十年代的民居为主。

	风貌类型	整治措施	建筑现状照片	
村庄建筑调查结论	一般建筑	对村庄中的一般建筑进行建筑风貌统一改造，墙面采用白色涂料粉刷，对风貌与江南水乡民居不协调的建筑元素进行统一更换和处理		
	破损建筑	对村庄中房屋建筑结构质量出现问题及房屋严重破损等风貌较差的建筑进行修复或重建		
	违章、临时搭建建筑	对临时搭建的彩钢瓦棚屋、违章搭建的构筑物等进行拆除		

建筑风貌不协调元素分析			
屋面	部分建筑屋面采用红色、绿色等琉璃瓦屋面，影响江南民居整体建筑风貌		
门头	建筑门楼样式杂乱，风格迥异，突显不出苏式门楼的特色		
门窗	许多民居建筑大门采用原色不锈钢大门，外部窗户加设防盗窗等，风貌不协调、不统一		
围墙	围墙大部分为素水泥墙面，半开放式围墙样式不符合江南水乡民居风貌		
阳光房	各户自行增建阳光房样式，材料色彩不统一		
墙面	建筑墙面瓷砖只贴在建筑正立面，背面都为素水泥墙面，严重影响村庄建筑风貌		

3.2 美丽村庄设计

美丽乡村规划的设计理念

以“水陆交通”为特色，构建“一湾三村口”的空间格局
以“民宿产业”为基准，打造“乡村雅文化”的美丽村庄

此次规划注重从“形”和“意”两个方面来寻差异、找特点、立特色。

在具象的“形”方面，找出浮庙墩村不同于其他自然村的特点，扬长避短，加强“长端”设计，以长掩短。

在内涵的“意”方面，找出不同于其他村落的乡村文化，走差异化道路，置入恰当的发展产业，实现特色发展，以特补缺。

根据浮庙墩村原来的河道肌理脉络，将其疏浚打通后可以形成“三进”的序列感，这里以“三个村口”的概念来表述。

村庄呈东向的“凹”字形，形成了一个小河湾，尺度适宜，风光秀美。因紧邻村西侧“香雪海”万亩梅田而命名为“香雪湾”进行滨水改造设计。此为该村最具特色的外围景观。

陆路的先天闭塞、狭窄使得另辟水路进村成为特色，与其“补短”，不如发挥并强化该村邻水的“长处”特征。

总平面图

1 村口桥
2 村口形象设计
3 桥 A（疏通水系）
4 5M 进村道路（两边各增加 1M）
5 苗圃
6 村口 B 停车场
7 码头
8 新建茅草亭
9 现有芦苇丛
10 修缮建筑
11 桥 B（疏通水系）
12 村口小品
13 西岸线步行系统
14 休闲亭
15 茶室 / 咖啡吧
16 阅览室
17 健身休闲
18 廊桥（水系打通）
19 公共卫生间
20 村民活动场地
21 老年活动中心
22 高档民宿区域
23 亲水平台

主要经济技术指标		
项目名称	单位	数值
规划用地面积	㎡	61500
规划总户数	户	86
建筑占地面积(含庭院4880)	㎡	19670
绿化面积	㎡	37371
道路面积	㎡	4459

陆路交通平面图

以下从交通（陆路改造和水路规划）、香雪湾设计（南线、西线、北线设计）和进村的三进序列，层层展开进行具体的设计。

陆路交通

由于进村道路过窄，对来往车辆错车造成不便，根据我们的设计方案，希望可以将通村道路进行横向扩展，两侧各扩 1.0 m 左右，使整个路面宽度能够达到 5 m，这样既可以满足双向车道的交错行驶需求，亦可通消防车。同时为了改善道路两侧的景观，需要每侧各留 3 m 做绿化设计。

村庄现状道路剖面

村庄道路现状照片

村庄道路改建剖面

村庄道路改造后效果

改造前

改造前巷道照片

改造前水泥板简易路面照片

改造后

改造后巷道效果图

改造后水泥板+碎拼石路面效果图

水路规划及停车场规划

结合三个村入口设计了三个停车场，停车场 A 布置在进村道路右侧，可以更好地隐藏在村口的绿化里，在这里停车然后步行 220 m 抵达村内。

停车场 B 结合码头 B 布置在第二个村口的位置。主要供村民停车用。

停车场 C 布置在第三个村入口处，作为村民的停车补充，也有为小岛民宿提供停车功能的考虑。

在外围邓蔚北路靠河口位置，设计停车场码头作为浮庙墩的陆路、水路的换乘点。可以开车到此，坐船经过西崦湖抵达小岛高档民宿区的码头 A，也可抵达设置在第二个村口的游人码头。这样的设计是为了形成联动效应，将民宿区与村子的整体旅游开发结合起来。

交通规划总图

A、B、C 村口位置图

三个村口的概念与传统江南园林建筑多进院落颇为相似，即沿着一条主轴线使空间院落一个接一个地展开，既可加强空间的幽深感，还可借助各院落之间风格、大小、开合等对比手法获得抑扬顿挫的节奏感。本案则借此手法对三个村口进行着重设计，使人进入每个村口时都有不同的意境感受。

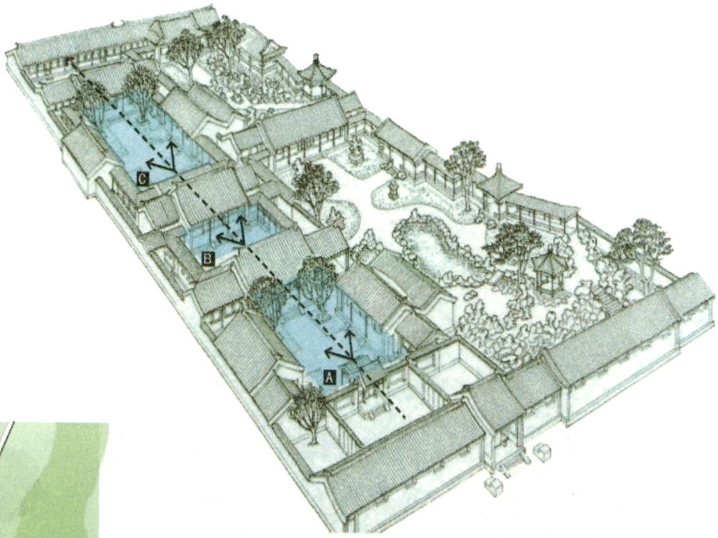

A 村口方案平面图

① 入口 LOGO 墙

② 挡土墙

③ 置石

④ 道路

A 村口效果图

B 村口方案平面图

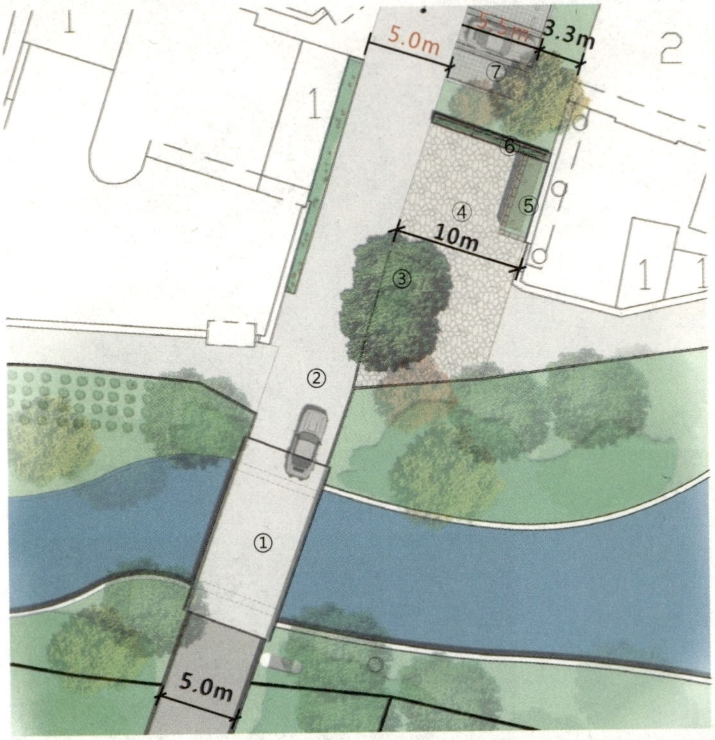

① B 桥
② 拓宽后的村里主道路
③ 现状保留两棵香樟
④ 自然石碎拼地面
⑤ 宣传栏
⑥ 景墙
⑦ 停车场（17 辆）

B 村口效果图一

B 村口效果图二

C 村口方案

C 村口桥梁效果图

设计构思

将西崦湖的河道打通，在满足村庄岛屿交通功能的同时，新建一座拱桥，在桥上增加高低错落的休憩廊，增加村民的休憩空间。休憩廊进深 1.2 m，三开间共计 6.4 m，桥宽 4 m，满足平时运树和消防车辆通行的需要。另一侧增设石栏杆，起到防护作用，驳岸两侧在原有的基础上，增加部分绿化景观，打造乡野特色。

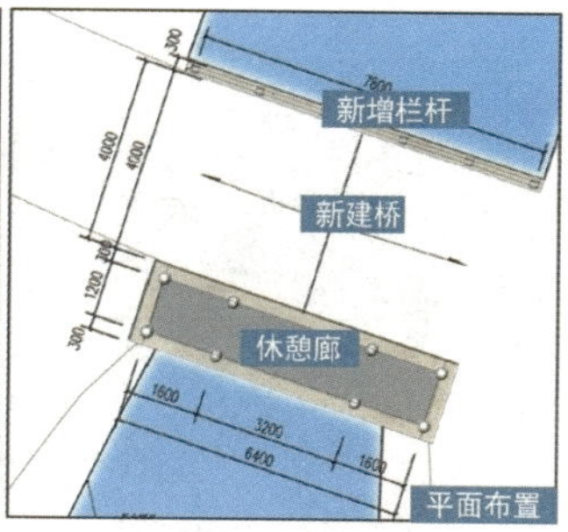

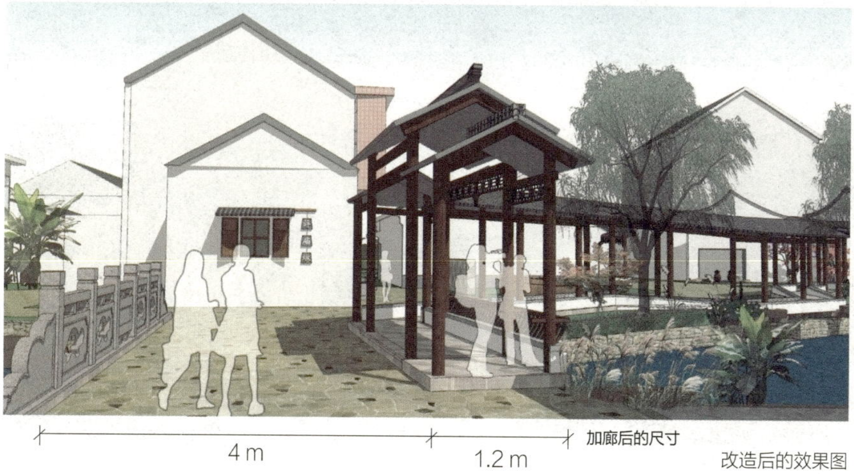

改造后的效果图

现状照片

老年活动中心区域建筑景观改造

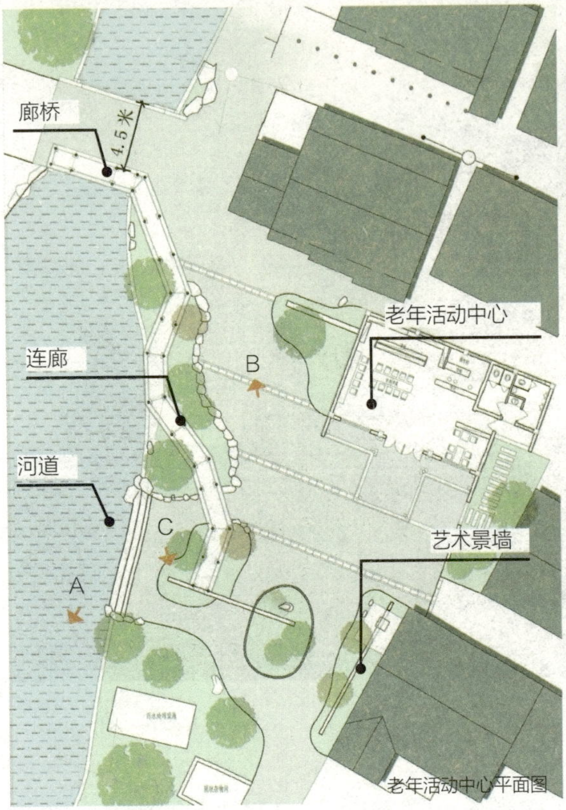

老年活动中心平面图

现状照片

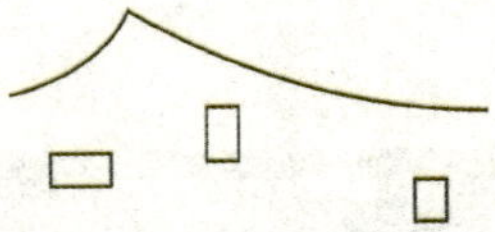

将现有民宅墙体简单刷白，以其为背景在前面做艺术景墙，对江南民居山墙进行艺术化表达，化劣势为优势地利用起来。

鸟瞰图

效果图一

廊桥　连廊　艺术景墙

效果图二

成品花罐

现状化粪池上散置黑色鹅卵石掩盖

艺术景墙

效果图三

廊桥　连廊

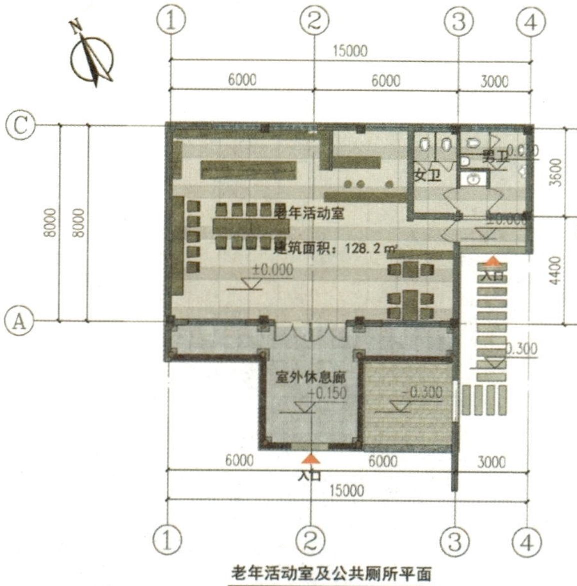

老年活动室及公共厕所平面

老年活动中心平面索引图

老年活动中心鸟瞰图

老年活动中心人视图

香雪湾设计

由小岛、西岸、南岸围合成的 U 形空间为视线主要停留点及活动点，充分利用村庄临水的特点，亦可作为村庄形象的主要展示面，拟将其重点打造成“香雪湾”。

建筑植物层次较为丰富。

建筑风格不统一，形象较差。

南岸相比小岛及西侧岸线为主要视线落点，处于中景位置（近景为水，远景为山），植物层次缺乏、色相单一，且无景点点缀，可观性一般。

南岸设计

南岸作为主要的观赏面，以体现野趣为主，主要目标亦为强化其野趣的特性，使其野而不荒。我们从中选取了 A、B、C 处进行“点”式深化设计，从而达到不用大刀阔斧，却能提升整体环境可观性的效果。

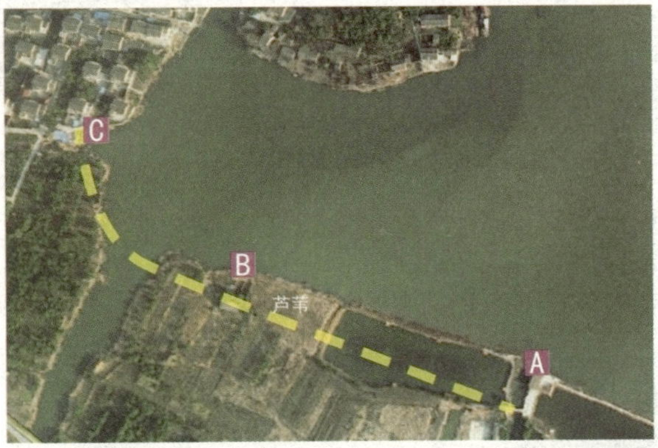

平面索引图

现状照片

香雪湾平面尺寸图

南岸现状照片

B 处茅草亭意向图

C 处码头意向图

西岸设计

A 民宅位置优越，临近湖面，视线开阔，且是西侧沿湖段的视线焦点（若不加以利用则可能造成视线的阻隔），现有一老人居住。

B 民宅周边有较大空间，现密植有乔木数十株，利于景观空间的打造。

小结：A、B 两栋民宅皆处于湖西南较好的位置，且均为一层建筑，面积相对较小，租借或置换成本较低，后期改造后可作为茶馆、咖啡吧、阅览室等公共空间使用，使其成为西岸的两个“亮点”。结合景观整体设计，从而盘活整个湖西岸线，弥补主道路狭窄、无特色的缺憾。

C 民宅为两层住宅，为沿湖第一家，建筑临近水面，位置较好，现居住多人，全面改造利用难度较大，可进行引导设计。

西岸现状照片

C 点现状照片

B 点现状照片

A 点现状照片

西岸设计序列图

西岸设计平面图

北岸设计

北线景观条件最为优越，拟设计为高档民宿，民宿亦为此次浮庙墩美丽乡村规划的主打产业，并在小岛沿岸选择合适的点设置亲水平台。

高档民宿改造设计：保留原有砖墙主体，增加南侧开窗面积，使其更加通透，对其立面进行装饰改造，使其满足民宿的使用要求。

北岸现状照片

北岸民宿改造意向图

驳岸改造

此次驳岸改造分为新建驳岸与修复驳岸两种。

修复驳岸包括西岸线和小岛南岸两处，抬高其驳岸标高至3.0 m，使其在防洪水位以上，防止汛期被水淹没。

新建驳岸包括 A 桥两侧河道、B 桥东侧河道，统一设计为块石驳岸。C 桥北侧及南侧东岸新建块石驳岸加黄石驳岸。

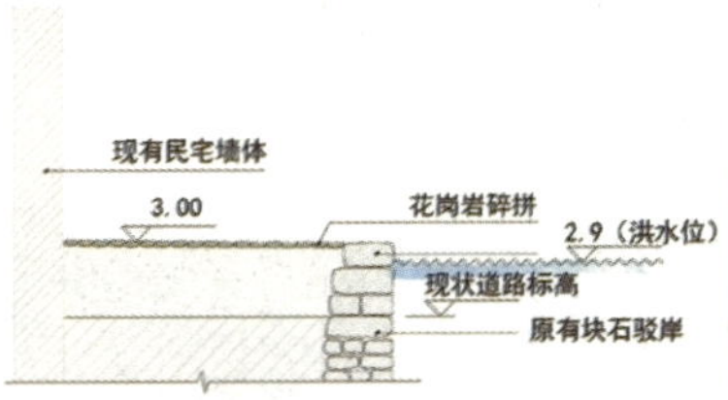

修复驳岸

驳岸设计平面图

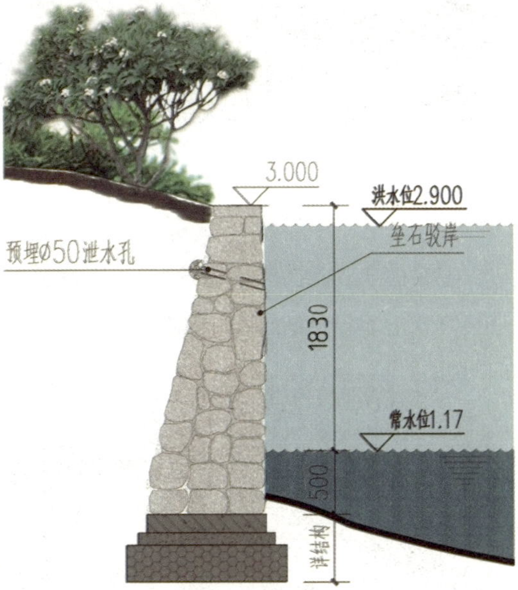

新建垒石驳岸一

注：水位标高为黄海高程

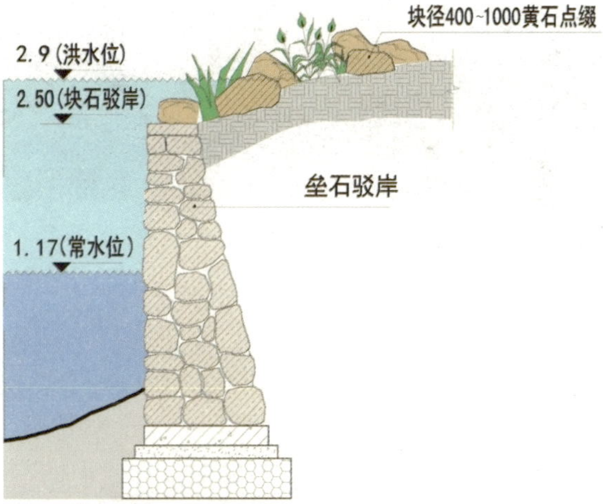

新建垒石驳岸二

新建垒石驳岸二意向图

普通建筑改造

主要对破旧建筑墙面进行立面粉饰

改造前

改造后

沿湖重点建筑改造

沿湖部分建筑位置突出，宜重点对其进行立面改造，可增加装饰性元素、构架、窗檐、灯笼等，做到重要位置重点处理。

改造前

改造后

节点改造（屋前后、屋侧、小节点地区）

各节点平面索引图

房前屋侧的菱形角落用地要体现出苏州的细腻与精致，所以用“块石＋侧石“做出亦工亦画的景观效果。

A 点

现状照片

B 点

现状照片

C 点

场地围栏及花坛设计

村内街巷中现有绿地较为杂乱，拟对其以花坛、菜地等形式进行统一设计。

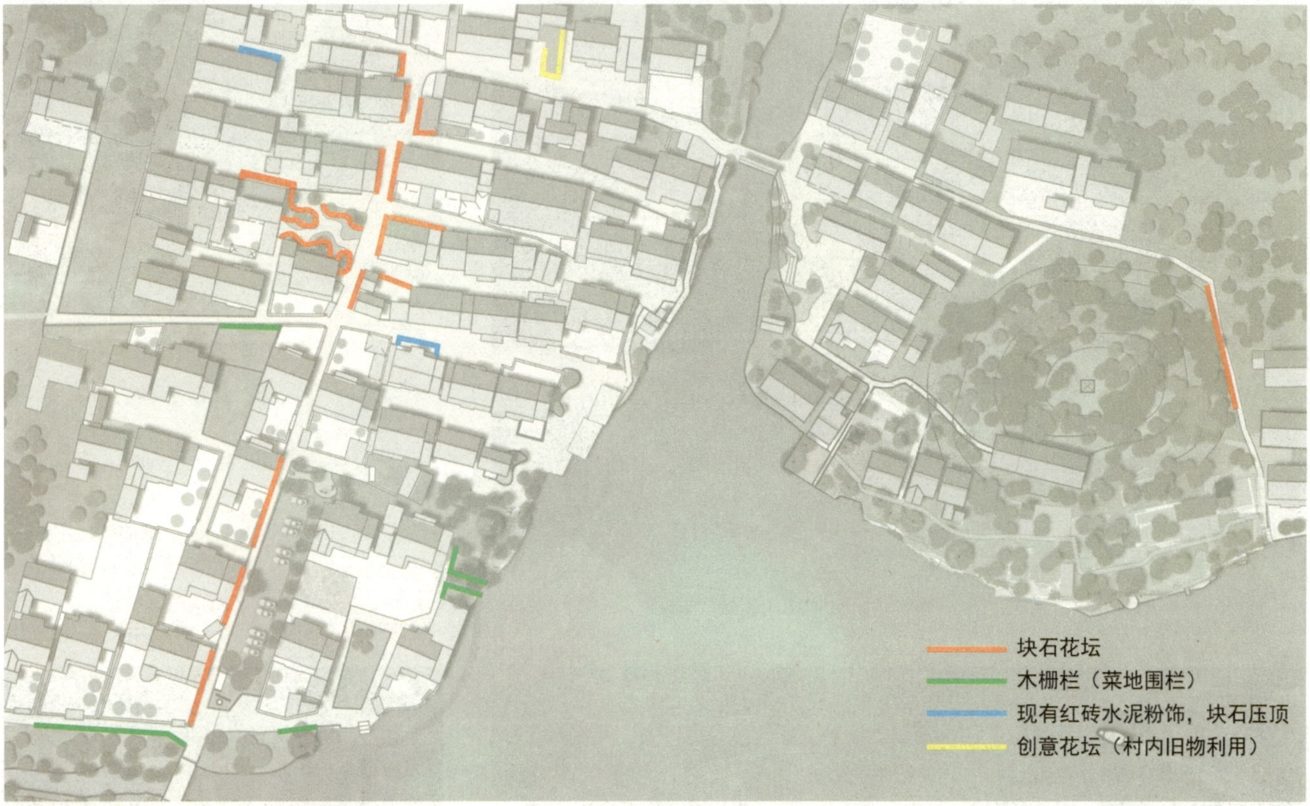

围栏设计平面图

道路收边花坛与收边绿地

村内主路花坛现状多以块石做花坛，设计中亦以块石作为绿化、菜地的围边，现有块石花坛则将其重新规置整齐即可。

现状照片

意向图

村内菜地

村内菜地以块石围边较为笨重，宜以木栅栏作为围栏。

现状照片

意向图

市政设施布置图

垃圾收集、公共厕所的设计

①村内设垃圾收集点3处（服务半径小于70 m），取消原村口固定式垃圾收集点。

②村内停车场、公共活动场地设置垃圾桶。

垃圾收集意向图

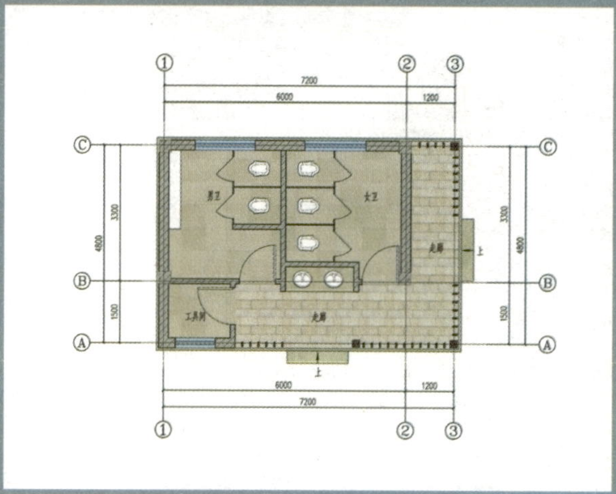

公共厕所平面图

公共厕所效果图

乡村产业开发定位及旅游策划

苏州有园林雅文化生活，有市井深巷的雅文化生活，也有现代苏式雅生活，却没有乡村的雅生活。

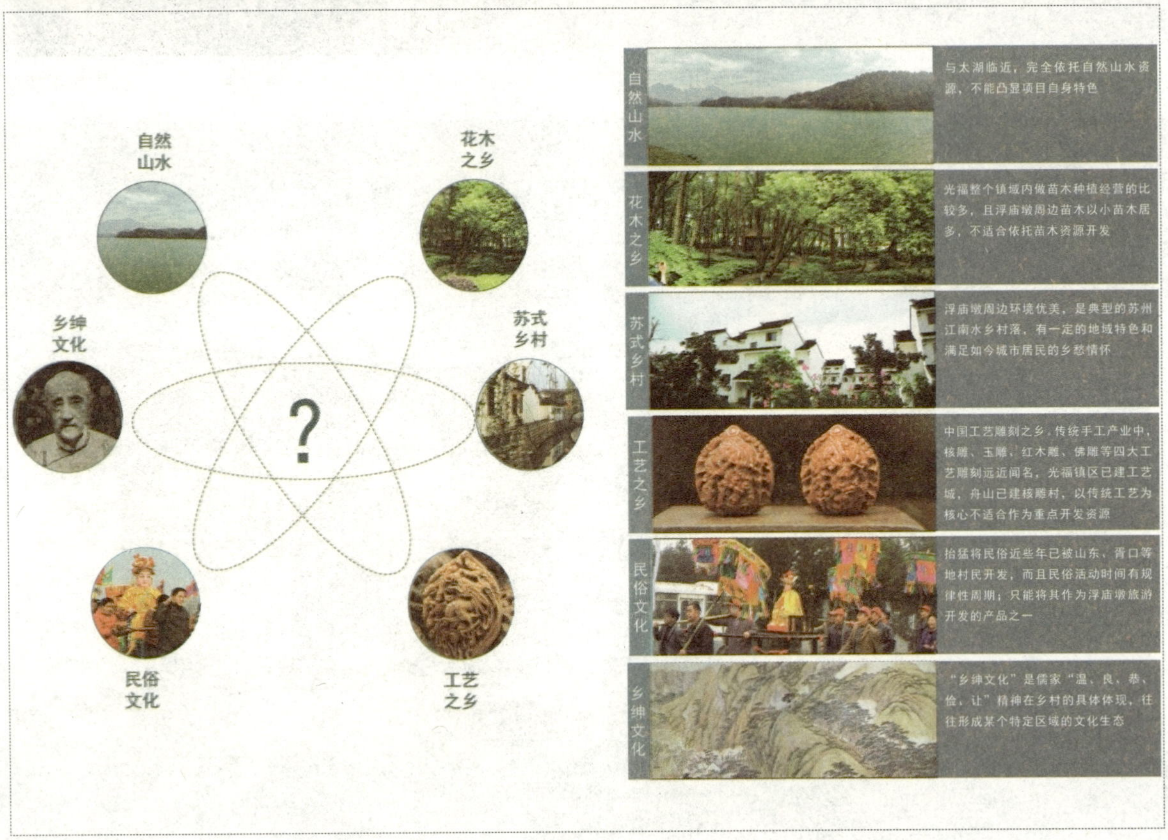

结合浮庙墩自身的旅游资源特色，苏式乡村雅文化品牌价值和开发潜力最高，苏式乡村雅文化是浮庙墩的发展方向。

自然风光 + **乡绅文化** + **苏式雅文化** = **浮庙墩“雅居”精品民宿**

“董份隐世避居”、光福精致的雕刻工艺，使得苏式雅文化具有深厚的文化根基和历史积淀；

乡村民宿旅游具有鲜明的时代感和巨大的市场潜力，具有高端带动大众、引领潮流的特性；

浮庙墩“雅居”旅游可与品位、闲情、艺术产品相结合，打造精致的苏式乡村旅游。

乡村文化的灵魂：

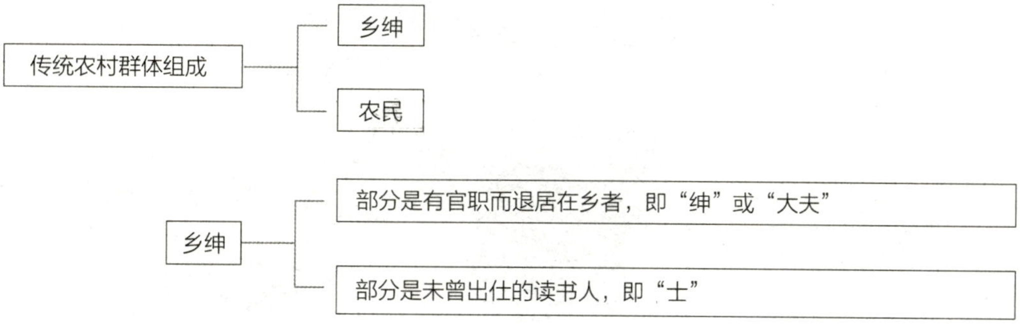

◆ 乡绅既有高于普通民众的文化知识和精神素养，又有为官的阅历和广阔的视野，在官场有一定的人脉，对下层民众生活有深刻的了解。

◆ 乡绅有一乡之望，承担着传承文化、教化民众的责任，是乡村教育和管理的引领者，代表着一方的风气和文化，是乡村的灵魂。

消失的乡绅：

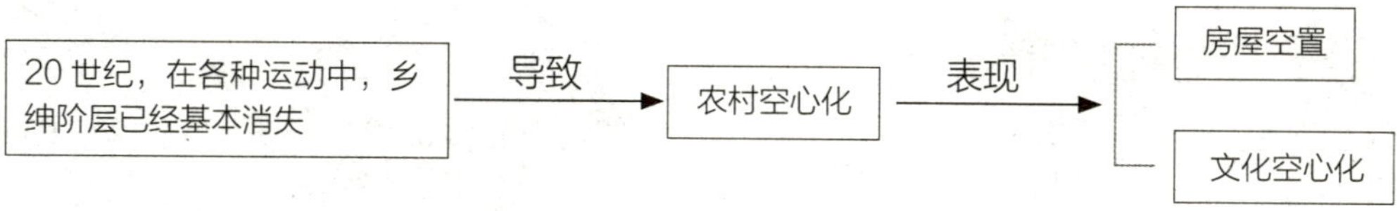

◆ 乡绅阶层的消失，使得乡村失去了文化领袖与灵魂，无法得到指导和提升，乡村的凝聚力也随之消失了。

西崦之滨鼋文化主题村

打造以“鼋文化”为主题的苏式雅生活

- 旅游主题
  - 一、形象主题 “鼋”文化主题
    - 鼋壁画
    - 鼋雕塑
    - 鼋主题诗词
  - 二、文化内涵 苏式乡村雅文化
    - 苏式生活
    - 乡村郊野旅游
    - 雅文化生活

打造“吃、住、游、购、娱”一体化的乡村观光休闲旅游产品体系。与香雪海、司徒庙、光福塔等景区实现异质化互补运作。

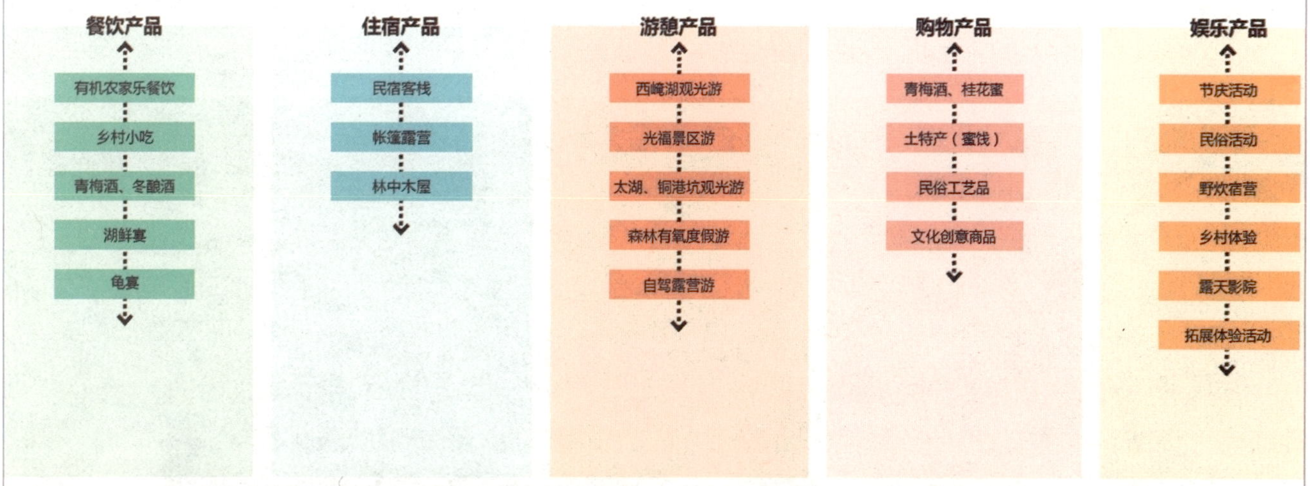

3.3 民宿总体篇

以上是整个村庄的规划设计，这是我院 2016 年初的苏州美丽乡村设计项目的内容之一，在村庄经过规划设计提升后，小岛南岸线的精品民宿具体该如何设计呢？

我们知道农村精品民宿设计与城市的精品酒店设计是不一样的，那么总体设计指导原则也会有很大的不同，最主要的是把握尺度不能过犹不及，要尊重原场所，在尊重的基础上再略有创新。提高细部设计，设计出精致的细节，同时在本次设计中有三个方面需要格外关注，具体概括为以下几个关键词：

顺应“肌理”、控制“层线”、推敲“多维”

1. 第一个关键词是“肌理”——顺应“肌理”

经考察，浮庙墩村沿水岸线的原建筑群肌理还是比较和谐的，为什么呢？

第一，十几栋民房并没有按南北向或偏东 15°（紫气东来）的江南传统朝向进行筑基，而是呈扇形展开，这是一种建筑群布局的肌理与自然水岸线的肌理顺接、吻合的布局，体现出人对自然的恭顺。

第二，南岸线有 12 户人家（府姓和金姓村民）的房子能采取这样的布局，这是邻里妥协的结果。因为中国农村少有公共空间，沿河村庄出行小路暗含在各家门前的场地内、院落里（房北面是各家自留地不能通行）。在建造前如果不经过事先商量、互相妥协平衡是不可能形成如今我们看到的这种布局的。

所以设计师不要自作主张地重新组合建筑群肌理，原肌理已经比较好了，也很顺畅，这就是为什么第一眼看到这个水边建筑群时感觉美、感觉顺眼的原因。80% 的肌理应保留，这是最佳选择。

沿水建筑现状肌理分析图

2. 第二个关键词是“层线”——控制“层线”

我们研究建筑时讲究“建筑天际线”；设计景观绿化时讲究“林冠线”“林杆线”；做地形设计时讲究“地形高程线”“地形起伏线”。

此次设计应将三者综合考虑，形成“立面控制综合结构线”，如音乐中的五线谱那样有规律、带韵律。

五线谱图

现状建筑天际线分析图

现状林冠线、林杆线分析图

现状照片

现状立面控制综合结构线图

因此，在此次房屋改造、环境改造时，设计师应尊重这些已经形成的“层线”（因为它们是美的结构线），并要局部强化这些层线，使得这幅“水岸美景”层次更多，突出表现“丘陵盆湖”半岛民宿独有的地理美学结构层线——水平层理线，这也暗合了中国人“平远”的独特审美取向。

“平远”是“三远”之一。宋代著名画家郭熙创造性地提出了著名理论“三远论”，他不仅高度概括和总结了中国山水画的透视法则，而且点出了中国文化中对自然美空间的独特审美倾向。“三远”中的“平远”之景，尤其含有丰富的意境，历来为文人、士大夫所青睐。

这个水平层理线包括了建筑的“天际轮廓线”、树木的“林冠线”“林杆线”，以及地形的“地形高程线”等。与第一个关键词“肌理”构成了设计中的三维空间结构控制线。可以看出这样的研究分析比较细致，因此民宿设计要跨专业考量（建筑、景观、市政）。在民宿设计中，建筑与景观设计、市政设计不能分开，而应该是一体化的设计，因为“屋是乡村如画景中一物，景因有屋而有田园之气”。

通过这样的多角度细致分析后，我们才可以更精确、更真切地掌握场所信息，树立尊重场所的理念，在下一步的设计建造时，掌握好“度”，同时也能发现场所信息中不利的、不全的、不适的信息，在下一步的设计中有所创新（必须是生长式创新，不宜做大改大调的硬性切入式创新）。

3. 第三个关键词是“多维”——推敲“多维”

也就是说，设计不仅要从立体三维角度（平面肌理 + 层际控制线）来考虑，还要从更多的维度对设计方案进行反复推敲，例如四维、五维。

【四维】

①日变化之“日”“夜”对比设计（需考虑灯光设计、阴影投影变化设计等）。

②年变化之“春”“夏”“秋”“冬”设计。

③适应水位升降变化的设计。

【五维】

①水势设计。

②小环境之“风脉”调理。

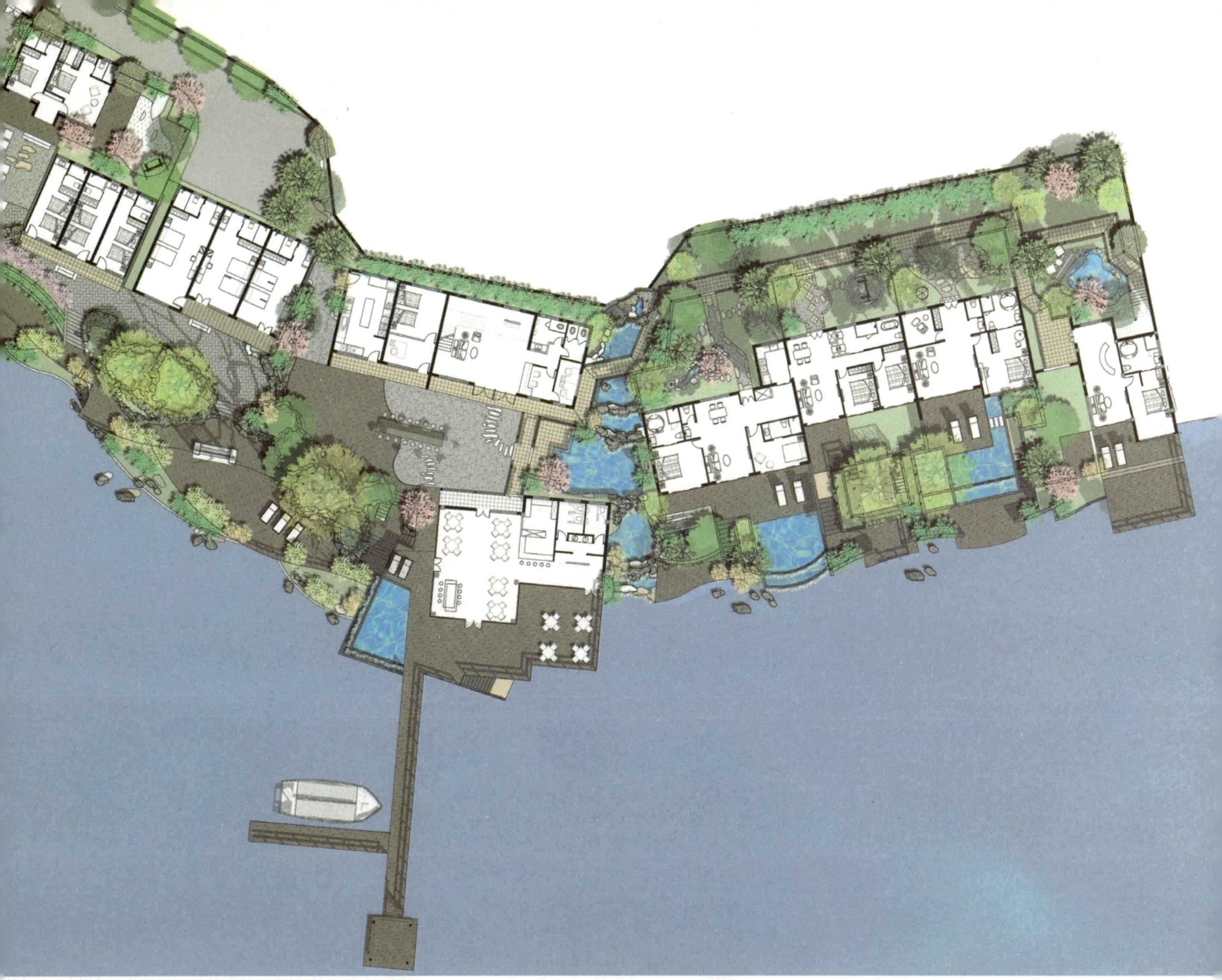

浮庙墩民宿总平面图

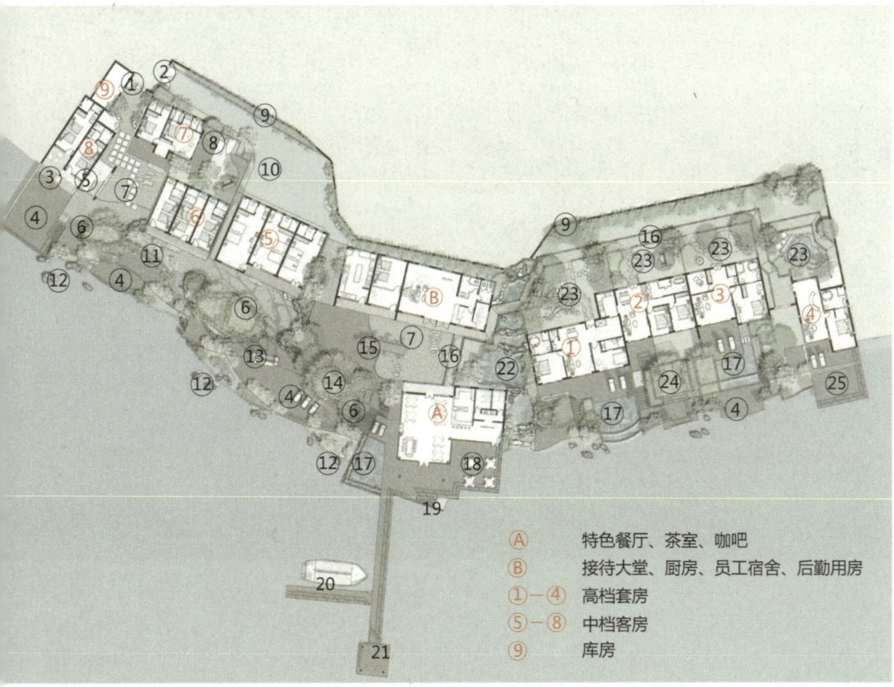

民宿平面索引图

1. 游客陆路入口
2. 后勤入口
3. 木构架
4. 木平台
5. 室外楼梯
6. 黄石分层花坛
7. 沙砾石庭院
8. 侧庭院
9. 原 1.5 m 高垒石挡墙处绿篱
10. 后勤回车场
11. 垒石挡墙
12. 浅水中置石、水生植物
13. 木门
14. 树屋
15. 室外原木长条茶桌
16. 连廊
17. 无边界水池
18. 室外茶座
19. 埠头
20. 码头
21. 栈桥亭
22. 太湖石分级水池
23. 北院
24. 树上休憩木平台
25. 仿船头形木平台

日景效果图

夜景效果图

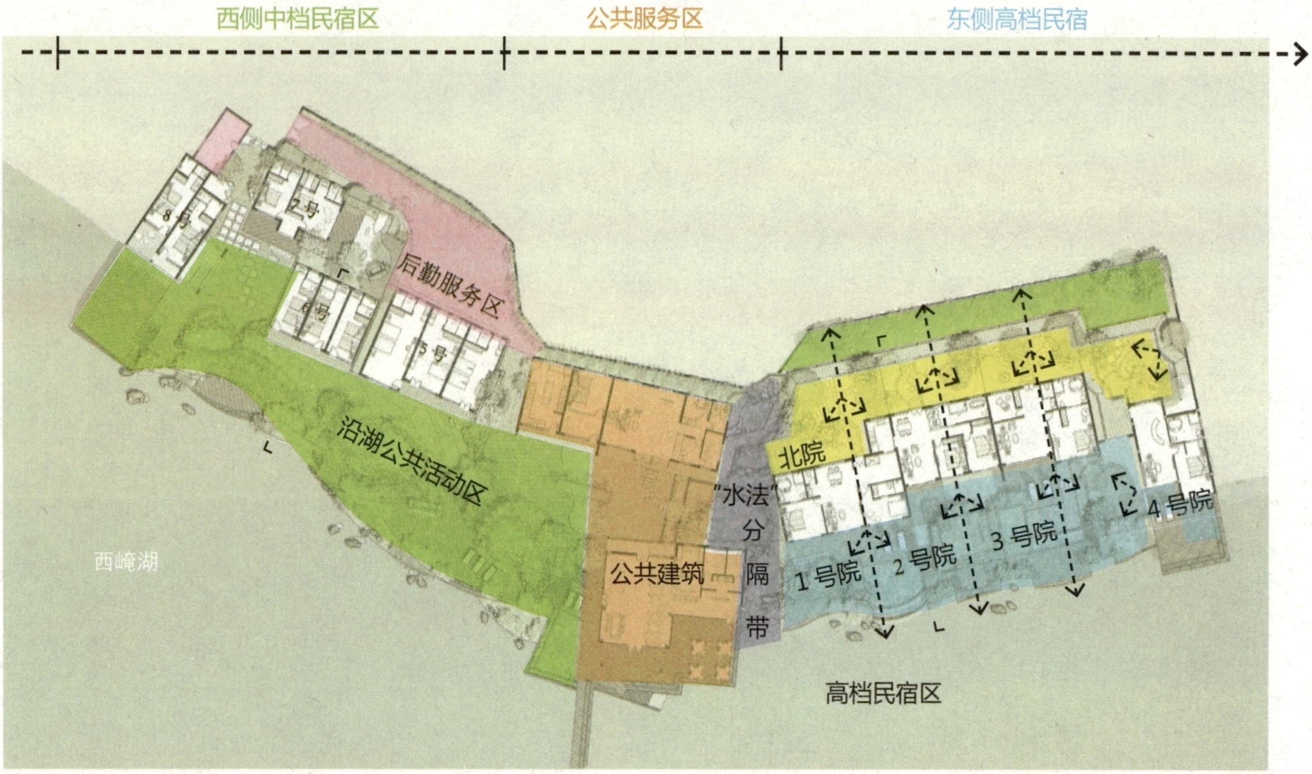
西侧中档民宿区
公共服务区
东侧高档民宿
后勤服务区
沿湖公共活动区
公共建筑
"水法"分隔带
北院
1号院
2号院
3号院
4号院
高档民宿区
西崦湖

功能分区图

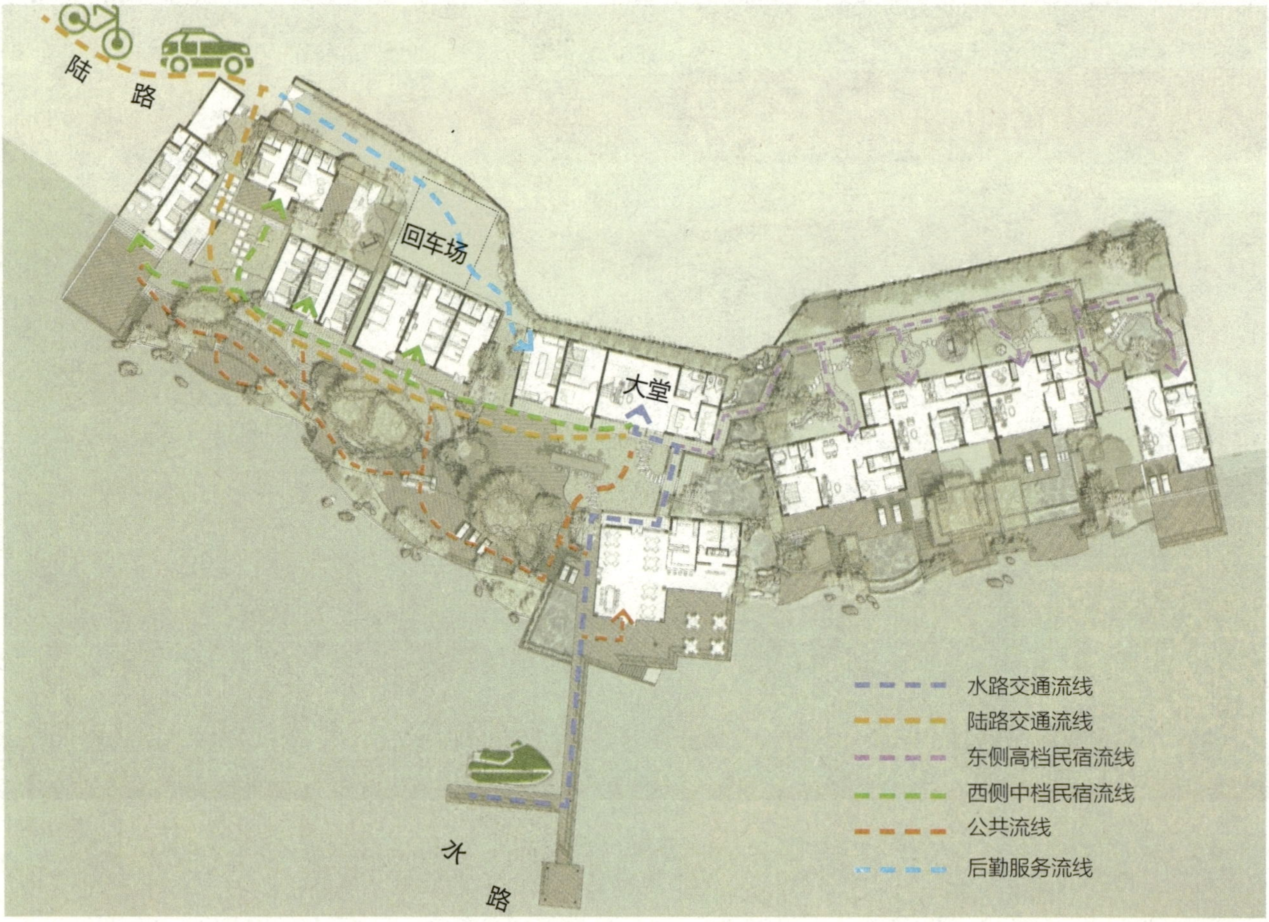
陆路
回车场
大堂
水路
水路交通流线
陆路交通流线
东侧高档民宿流线
西侧中档民宿流线
公共流线
后勤服务流线

交通分析图

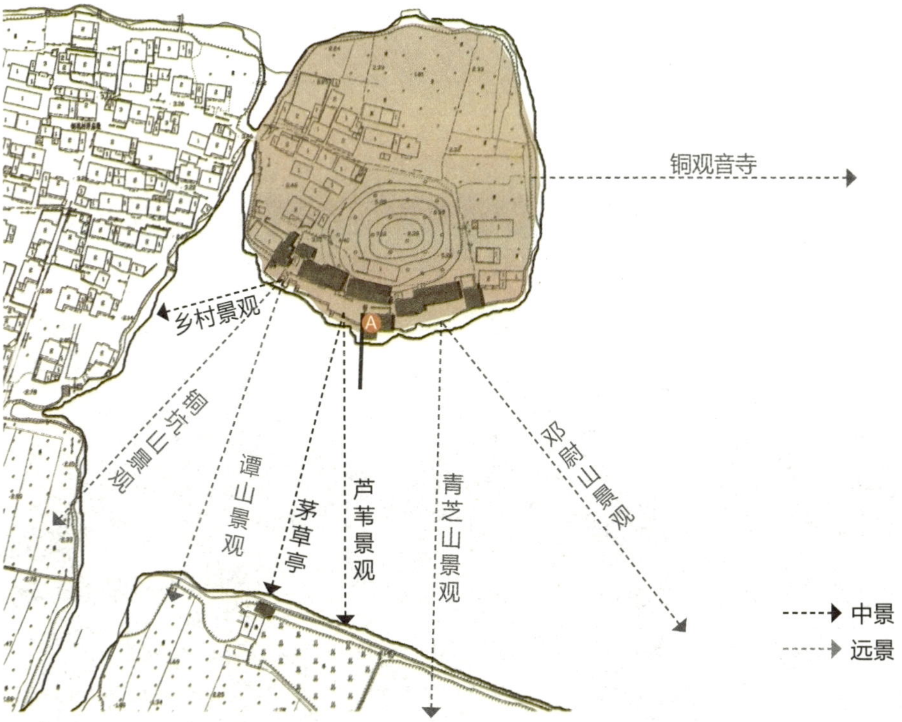

景观视线分析图

A 视角向南看

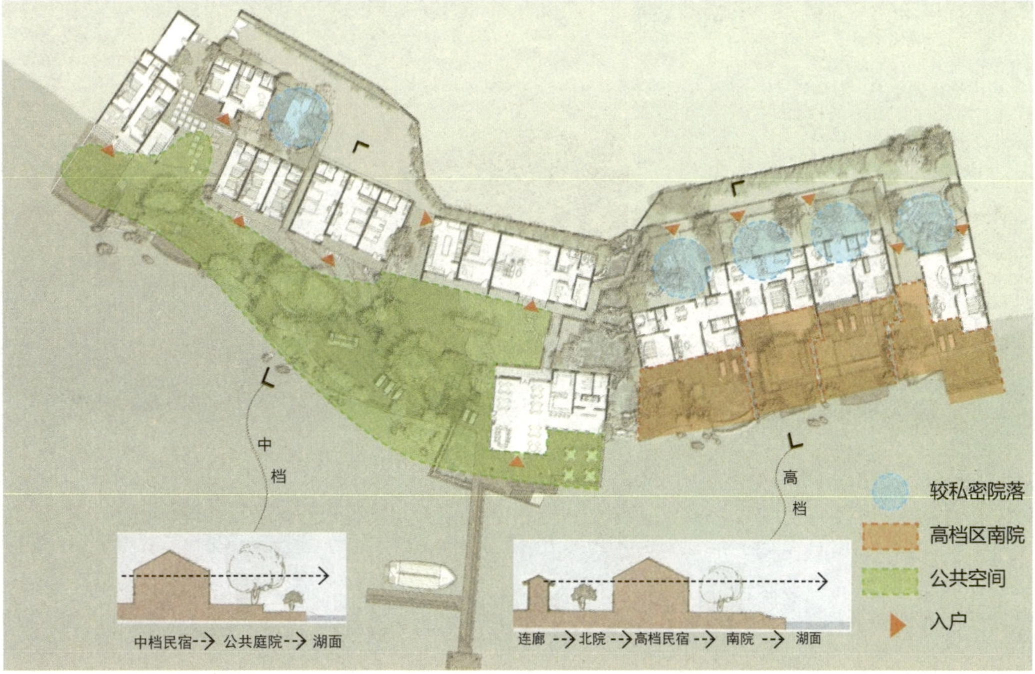

院落空间分析图

四季效果

民宿如人，亦有四时变化，景观各异，设计时亦要有四维设计的理念，考虑日夜之变化、四季之不同。

春景效果

夏景效果

秋景效果

冬景效果

3.4 建筑改造篇

民宿改造首先是民房的建筑改造，江南民居的基本形式有两种，分别是砖混结构式普通民居和框架木结构梁柱体系民居。

结构形式：砖混结构	结构形式：框架结构
开窗形式：开窗较小	开窗形式：长条木扇窗
山墙：硬山山墙	山墙：硬山山墙
屋面：小青瓦	屋面：小青瓦
通风（采光）：较差	通风（采光）：良好

此次改造是将原湖边的砖混式民居改造成框架式民居，一方面，老房子的结构得到加固，更加安全；另一方面，立面开窗、开门，造型比较灵活，同时体现了现代人对居住的要求——阳光、通透、开放性强。

改造后的形象控制图

具体改造方法与步骤如下图所示：

①拆掉南北两侧墙体及屋面，保留山墙墙体。

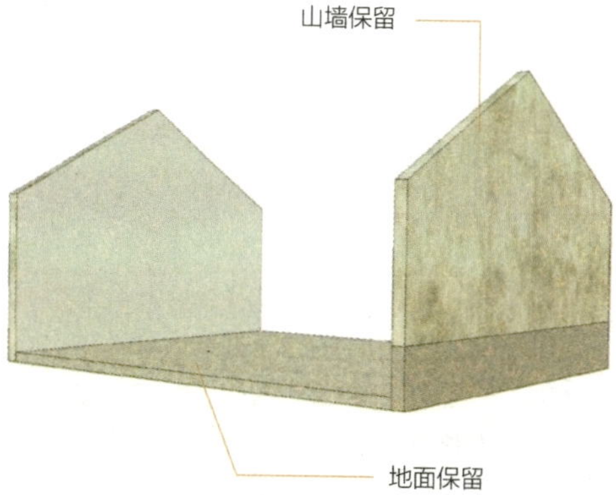

②原屋内四角施工 4 根钢柱，在地坪处做 4 根钢地圈梁加固，增加稳定性，并在 4 根钢柱上搭建出两坡顶房屋钢结构主框架。

③对原地面进行加高，解决现状场地潮湿的问题。根据功能需求以隔墙、家具等划分功能空间并增加屋面次梁，完成屋面结构。

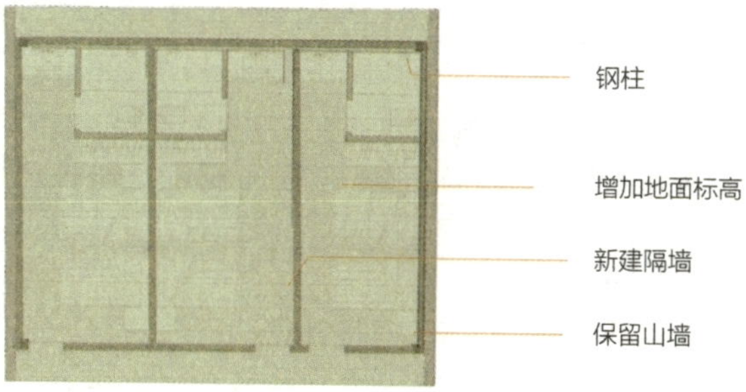

④砌筑墙体，安装门窗。铺设屋面保温防水层及小青瓦，开展墙体粉刷等工作，完成民房的基本建筑改造工作。

这样的改造模式决定了我们可以从以下几个方面进行细部设计，因为江南民居的两坡顶硬山（或小悬山）的基本形态不能改动太大（不然就不像了），所以只有从细节、细部上下功夫，并将一些江南建筑符号做进一步的创作。

	山墙（东西向侧墙）	南北向墙面	屋　面	勒　脚	檐　口
场地建筑分析	大部分建筑山墙均为砖砌墙体，仅少数建筑山墙上开洞口，建筑山墙上的斑斑驳驳，具有时间的沉淀感和某种艺术美感  	场地内南墙中间入户实木木门，两侧开采光通风矮窗，北面基本仅有矮窗  	现状建筑屋面均采用传统小青瓦屋面，屋脊采用纹头脊、雌毛脊、盖瓦等处理（详附图C01-C03）  	在建筑外墙面上，距室内地坪约80 cm位置有凸出外墙面2 cm左右的线脚，增加了建筑墙体的层次感（详附图D01-D02）  	现状建筑屋面檐口有出檐椽与包檐墙的处理，包檐墙下做抛枋，增加建筑立面线条感（详附图E01-E03）  
构思	尽可能保留场地中原斑驳的外墙面，使它成为原建筑在新改造建筑中的历史延续，也可以看作是对原场地、村庄的一种尊重与呼应	由于房屋结构由砖混式升级为框架式，使得南北向墙面的承重功能被取消，增加了立面塑造的自由度	利用轻钢屋面＋木檩条作为翻建屋顶的建造形式	传统建筑勒脚采用花岗岩、砖细或涂料的做法，在延续传统勒脚的基础上突破齐平的勒脚处理方式	屋面的檐口在建筑立面上有较强的视觉观感，引入厅堂檐口的处理，檐口略微翘起，起到增加室内光线及丰富建筑立面的效果
手法	a. 江南民居在原山墙上一般做30～50 cm宽的“博风砖”，以挡水并增加侧面屋面的厚重感。此次因层高需要加高整个建筑，正好可以做出山墙面丰富的凹凸细部，同时增加室内的光影变化。 b. 结合新中式手法——镂空砖墙手法进行二次创造，丰富细部的变化	a. 落地大窗——光线充沛、通透，室内外光影变化强，符合现代人生活的审美、情趣要求。 b. 落地木作长扇窗——符合现代人对空间的要求，通透、大气、开放，同时也与传统苏式厅堂相呼应。 c. 三段式立面处理——原先的民居大多为两段式处理，由下而上依次为白墙（或勒脚）、窗扇，现因为建筑层高的增加，长扇窗之上还可以做一层木饰面，形成丰富的三段式造型	在屋面上增加天窗——既可以增加室内采光，又能增加室内光影变化的美感	以旧砖作为墙面勒脚的设计，通过砖的错落关系，增加墙面勒脚的肌理感，体现了二次创新的理念。 场地里、山坡上的旧石料亦可作为勒脚，所用砌筑材料体现了对场地的尊重，彰显怀旧的情怀	利用椽子（荷包椽＋飞椽的形式）增加屋面檐口飘逸的轻盈感

1. 山墙处理

传统方式一：

山墙直接砌筑至屋架下，造成屋面在视觉感官上显得“较薄”。

传统方式二：

在屋面与山墙交界处做刷黑色涂料或用灰黑色砖处理，使屋面在视觉上有一定的稳重感。

此次民宿的建筑改造上，由于结构形式的改变，造成新建筑的屋面与保留的墙体之间留下了一段人字形的凹空间，这个凹空间可以做出两种设计样式

第一种设计：

在屋面与保留山墙的“人字形凹缝”间做玻璃长窗，配深灰色钢框分隔、浅灰色玻璃。

第二种设计：

在原山墙上砌筑错缝式“旧砖”，形成加宽版“博风砖”的新形式。

透过这个精心设计的“人字形凹缝”，光线被折射进入室内，形成一天中丰富的光影变化（与传统建筑不同的体验感）。

2. 南北向立面处理

a. 落地窗式。

b. 落地木作长扇窗式。

由于结构形式的升级，南向开大窗成为可能。落地大窗和落地木作长扇窗的互相配合，既符合现代人对居住空间的要求——通透、开敞，满足室内外融合与富有光影变化的审美与生活需求（与古人讲究封闭、安全、内敛、遮蔽的需要截然不同），又是对传统苏式厅堂的一种呼应与推崇。

3. 屋面处理

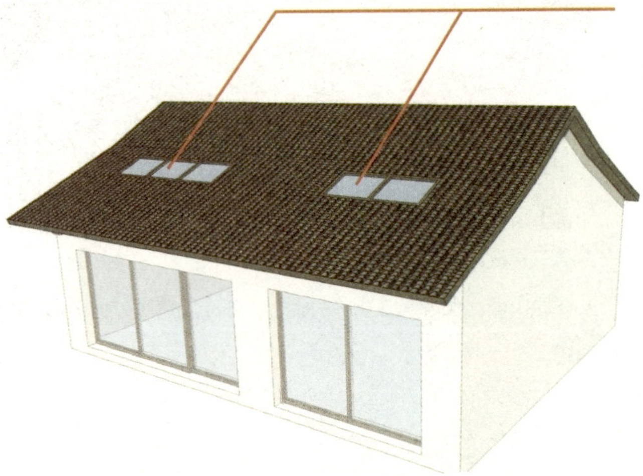

天窗既可以增加采光，又能增强室内光影变化的美感。

4. 勒脚处理

a. 旧石块（石料）。

以场地及山坡上的旧石块作为勒脚，体现对场地的尊重，彰显怀旧情怀。

c. 三段式立面处理。

由于防洪的需要，地面被抬高。屋顶升高后，立面显得比原来高，所以在落地窗上方可以增设一段木饰面，形成三段式造型。

镂空式外凸勒脚
（用旧砖砌筑）

b. 旧砖。

以旧砖作为墙面勒脚的设计，通过旧砖的错落与肌理，体现了二次创新的理念。

5. 檐口处理

传统形式一：

此次设计改造样式：

利用椽子（荷包椽 + 飞椽的形式）增加屋面檐口飘逸的轻盈感，檐口微微翘起，增加了室内光线，亦能丰富建筑的立面效果。

按照二八定律来做改造设计，除了要尊重原场地外，我们还应当有所创新，但这个创新应是在原基础上的一些创新，即尊重现状的创新，而非大改大建。那么怎么做到有限度的创新，让人感到这些创新又是情理之中的呢？经多番思考，我们决定不改变原有两坡屋顶的建筑形式，而是从房屋方位、材质等几个方面进行探索与研究。

6. 方位、方向的变化——改山墙面为正立面

此次基地内现状的房子亦有山墙面朝南的情况，从整个建筑群的角度来看形成了一定的变化，不再是一字形正立面的瓦屋面，而是人字形，避免了呆板的建筑群排列，对建筑群形态的整体打造是有好处的。

例如瑞士民居建筑多以山墙作为正立面处理，通过对阳台、凹廊的设置来打造虚与实或凹与凸的变化，形成丰富的视觉效果。

现状山墙作为立面的民居

A点建筑

B点建筑

瑞士民居

因此我们考虑了一种设计方案：即建筑两坡屋顶形式不变，转动 90°，这样既保留了原有的形式，与村内建筑形式相统一，又有所变化。如下图 A 最东边的一栋建筑，A 点建筑（8 号楼）转了 90° 后，既起到一个建筑群“收头”的作用，又形成了很好的空间围合感，巧妙地将基地内的建筑与村民建筑划分开来。在 B 点，由于 2 号、3 号、4 号建筑连成一排长达 35 m，所以将 4 号建筑转了 90°，同样取得了较好的组合效果。此外，在 C 点建筑（7 号建筑）由于处于两栋较大体量建筑的北侧，自身体量又小，处于被压制的地位，故我们亦将其旋转了 90°，山墙对外后，削弱了其不利位置带来的缺陷，人字形脊线引起了天际线的变化，还在其东侧形成了一个私人院落 B，反而化不利为特色了。

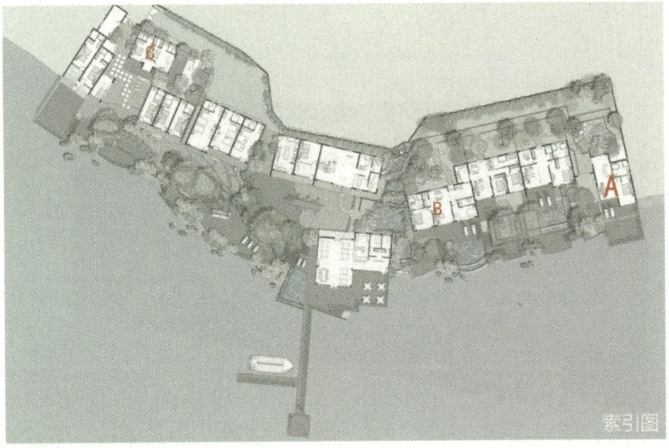

索引图

C点建筑

7. “上重下轻”的墙面材质变化

基地现状的民宅墙面通常是“上轻下实”的立面形态，即上面为白色涂料墙面、下面为砖石墙面或块石墙面，以此显得厚重与稳固，但如果反过来处理，上面以实处理，运用石材或深颜色的材质（如木材），下面以轻处理，即浅色白涂墙（或勒脚），形成上重下轻感，其实亦不失乡村味道。再通过窗或其他形式的虚实、凹凸的立面处理，反而能使建筑具有轻盈之感，让人眼前一亮。瑞士民居建筑立面的处理便是如此，浙江的“西坡山乡”（见右图）建筑立面的处理也可用来诠释此种设计手法。

建筑材质意向图

此次设计中，我们对处于大堂的新建两层建筑亦运用了此种手法，另外在二层局部做悬挑的阳台，东部以连廊与前一幢餐厅茶室建筑相连，使得原本处于后面的这幢两层建筑有了层次与虚实的变化，多了几分轻盈感（见下图）。

大堂建筑立面材质设计图

8. 建筑改造后效果

现状的天际线、台地线分析图

水岸线
地形起伏线
第一层建筑天际线
第二层建筑天际线
第三层建筑天际线

从东往西看改造后的建筑群形象

从西往东看改造后的建筑群形象

8号

7号

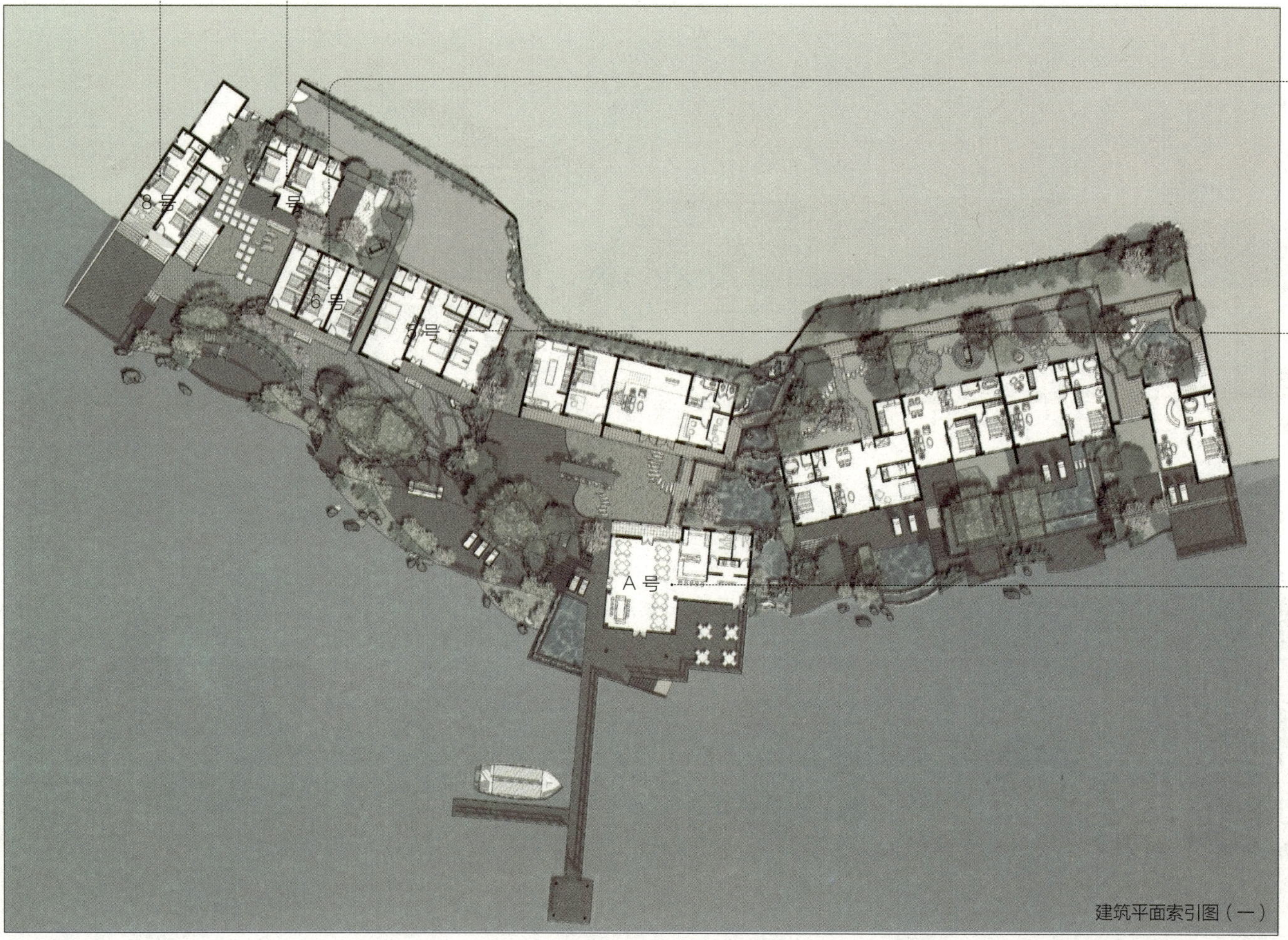

建筑平面索引图（一）

6 号

5 号

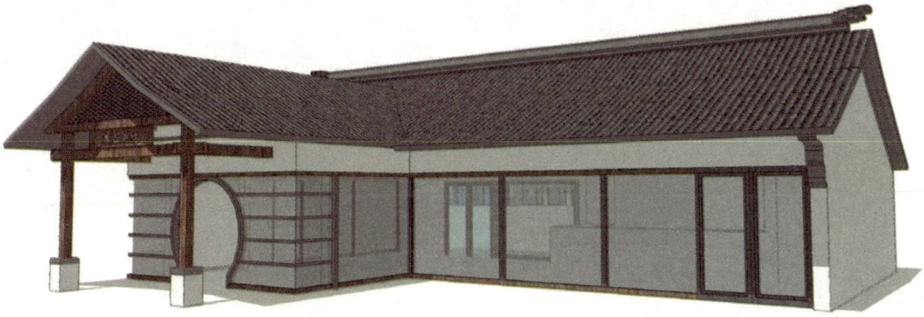

A 号

建筑平面索引图（二）

B号

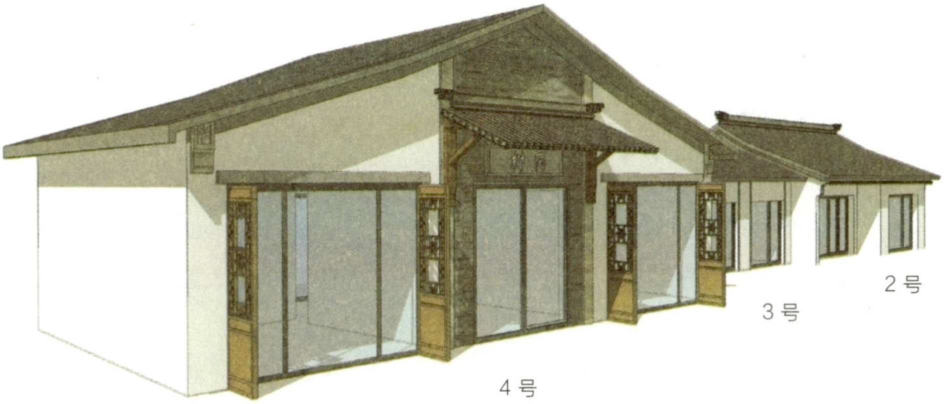

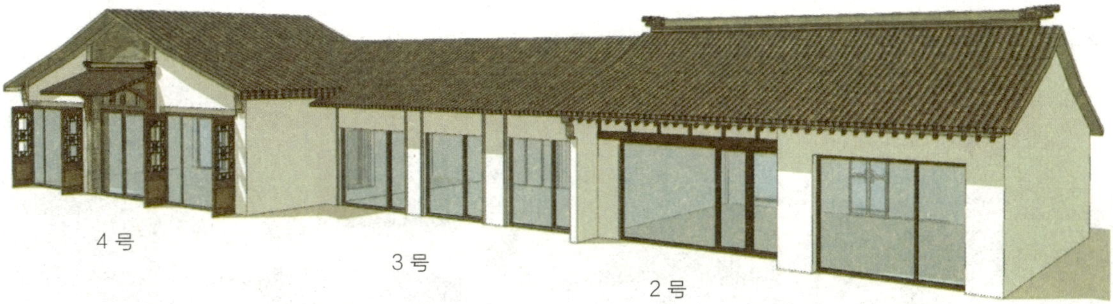

1号

3.5 民宿环境设计篇

在充分分析了浮庙墩村的建筑、道路、苗木、基础设施、水文地质、民俗、民风、节庆习俗等各种因素后，该项目如何做出苏州特色？如何与其他地方的民宿形成差异？（例如与浙江莫干山的山地型民宿，大理、丽江的少数民族风民宿的差异）——最关键的是要“立特色”。

要有苏州特色，首先想到的是苏州庭院空间及由此而衍生出的庭院文化（苏式庭院文化是一种江南雅文化、雅生活的主要表现形式），庭院与园林是苏州这座城市的民宅区别于其他城市民宅最大的特色。其他地区的民宿院落一般以乡土自然为主，种植花木、佐以菜地。但是苏州的民宿庭院景观更精致，表现出浓浓的文人韵味。只是苏州民宿庭院的表达需要把握一定的“度”，既要彰显出苏式精致庭院的味道来，又不能掩盖质朴乡村民宿的感觉。浮庙墩是苏州的乡村，那么可以在建筑的北部设置一个小庭院以围合空间，保证私密性，让人感受精致小庭院的韵味；而在南部临湖处（南院）设较通透的庭院来保持良好的观景视线，使人感受自然的味道。在设计南院（临湖）时要充分发挥临水、开阔、对面景致秀美的特点。所以：

1. 不建高院墙

半岛民宿的优势景观就是其南面的水湾和对面的秀丽山景，一建高墙就与苏州城里的“居家园林”庭院没有区别了，南院一定要开敞，院墙如必须设置，应低矮，以人坐在屋内望出去不遮挡视线为准（见下图）。

不适合的高院墙示意图

低院墙不遮挡视线

视线及景墙高度推算图

2. 不做高叠石

峰石（或叠石成峰）曾是苏式园林景观的典型手法之一。它的理论基础是“平地成岗、成丘，可模山像瀑”，这是在无景可借的城市园林中的一种设计手段。但乡村民宿景观正是由于拥有了城市民居所没有的可巧于因借的自然风光，所以不管人在室外还是室内（透过落地大窗）都要尽可能地一览秀美的自然景色。因此这个苏式园林引以为傲的手法用在此处是不合适的。

3. 不做亭、台、楼、阁、轩、榭、舫等传统园林建筑

不能因为是在苏州做乡村精品民宿，就一股脑将苏州园林中的精华表达元素如亭、台、楼、阁、轩、榭、舫等搬入其中，以为这样就苏式了。苏式的这些传统景观建筑是漂亮且有韵味，但也曾有先哲批评过，说“在尺山寸水的园林中，这些建筑物虽精巧无比，但亦堆叠过盛，显得烦琐，少自然情趣”，与园林设计的最高目标“虽由人作，宛自天开”相悖。例如明朝最初建造的拙政园与今修复后的拙政园相比较就可看出。

乡村皆为纯朴、自然，因而人工气重的这些园林建筑物亦不适合出现在这里。

在否决了上述三种不适宜的做法后，那么浮庙墩乡村精品民宿的景观环境设计该如何着笔呢?

明 文徵明《拙政园图》
明初建时，
拙政园有山野村郭之气

清晚期《拙政园图》
至清时，
拙政园内建筑大增，
已现烦琐

传统园林建筑“堆叠过盛”照片

4. 尊重场地

尊重是第一位的，原场地中有一些已生长多年的大树、小杂树，虽非名木、古树，但它们是场地的历史遗留，是场所信息的一种载体，所以应按二八定律尽量予以保留。此举亦合计成所说的“摘景全留杂树”之意。

现状树木平面图

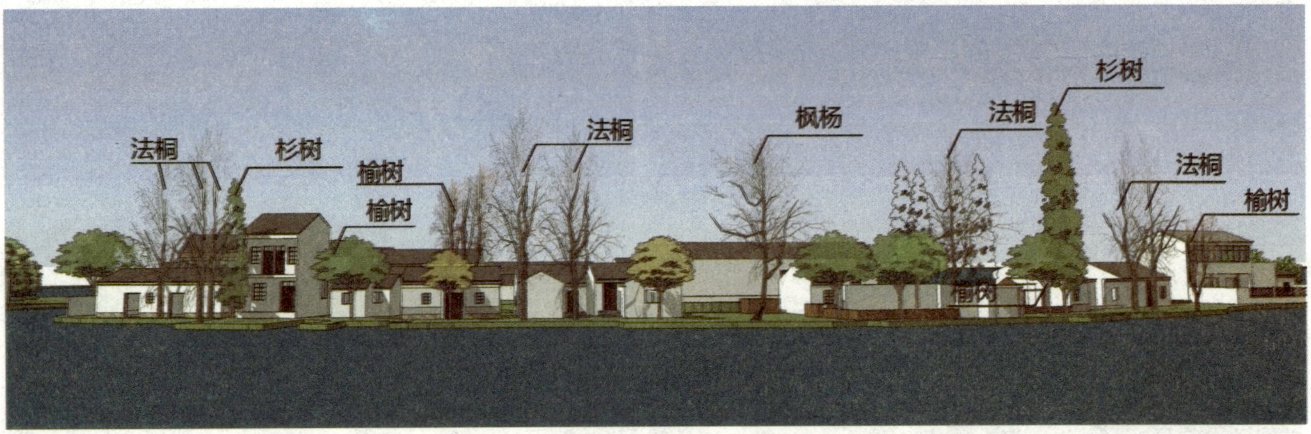

现状树木立面图

5. 低矮石作

苏州园林的元素与符号有很多，经过研究之后，我们选择了“低矮石作”作为景观设计的切入点。因为浮庙墩的特点是“丘陵盆湖”，它的结构线为“水平层理线”（第 206 页所述），能符合这个特点的设计手法则是“低矮石作”。苏式用石有两种，一为太湖花块石，二为黄石，皆可平叠，所以在此次景观设计中均有所表现。

①太湖花块石用于公共服务区与高档民宿区（独门独院房屋）之间的间隔小跌落水池的砌筑，由山坡上猛将庙宇石挡墙处起穿过长廊分四五小节，层层跌落直至湖中，如下图所示。

平面图

效果图一

效果图二

效果图三

②黄石石面平整，如斧削一般，堆叠而成“台状”。水平层理分明，如下图所示，这正是临湖景观表达水平层理线的最佳手法。若层层退台成各式台地，或木铺，或砖铺，或石铺，则既能挡水患又能使水平层理节理分明，有江南水乡“平远”之美。

黄石意向图

推 演

过程模型推敲图

最终设计

③在细节处理上，黄石可做花坛圈边，既可解决高低台地转换处的挡土问题（可不用砌垂直挡墙），又因黄石表皮的“乡土古拙”形态暗合农村质朴之意，可谓一举多得。

黄石意向图

黄石花坛层叠设计效果图

6. 水乡农村特有的渔船和码头，是船坞的形态特征的表达

浮庙墩原有一些渔民，今岛东侧尚余两家。结合整个浮庙墩规划时确立的以水路交通来弥补陆路交通狭窄不便的总体思路，在临湖餐饮、茶吧建筑外建一条长木栈道入湖，再建一条与之垂直的短木栈道作为上下船的码头（同时可起到挡浪堤岸的作用）。近处还有一处仿江南乡村做的石埠头，这些都是可以形象地表达江南水乡村庄特色的设计手法。

水乡码头设计鸟瞰效果图

码头效果图

石埠头效果图

7. 创新的细节手法表达些许苏式韵味

虽然如上文所述，在浮庙墩乡村精品民宿景观设计中不宜直接运用苏式园林的亭、台、楼、阁、轩、榭、舫等手法，但这些毕竟是苏式园林的独特元素，是人们最易认可的苏州味道，因此苏式韵味的表达是必要的，我们可以在这些基础上做一些变化，用另一种创新式的手法或许可表达出些许韵味。

①水中木栈道尽端亭的表达。

此亭整体虽不宜做成传统的苏式亭（见下图），应设计为现代式，但细节处如木质冰裂纹月亮门洞、吴王靠等却透出苏式符号的痕迹。这既是一处端景（或取景框），同时是水中绝佳的观景平台（还可作为其他用途）。

尽端木亭效果图

传统亭子意向图

②树屋隐晦地表达“阁”的意思。

苏式园林景观中有一种形式为“阁”，一般两层，可登高望远（俯视角度可鸟瞰全景），可作为书斋、茶室等。临湖处有几株大树，不宜砍伐。如果大树下做一些秋千、木凳、沙池之类的东西，虽质朴但无水乡特色，也无苏州特色。因此我们考虑在功能上将其作为公共区茶吧的延伸（且是二楼登高鸟瞰式），形象上既向“阁”致敬，又仿鸟巢的形式，可表达农村常见的“大树杈上有鸟窝”的山野之气。

传统树屋意向图

浮庙墩民宿树屋效果图

传统“阁”照片

大树杈上的鸟窝

树屋设计分析图

③建筑与伸入水中的木平台可隐约表达“舫”的意思。

“舫”是苏州园林建筑中特有的一种形式，原先也是从船借鉴发展而来的。浮庙墩此处水的特色突出，又近太湖，所以“渔”的特色也很突出，因而“舫”这种建筑形式本来是最适当的表现形式。但传统“舫”分前、中、后三段，形态复杂，此处需要简化处理，如下图所示，8 号楼原为两层小楼，前有水泥平台一块，略做处理，水泥平台铺设木质平台作为船甲板，不设前舱，小楼为“舫”的两层楼尾舱，中舱则以一个钢木棚架来表达，体现虚实对比（西侧镂空砖围墙上嵌农村用的陶罐并种花寓意“花舫”，二楼走廊上用瓦拼成渔网形式寓意“渔船”）。

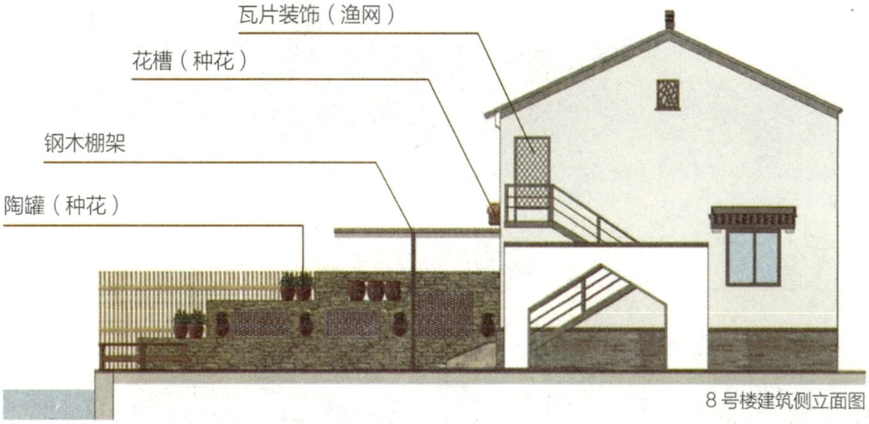

8 号楼建筑侧立面图

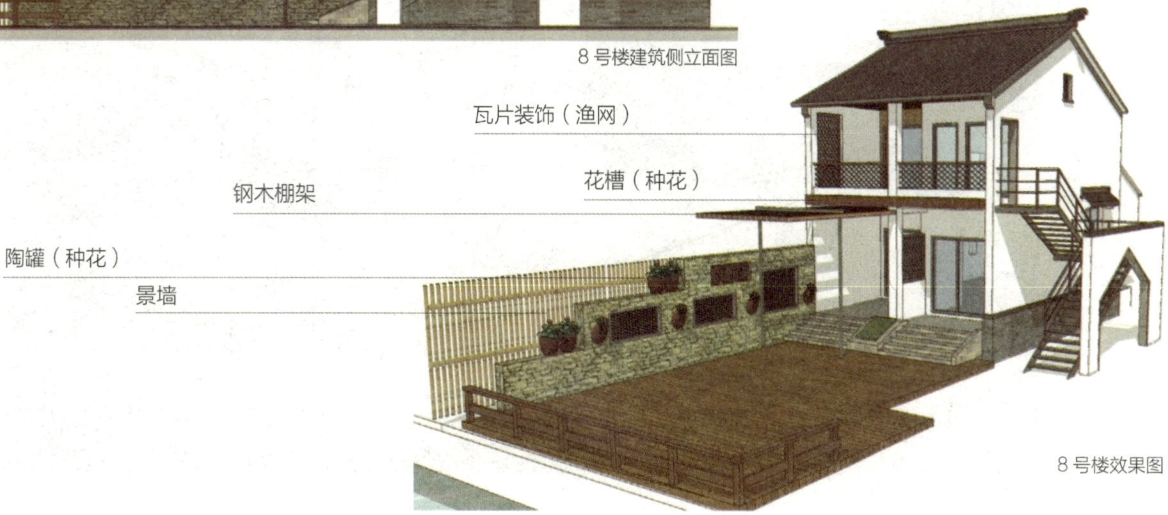

8 号楼效果图

传统“舫”意向图

现状照片

整个建筑群东侧新建的 1 号楼也如此处理，但更简化，省去前舱、中舱，仅余尾舱，但前甲板微微上翘，就像一艘马上要出发的“画舫”。

1 号楼效果图（一）

1 号楼效果图（二）

传统船坊意向图

8. 关于生态环境方面的设计

浮庙墩乡村精品民宿环境景观设计的第一要务应是驳岸的设计。乡村驳岸设计不同于以往在城市里的市政、河流设计，要遵循尽可能“少动多留”的原则（原驳岸两侧水土平衡已经稳定，不宜扰动），要综合考虑防洪需要、土方平衡、综合管线布置、建设费用节约等诸多方面。在防洪上，必须要保证防洪水位 2.9 m（黄海高程，下同），而此地常水位为 1.17 m，因此我们的做法是保留原驳岸不动，将新的防洪位置定在离建筑约 3 m 处，这样可将新建驳岸改为新建挡土墙（节省造价），新增土方仅需填充挡墙与建筑之间的 3 m 范围即可，其余以层层退台的木平台形式架空建造，这样既可以暗置管线（相当于管沟），还可以隐藏场地众多的雨水排水管出口（雨水就近收集后经雨水管排入湖中），又可供两栖小动物栖息。

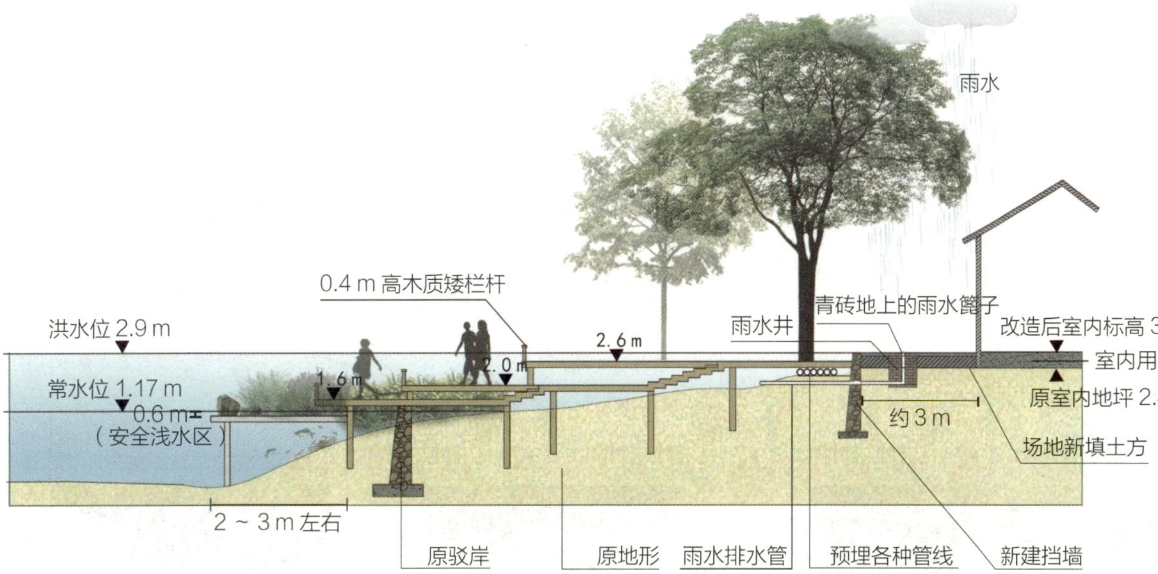

生态设计剖面图

在最后一层临水木平台外设计的是浅水区（水深 0.6 m 左右），种植植物，放置景石，这样一来在降低木平台栏杆高度的同时也保证了人们的安全。另外，还可以柔化由于木平台建在水边形成的人工构筑物过多的视觉感受，使人工构筑物自然化。

浅水区设计图（一）

浅水区设计图（二）

在水生植物设计上，一是选择本土原有的，二是将一处处水生植物进行花境般的精心设计。高低搭配、色相搭配、花季搭配都需要考虑，每一个组团面积不大，但均做了精心设计，略举例如下。

编号位置 / 植物设计	A 处水生植物组	B 处水生植物组	C 处水生植物组
植物组成	水葱 + 香蒲 + 睡莲、泽泻	花叶芦竹、水葱、再力花 + 黄菖蒲、水生美人蕉（红花）+ 睡莲、泽泻	菰 + 水芋、水芹、野慈姑、水生美人蕉（红花）+ 荇菜
组团特点	此处花境通过水葱、泽泻、睡莲的间隔种植，形成高低变化的韵律感	本处以花叶芦竹、黄菖蒲、水生美人蕉（红花）为主景，通过它们之间花色、叶色的对比，从而形成整个组团的焦点	水芋叶宽、水芹叶小，通过两者在叶型上的不同，形成对比焦点
平面图			
基本意向图			
索引图			

9. 关于高端民宿区北院的景观设计

这是相对秘密的小院子，各个楼之间有一定的私密性要求，且不临湖。这些条件使得此处的景观设计可以更多地去借鉴苏式园林的特色，那么该如何具体设计呢？

首先由于功能的需要，1 ~ 4 号楼之间需要一个全天候的交通通廊，布置在北面以不影响南院欣赏湖光美景，这一点与中档民宿区 5 ~ 8 号楼不同，于是可以像苏州园林的“景廊”一样，廊一侧砌半高墙，墙上带漏窗，起到一定的阻挡视线作用，又不至于太闭塞。推开两扇象征性的木弹簧门后，左右各家院子之间以白墙相隔绝，以保障私密性，同时白墙亦可做院中景物的背景。由于院子小，因此以简洁设计为主调，且尽可能布置于四周，四角、中部留空以使空间显得大一些，物件要少，但同时设计与施工的细部又要精致，要有文化内涵，以精工匠作来感动人，提升品级，下面以 3 号楼院落为例：

3 号楼北庭院平面图

3 号楼北庭院效果图（一）

3 号楼北庭院效果图（二）

3 号楼北庭院效果图（三）

3 号楼北庭院效果图（四）

10. 关于“水形”“水位”“水势”的设计

滨水类景观中关于“水”的设计，必须要抓住三个要点——“水形”“水位”“水势”。

“水形”——（二维设计）指水的平面形状，最基本的有葫芦形、月牙形等，但实际设计时形状往往比较复杂，关乎尺度、比例等要素。

“水位”——（三维 + 四维设计）指由于水的涨落而造成的水陆交界面的变化而形成不同的景观，一方面这是水利防洪工程设计的需要，另一方面景观形象发生了变化，可以是一种缓慢的动态设计，也可以是一种快速变化的动态设计。

“水势”——（五维设计）表现为水的流动趋势、态势。因水道大多数情况下同时也是“风道”，所以又有了风之流动趋势、态势，二者经常合二为一一并考虑。

浮庙墩村“水形”天然比较优美，我们无须画蛇添足地去设计了。香雪湾的比例、尺度、形状恰当，“水位”方面则由于常水位为 1.17 m（黄海高程，下同），防洪水位 2.9 m（历史最高水位 3.02 m），这中间有 2.9-1.17=1.73 m 的年水位变化差，民宿设计既要满足防洪安全的需要，又不能生硬地去做驳岸，那么“多层退台式”水岸设计手法就是比较恰当的形式了。

黄石驳岸意向图

灵感

设计过程构思图

演变

多层退台式水岸效果图

多层退台式水岸平面图

常水位 1.17 m 时多层台地景观效果

1.8 m 水位时多层台地景观效果

2.9 m 水位时多层台地景观效果

这其中要防止设计做过头，使其变成城市公共景观中的“大台阶式的多层设计”，因为那样的尺度感、场景感就不符合“乡村”“民宿”的感觉了。

公共景观式“大台阶退台”设计平面图

公共景观式“大台阶退台”设计形象图

水势的设计是要变不畅为通畅，变滞留为流动，具体详见接下来讲述的“风脉”设计。当“水形”“水位”“水势”三者考虑全备、设计合理时，“水质”自然就好了。

11. 关于“风脉”的设计

如果把有山有水的大地看作是活的人体的话，那么三维就可理解为是她的四肢、骨骼、皮肤、肌肉等可见的实体；四维就是她风华摇曳的姿态、波光流转的表情；而五维能量态就是她的内在气息，是她的气血和经络。五维概念就像古代中医说的人体经络概念一样，是研究环境的内在气息、内在本质。

前面讲“水形”“水位”“水势”设计时提到了在大多数情况下，“水道即风道”的概念应如何理解，我们知道，水道（或一定大小的水面）一般比周围陆地低，呈下凹形态，而河道沿线的陆地上往往都是房屋和树木，这样就形成了一个微缩版的“山峰谷底”的地貌特征。在山间，风是顺着谷地而行的，那么在河道的人类聚居区中，房屋和树林就类似于“山峰”，低洼的水道类似“山谷”，其上方自然成了风的首选通道，即“风御水而行”。同时，由于河道两边的建筑、树木的“收束作用”（即束风原理），使得河道上方的风速会比其他地方快，风能也加强了。这与弄堂风的原理相同，也同最近的印度为贫民区的人们发明的“无电空调”的原理一样，如下图所示。

浮庙墩乡村精品民宿的最大优势之一就是“南向临水而筑”，所以设计一定要充分发挥其临水的优势，做出“六觉”的设计来（即视觉、听觉、触觉、味觉、嗅觉、知觉）。因此除了水路特色游船进出民宿、多层碎片化退台式水岸设计等之外，站在水边上要有凉爽的芷风拂面也是一个重要的感觉体验指标。

由于水和陆地两种介质吸热、散热的快慢有明显不同，所以这个岛四周会时时形成滨水风（关于“滨水风”的形成原理详见第 1.3 节“景观空间五维论”中的阐述），可以看到浮庙墩半岛南面的香雪湾: 长约200 m、宽约165 m，合计面积约为3.3 hm^2。岛的东面还有更大的湖面——西崦湖，面积为 83 hm^2。而浮庙墩岛屿面积是 2.3 hm^2，东西长 160 m，南北最宽处 165 m，岛中央是一个 7 m 高的土丘（土山上有茂林）。经过分析，再与金鸡湖做比较，认为此处滨水风应该不至于太大，发生危险事故的概率很小，因为周边地形地貌、岛屿方位、水流方向、水道位置、宽度、流速、流量等影响性因子与金鸡湖是不同的。

但原先的自然格局或由于年久失修或由于人为的围地填淤的缘故，多处水道或变窄或消失了，再加上地表上的村庄群落的大小、密度、布局、轮廓线的改变，树林和空地的“疏密”格局并不很恰当，水形、水势有所不畅，进而风脉也有所不畅，就像人一样，“气”“血”两方面都不算很好，所以有必要运用“五维理论”调理一下。

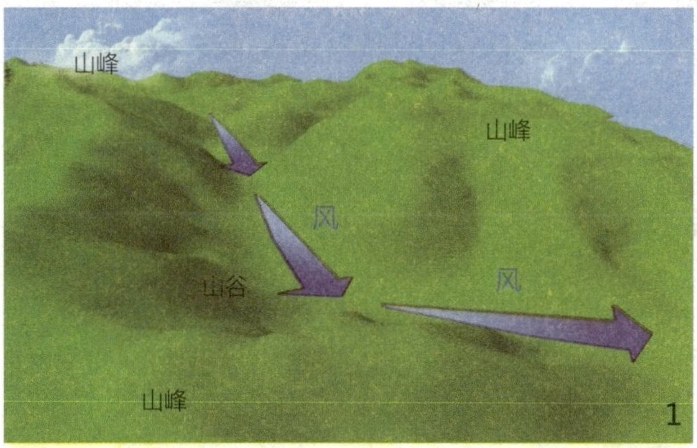

风脉示意图一

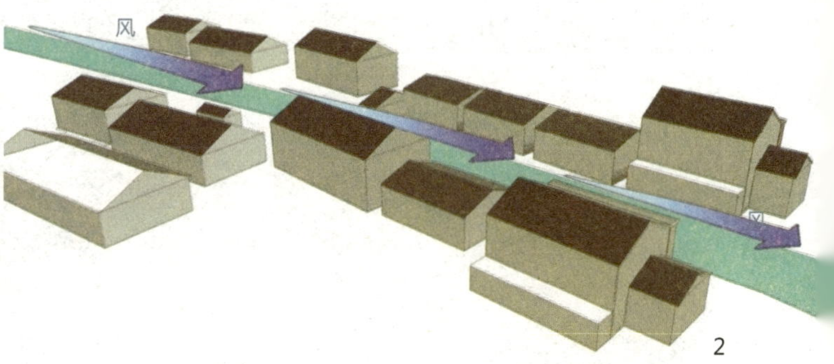

风脉示意图二

具体如下：先理水形，通淤为畅，所谓“直水为箭，曲水有情”。此次水形A、B、C三处打通后，皆为由东南向西再折向东北的曲尺形，是江南地区最适宜的通畅形式，因为这种方向的水道既易夏季通风，又利冬季防风、阻风。这是大形。在小尺度的建筑群的设计上，浮庙墩精品民宿群背有土山，茂林相倚，西北角有村庄皆可阻风，夏季时民宿建筑群房子之间设有束风弄，房子北面有拔风弄，向西还有转风道。而设计每间客房时，都遵循通风为民宅舒适度第一要义的原则，南北向窗户对通，窗户设置时“南大北小、南低北高”。这样南面进风口大，北向出风处略小且略抬高，易于束风、拔风，从而达到优化通风功能的作用，这样调理后，“气血”改善了不少。

如下图所示。

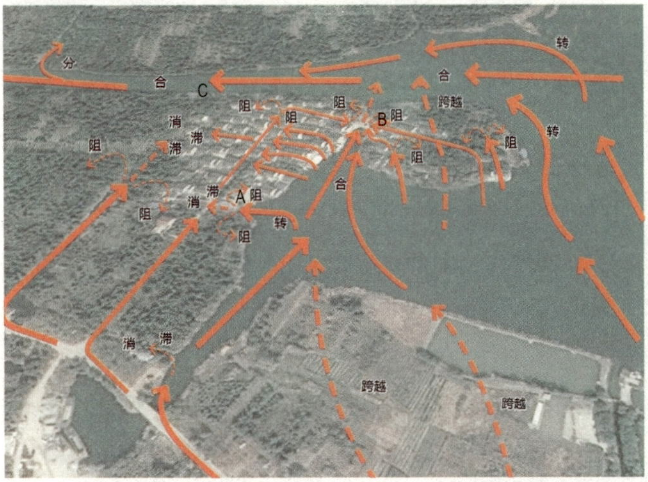

设计改造前夏季微气流图

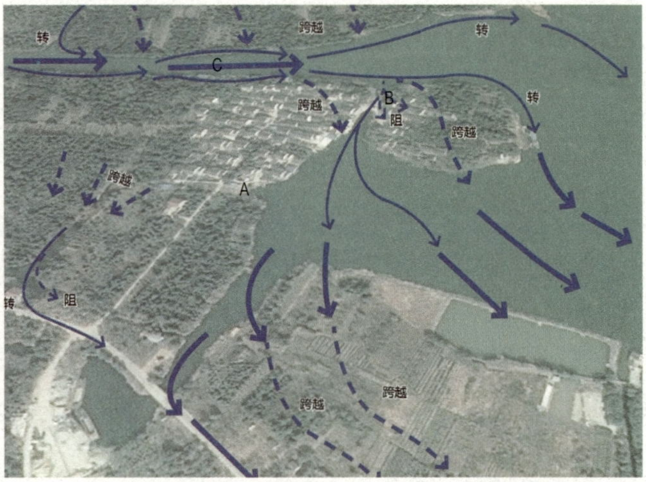

设计改造前冬季微气流图

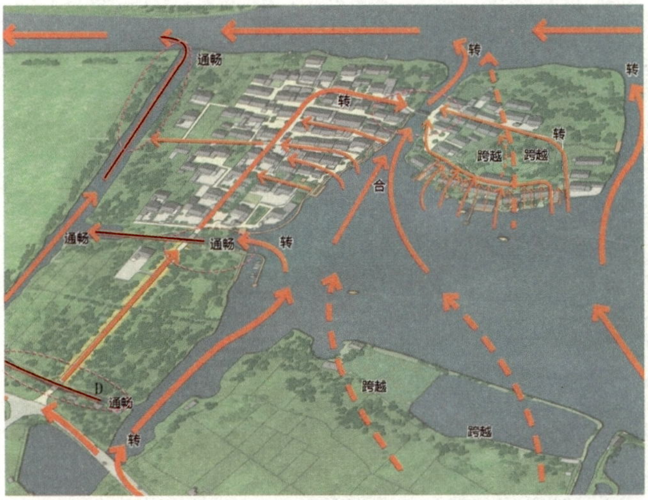

设计改造后夏季微气流图

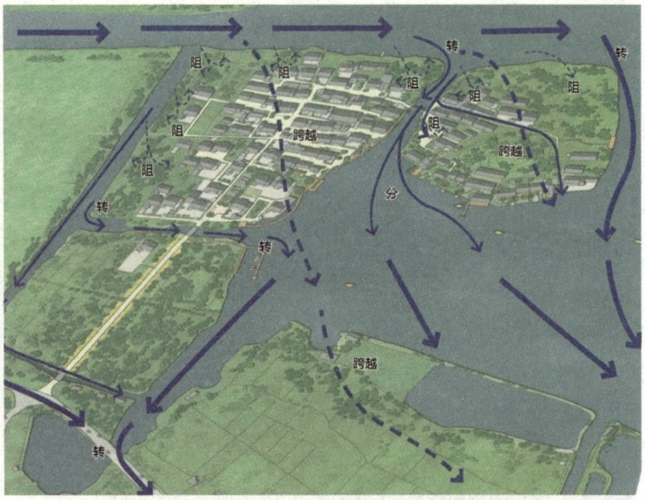

设计改造后冬季微气流图

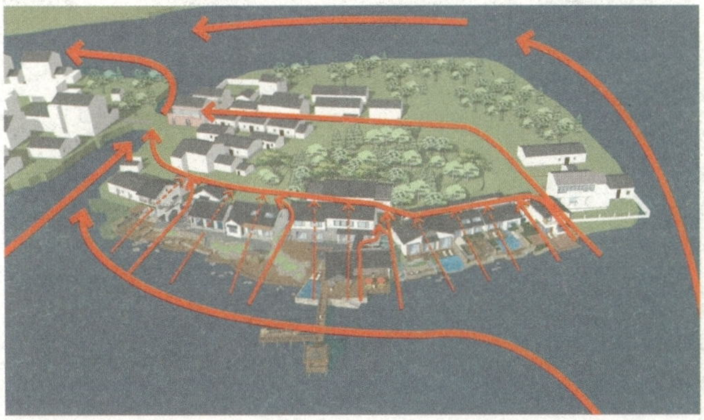
民宿区调整微气流图（夏季）

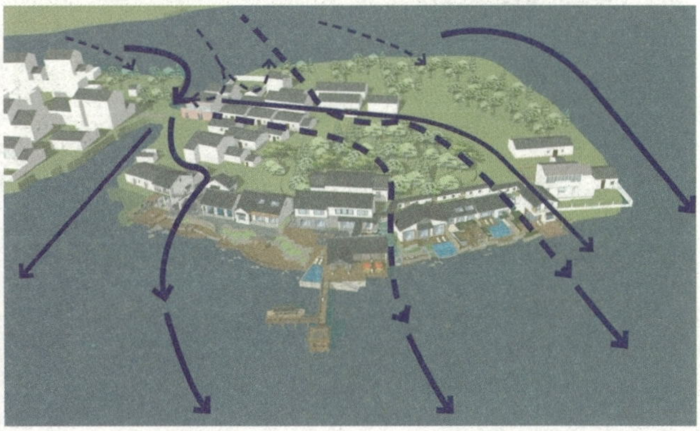
民宿区调整微气流图（冬季）

原理是：热气流进入瓶子较宽的部分，然后经过窄窄的瓶颈时，压力发生变化，气流在进入室内之前就被冷却了。

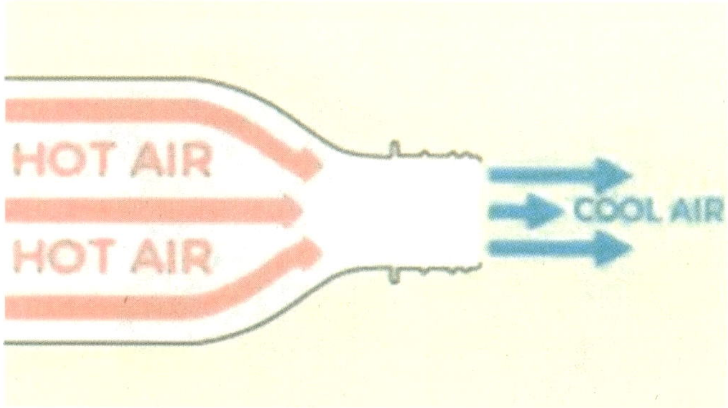

原理图

现场组装照片

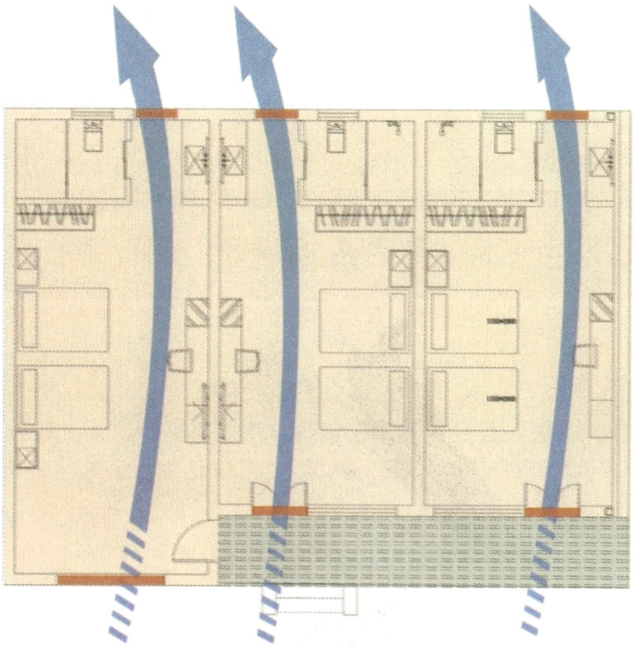
南北门窗对通后空气流通图（二）

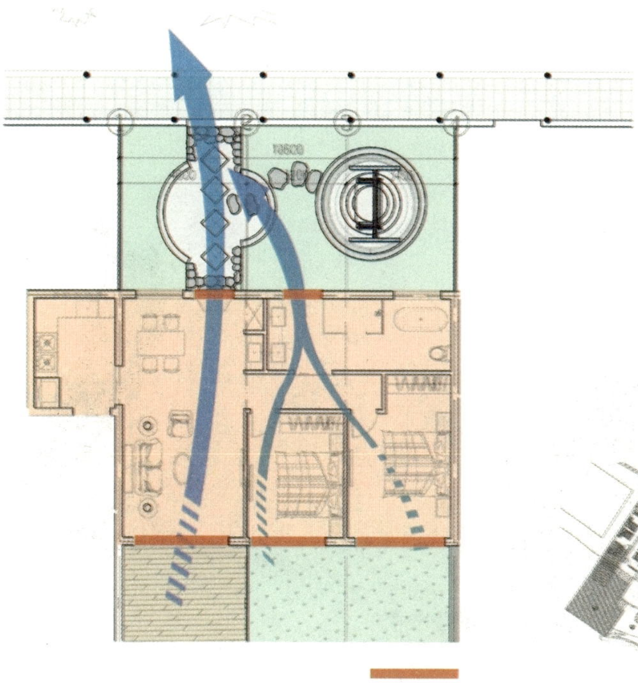
门窗位置

南北门窗对通后空气流通图（一）

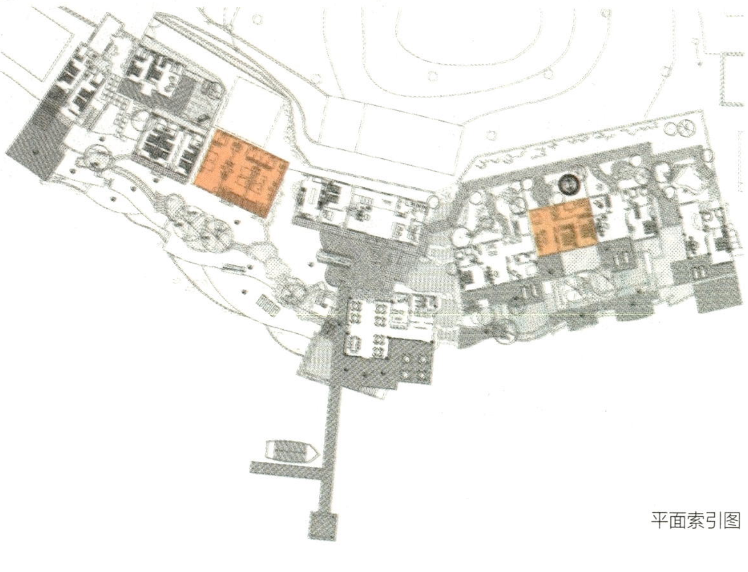
平面索引图

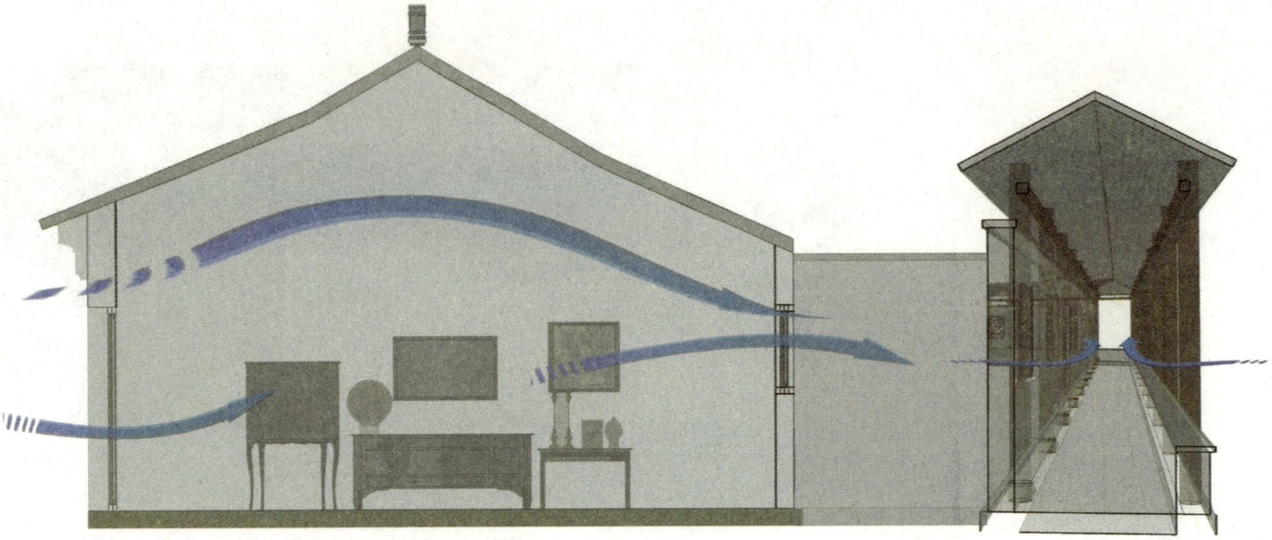

空气流通之剖立面演示图

建筑和景观一体化综合设计后，最终浮庙墩精品民宿群的形象格局如下图所示，用四句话可以概括：双舫东西驻，鱼群乐悠游，闲来胡床坐，斜钩钓江湖。

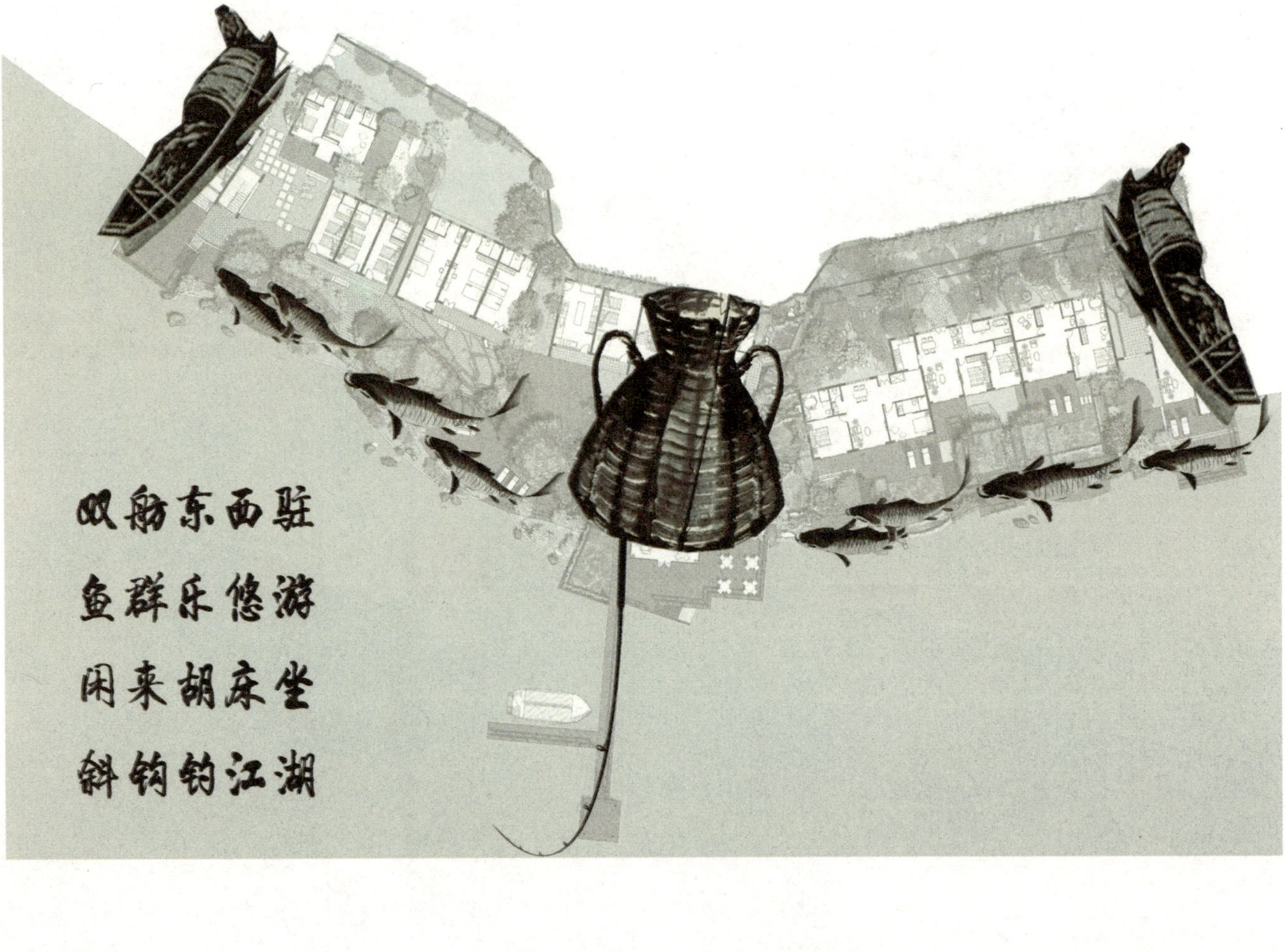

3.6 民宿室内设计篇

室内设计也是民宿中重要的一环，与建筑设计、景观环境设计同等重要，并且不分彼此，互相呼应、融合（不能像以往的设计那样分别由不同的设计公司进行分项设计，那样效率虽高，但各专业之间的撕裂感会较重）。室内是游客停留时间较长（每晚以 7 小时计）的一个空间，所以简洁、干净、舒适、柔软这些基本标准也很重要，例如盥洗用品应采用私家定制等。当然这些是最基本的硬件配置，如果民宿室内设计仅仅升级硬件还是远远不够的（不然人们可以去住四星级、五星级的酒店，那些地方硬件设施也很好），更重要的是一种乡野氛围、洒脱休闲感和淡淡的文化韵味的表达，让人一入浮庙墩“沐心居”，远可观赏秀丽的湖景山色，近可感受翠竹茂林的“隐庐”式的场所感。在进入室内后，感受到的是“简洁、雅致，有苏式味道又略带禅意的氛围，同时还有一股乡野朴质的风情”。这是该项目室内设计的总基调和总目标。

同时，一个好的民宿设计还要进行“场景化设计”。什么是“场景”？场景最早是一个影视用语，指的是在特定的时间、空间内发生的行为或者具体画面。当客人下车后进入大堂、走廊、房间，甚至卫生间，感受到的是怎样的场景，场景中蕴涵了怎样的独特性，这是一个优秀设计的关键点。民宿设计就应该从搭建一个个场景开始。其实拍照发朋友圈本身就是一个场景，拍照分享本身就是一个场景，那对于民宿而言，什么是值得拍照分享的呢？比如我们悠闲地躺在躺椅上，这个时候我们就会想要拍照显示自己悠闲、慵懒的状态。还有民宿里一些古朴的摆件，幽默、有意思的提示牌，可爱的小猫、小狗等都是值得拍照和分享的。其实场景就是产品，设计产品就是设计一个个场景，场景的目的是触发你的情感，情感就是连接。这些场景串在一起就会将客人和民宿连接起来。传播的重要渠道就是客人，所以说做好设计就是做好营销的基本面。

一个优秀的设计师是能够兼顾设计中的功能与美观的。不同的人群定位对房间的功能要求是不同的，这是一个非常系统的问题，其中当然需要设计师的专业性、设计经验。但最重要的是设计师对度假生活美学的理解。一个好的民宿设计师同时也应该是个生活家。美学功底是一方面，更重要的是懂得生活美学，即把自己对生活、度假生活的理解自然地融贯在设计中。

1.“简洁”是大基调、大基底

①物件造型简洁，例如床、床头柜、衣橱、沙发、坐凳、盥洗台等。

②颜色素雅——采用江南色的黑、白、灰，小物件采用中国红、琉璃黄、玉脂白、国槐绿等“国色”进行点缀。

③材质要原生态，少用像钢材、不锈钢、混凝土等现代建材，多用木、石、竹、藤、青砖、烧土瓷等传统室内装饰材料，如右图所示。

“简洁”意向图

2. 雅致、有苏式味道又略带禅意的氛围

①木质本色格栅条元素在墙面、隔断、窗上的大量运用，与简朴又有苏州格调的氛围暗合（见下图）。

木格栅意向图

②每间屋子的软装小物品均非宾馆标配式的设置，而是独特创意、绝不雷同的（见下图）。

软装小品意向图

③标识设计，文字表达上充满江南味道，字用毛笔书写，然后拓刻（阴刻或阳刻）。

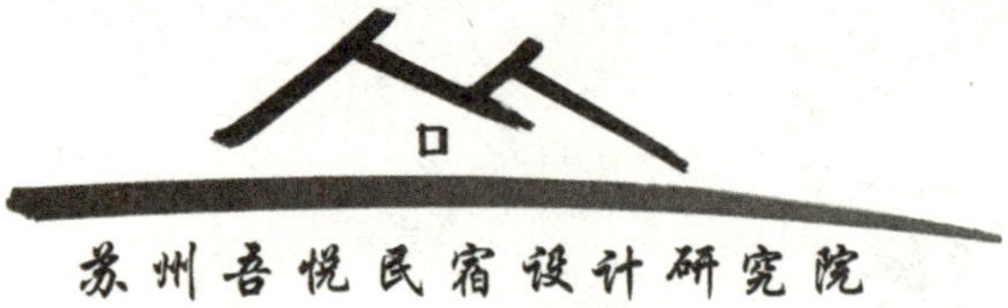

标志设计（一）

④还有昆曲服装、道具为主题装饰以体现苏州特色的，有采用“木雕”“石雕”“砖雕”的三雕物件，以表达光福的地方属性。

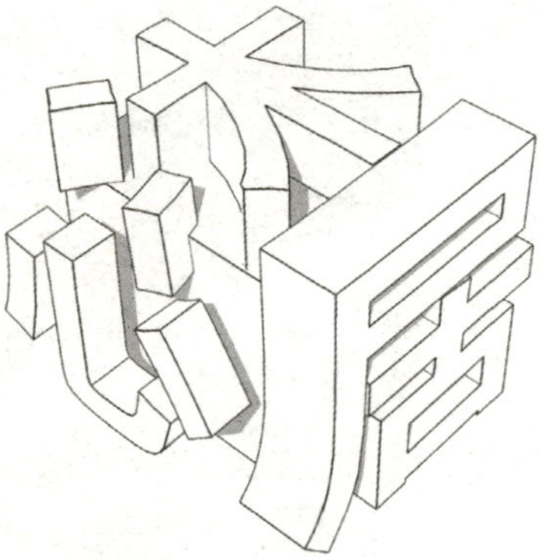

标志设计（二）

3. 还有一股乡野朴质的风情

利用现场建筑改造、乡村整治时的旧物件，再加上购买的邻村旧物件等，将这些带有村庄原生态信息的废弃物进行创意性设计，例如旧磨盘、旧门板、腌菜的陶罐、做酱油的大缸、旧椽子、瓦片、条石、界石等。恰当的利用可以营造出质朴乡野的风情（由于室内设计的可复制性强，这里暂不做更多的披露）。

乡村元素意向图

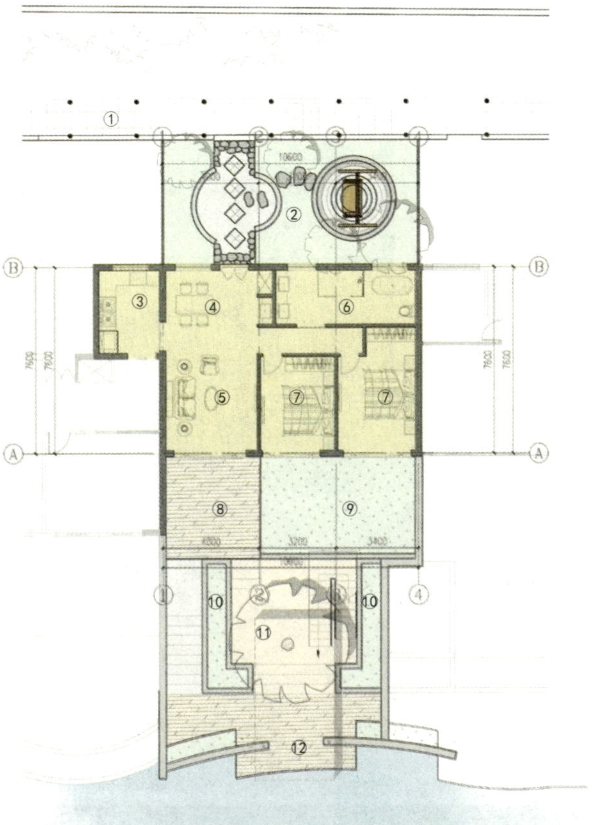

1. 公共连廊
2. 北院
3. 厨房（可与西侧户共用）
4. 餐厅
5. 客厅
6. 卫浴
7. 卧室
8. 木平台
9. 草坪
10. 花坛
11. 树上休憩木平台
12. 亲水平台

3 号楼室内设计平面图

1. 厨房
2. 办公空间
3. 员工休息
4. 大堂
5. 男卫
6. 女卫
7. 前台
8. 办公空间
9. 太湖石跌水
10. 太湖石分级水池
11. 现状保留法桐
12. 连廊
13. 餐厅、茶室
14. 吧台
15. 无边界水池
16. 鸟巢形树屋
17. 室外木平台
18. 黄石分层花坛

餐厅和 13 号楼室内设计平面图

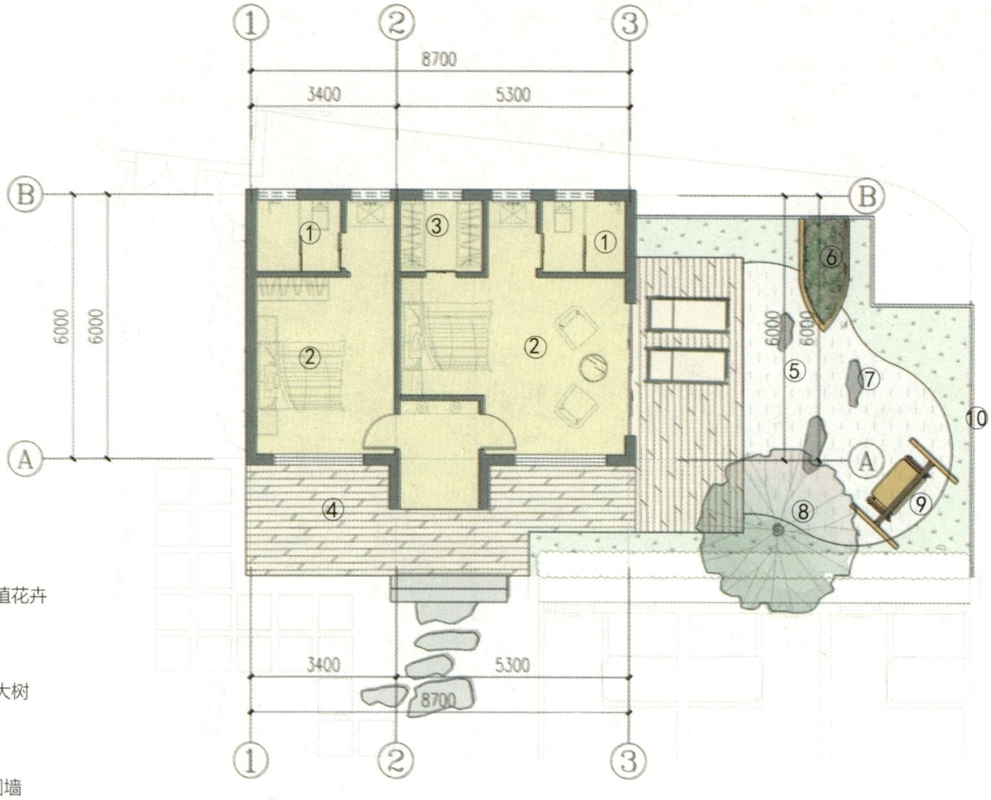

1. 卫浴
2. 卧室
3. 衣帽间
4. 室外木平台
5. 散置细石
6. 旧木船种植花卉
7. 特置石
8. 现状保留大树
9. 秋千
10. 竹篱笆围墙

7 号楼室内设计平面图

中档区 5 号楼标准套房

高档区 2 号楼家庭套房

临水餐厅

附　苏州五维源景观设计有限公司部分设计作品

一、苏州五维源景观设计有限公司的“核心理念”

1. 公司以“五维景观空间设计理论”为源泉来进行各类景观设计

“五维景观空间”设计理论——设计应以“三维空间”为基础，安排其在第四维（时间轴）上进行表现，并在第五维（能量场）上调理合理，最终达到整体和谐的景观效果。

通俗地讲，设计不仅要研究可见的、有形的景观因素，还要研究不可见的、无形的景观效果。

2. “工作营”团队创作模式

这种模式类似于“头脑风暴会”，即集中小组中所有设计人员的智慧与想法，以圆桌会议的形式让思想平等交流、碰撞，最终融合、创新，得出合理而有特质的设计方案。

3. “自然流”设计方法

指在开展具体设计项目时，要以深入收集、调研、分析各种前提因素为基础，然后自然而然地寻出必然的结果，即研究工作、设计过程有一定的方法，而结果却不预先设定方向，自然而然地推导得出结果。

二、重点案例

金鸡湖景观设计（与美国易道景观设计公司合作）

金鸡湖城市湖泊公园位于苏州古城东——苏州工业园区核心地带，水域面积 7.38 km^2，整体规划面积 22 km^2。共分 8 个区，依次为城市广场、湖滨大道、水巷邻里、望角湖、金姬墩、文化水廊、玲珑湾、波心岛，由中外设计团队合作完成。五维源景观设计有限公司首席设计师唐剑作为中方主设计师，在 1998—2003 年间设计完成其中 4 个区。

金鸡湖“城市广场”照片

金鸡湖“湖滨大道”照片

苏州博物馆新馆庭院景观（与贝聿铭大师合作）

2005 年配合贝聿铭大师完成苏州博物馆新馆的中央水庭院景观设计与 5 个小庭院的深化设计，其中水庭院 2624 m^2，按照贝先生的“中而新、苏而新”的理念及构思草案进行完善、深化，并反复探讨，从而将一些苏州传统的东西通过一种新的方式表达出来。

苏州博物馆新馆模型鸟瞰图

苏州博物馆新馆“片石假山”局部

苏州博物馆新馆“片石假山”全景

山东滨州黄河风情园景观规划

这是一个沿黄河两岸开发、治理、整体协调的滨水景观项目，涉及水利、交通、规划、景观、市政、建筑多个方面，规划总面积为 58.5 km^2，包括黄河（悬河段）两岸的滩涂区 41.5 km^2 和南环河景观水系流域 17 km^2。

黄河风情园鸟瞰图

南太平洋岛国斐济 SSS 酒店景观设计

这是中国商贸部重点项目，是江苏省服务业跨国投资最大的项目，是一个综合性的酒店，分商务酒店与别墅度假村两部分，占地 59 363 m^2，将中式园林和岛国风情的设计理念结合起来。

酒店鸟瞰图（一）

内景观设计

酒店鸟瞰图（二）

苏州胥口镇“欢乐胥江”景观设计

苏州胥口镇位于苏州西郊，是苏州吴中区现代产业的工业重镇。政府为加快其城镇转型，要求以文化休闲空间建设服务市民。设计团队在技术手段上，一方面采用国家非物质文化遗产——香山帮精湛木作技艺，打造了世界上最长的单跨全木拱桥——胥虹桥。以苏州园林“舫”为原型，设计了一个 2 层高、局部 3 层的展馆建筑。另一方面对接时代，设计了 LED 卷轴廊、水幕电影、动态灯光水景等。

“欢乐胥江”实景照片

图书在版编目（CIP）数据

民宿设计实战指南 / 唐剑编著 . -- 南京 : 江苏凤凰科学技术出版社，2017.1
ISBN 978-7-5537-7848-8

Ⅰ. ①民… Ⅱ. ①唐… Ⅲ. ①旅馆－建筑设计－指南 Ⅳ. ①TU247.4-62

中国版本图书馆 CIP 数据核字（2017）第 008737 号

民宿设计实战指南

编　　著	唐　剑
项目策划	凤凰空间/陈　景
责任编辑	刘屹立
特约编辑	陈丽新
出版发行	凤凰出版传媒股份有限公司 江苏凤凰科学技术出版社
出版社地址	南京市湖南路1号A楼，邮编：210009
出版社网址	http://www.pspress.cn
总　经　销	天津凤凰空间文化传媒有限公司
总经销网址	http://www.ifengspace.cn
经　　销	全国新华书店
印　　刷	北京彩和坊印刷有限公司
开　　本	889 mm×1194 mm　1/16
印　　张	16.25
字　　数	260 000
版　　次	2017年1月第1版
印　　次	2024年1月第2次印刷
标准书号	ISBN 978-7-5537-7848-8
定　　价	198.00元

图书如有印装质量问题，可随时向销售部调换（电话：022-87893668）。